CAE分析大系

ANSYS ICEM CFD
工程实例 详解

◎ 胡坤 李振北 编著

人民邮电出版社

北 京

图书在版编目（CIP）数据

ANSYS ICEM CFD工程实例详解 / 胡坤，李振北编著
. -- 北京 ：人民邮电出版社，2014.8
　（CAE分析大系）
　ISBN 978-7-115-35067-1

Ⅰ．①A… Ⅱ．①胡… ②李… Ⅲ．①有限元分析—应
用软件 Ⅳ．①O241.82-39

中国版本图书馆CIP数据核字(2014)第109910号

内 容 提 要

本书以计算流体动力学（CFD）的分析流程为主线，全书涉及内容有：CFD 工程应用基础，包括 CFD 的基本概念和 CFD 工程应用一般流程；计算前处理，主要通过实例讲解 ANSYS ICEM CFD 的应用技巧；求解器，包括 ANSYS FLUENT 各通用计算模块应用的实例讲解；计算后处理，包括后处理结果处理软件 ANSYS CFD-POST 的使用技巧以及 ANSYS 工程优化模块 Design Explorer 的使用。

本书有配套相关案例模型文件，并专门配备了视频讲解。此外，读者还可以通过微信公众平台 iCAX 与作者进行互动，解答问题。

全书可作为初学者的入门教程，也可作为中高级使用者的参考资料。本书章节间没有紧密的联系，因此既适合全书阅读，也适合分章节进行阅读。

◆ 编　著　胡　坤　李振北
　　责任编辑　杨　璐
　　责任印制　程彦红

◆ 人民邮电出版社出版发行　　北京市丰台区成寿寺路 11 号
　　邮编 100164　电子邮件 315@ptpress.com.cn
　　网址 http://www.ptpress.com.cn
　　北京九州迅驰传媒文化有限公司印刷

◆ 开本：787×1092　1/16
　　印张：26.25　　　　　　　　　2014 年 8 月第 1 版
　　字数：948 千字　　　　　　　2024 年 7 月北京第 26 次印刷

定价：79.80 元（附光盘）
读者服务热线：(010)81055410　印装质量热线：(010)81055316
反盗版热线：(010)81055315
广告经营许可证：京东市监广登字20170147号

前　言

计算流体动力学（Computational Fluid Dynamic，CFD）主要用于解决流动、传热、化学反应等问题，在现代工业领域应用非常广泛。利用 CFD 方法进行产品研发，可以缩短产品设计周期、减少样机试验数量、快速更改产品结构，CFD 已成为企业降低成本，提高核心竞争力的有效手段。

CFD 是混合了计算机技术、流体力学、数据可视化等众多学科的一门技术。ANSYS CFD 更是 CFD 技术的领跑者，其包含了处于行业领先地位的网格划分软件 ANSYS ICEM CFD，求解器软件 ANSYS FLUENT，以及后处理软件 CFD-POST，形成了完整的 CFD 求解计算方案。同时 ANSYS Workbench 还包含有尺寸优化模块 Design Exploration，利用该模块配合 CFD 求解计算，可以很方便地实现仿真驱动产品设计。

现实世界纷繁复杂，如何将现实世界复杂的物理现象进行抽象描述，解读为计算机可以识别的物理数学模型，是对仿真人员的一大考验。同时，如何利用计算的数据，将其反馈到工程设计中，也是工程人员必须考虑的问题。本书正是基于以上两点而编写的，首先介绍 CFD 的基础知识，其次以一系列工程案例介绍 CFD 工程仿真的一般过程，最后介绍如何利用 CFD 计算数据指导工程设计。

目前市面上关于 CFD 理论知识的书籍很多，因此本书未对此方面进行详细描述，本书的特色在于：尽可能以最快的速度使工程人员能够利用现有的工程计算软件指导工程设计。因此，本书更多地偏重于软件使用技巧而非软件背后的深层理论，相关理论内容将会在相应的位置给出相关参考，以方便读者查阅。

本书以 CFD 计算流程为主线，涉及 4 个主要部分：工程应用基础，包括 CFD 的基本概念和 CFD 工程应用一般流程；计算前处理，主要包括 ANSYS ICEM CFD 的应用技巧；求解器，包括 ANSYS FLUENT 各通用计算模块的应用介绍及实例；计算后处理，包括后处理结果处理软件 CFD-POST 的使用技巧以及 ANSYS 工程优化模块 Design Explorer 的使用。全书可作为初学者的入门教程，也可作为中高级使用者的参考资料。本书章节间没有紧密的联系，因此既适合全书阅读，也适合分章节进行阅读。

为了更方便读者的阅读学习，我们还专门建立了微信公众交流平台 iCAX，读者在阅读过程中如果遇到问题，可以通过该平台来进行交流。

创作是一件辛苦的工作，非常感谢家人和朋友的理解与支持。虽然我们追求尽善尽美的作品，但是难免挂一漏万，如果有任何纰漏，欢迎读者指正。

目 录

第一部分

CFD工程应用基础

第1章 概述

1.1 什么是CFD

计算流体动力学（Computational Fluid Dynamic，CFD）是一种利用计算机求解流体流动、传热及相关传递现象的系统分析方法和工具。计算流体动力学是由流体力学、数学及计算机科学交叉而成的一门全新学科。流体力学主要研究流体流动（流体动力学）或静止问题（流体静力学），CFD主要研究前一部分，即流体动力学部分，研究流体流动对包含热量传递以及燃烧流动中可能的化学反应等过程的影响。CFD与其他学科之间的关系如图1-1所示。

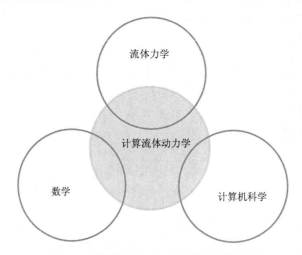

图1-1　计算流体动力学与其他学科之间的关系

流体流动的物理特性通常以偏微分方程的方式进行描述，这些方程控制着流体的流动过程，常将其称为"CFD控制方程"。宏观尺度的流动控制方程通常为Navier-Stokes方程，对于该方程的解析求解至今仍是世界难题，因此在工程上常采用数值求解的方式。为了求解这些数学方程，计算机科学家应用高级计算机语言，将其转换为计算机程序或软件包。"计算"部分代表通过数值模拟的方式对流体流动问题的研究，包括应用计算程序或软件包在高速计算机上获得数值计算结果。那么在开发CFD程序或是进行CFD模拟过程中，是否需要流体工程、数学和计算机科学的专业人员一起工作？答案是否定的，CFD更需要的是对上述每一学科知识都有一定了解的人。

对于流体流动问题的研究，传统方法有两种：一种是纯理论的分析流体力学方法，另一种是实验流体力学方法。CFD方法与这两种传统方法之间的关系如图1-2所示。这三种方法并非完全独立，它们之间存在着密切的内在联系。在CFD技术发展以前，实验手段和理论分析的方式被用于研究流体流动问题的各个方面，并帮助工程师进行设备设计及含有流体流动问题的工业流程设计。随着计算机技术的发展，数值计算已成为另一种有用的方法。在工程应用中，尽管理论分析方法仍然被大量的使用，实验方法也继续发挥着重要的作用，但发展趋势明显趋于数值方法，尤其是在解决复杂流动问题时。

在以前，初学者学习CFD需要投入大量时间用于编写计算机程序。而今，工业界甚至科学领域中希望在非常短的时间内获得CFD知识的需求在不断增长，人们不再有兴趣也没有足够的时间用于编写计算程序，而是更加乐于使用成熟的商业软件包。多功能CFD程序正在逐步得到认可，随着流动物理学模型的更趋成熟，这些软件包已经得到广泛认可。

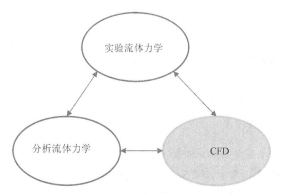

图1-2 CFD方法与两种传统流体力学方法之间的关系

　　尽管商用软件中包含了诸多先进的计算方法，然而CFD并不是仅仅熟练运用软件那么简单。要想将CFD应用于工程领域，软件使用者至少应当具备以下素质：对于所模拟的物理现象有深入的了解；对软件操作的每一步操作及相应设置参数有确切的认识；能够准确地解读计算结果，并能够将计算结果应用于工程设计。

1.2　CFD发展概况

　　CFD作为流体力学的一个分支产生于第二次世界大战前后，在20世纪60年代左右逐渐形成了一门独立的学科。总的来说CFD的发展分为以下三个阶段。

1. 萌芽初创时期（1965～1974）

　　（1）交错网格的提出。初期的NHT发展过程中所碰到的一个困难是网格设置不适当时会得出具有不合理的压力场的解。1965年，美国Harlow/Welch提出了交错网格的思想，即把速度分量与压力存放在相差半个步长的网格上，使每个速度分量的离散方程中同时出现相邻两点间的压力差。这样有效地解决了速度与压力存放在同一套网格上时会出现的棋盘式不合理压力场的问题，促使了求解Navier-Stokes方程（不可压缩黏性流体的运动微分方程）的原始变量法（即以速度、压力为求解变量的方法）的发展。

　　（2）对流项迎风差分格式的再次确认。初期的发展过程中所遇到的另一个困难是对流项采用中心差分时，对流速较高的情况的计算会得出振荡的解。早在1952年，Courant、Issacson和Rees三人已经在数值求解双曲型微分方程中引入了迎风差分的思想，但迎风差分对克服振荡的应用并未得到重视。1966年，Gentry、Martin及Daly三人，以及Barakat和Clark等，各自撰写介绍了迎风格式在求解可压缩流及非稳态层流流动中的应用。

　　交错网格的提出及对流项迎风差分的采用，使流动与对流换热的求解建立在一个比较健壮的数值方法基础上。

　　（3）世界上第一本介绍计算流体及计算传热学的杂志《Journal of Computational Physics》于1966年创刊。Gentry等关于确认迎风差分的论文就发表在该刊第1卷第1期。

　　（4）Patankar与Spalding于1967年发表了求解抛物型流动的P-S方法。在P-S方法中，把x-y平面上的计算区域（边界层）转换到x-w平面上（w为无量纲流函数），从而不论在边界层的起始段还是在其后的发展段，所设置的计算节点均可落在边界层范围内。

　　（5）1969年，Spalding在英国帝国理工学院（Imperial College）创建了CHAM（Concentration, Heat and Mass, Limited），旨在把该院研究组的成果推广应用到工业界。

　　（6）1972年SIMPLE算法问世。在求解不可压缩流体的流动问题时，如果对所形成的包含速度分量及压力的代数方程仍采用直接求解的方法，则可同时得出速度与压力的解。但这样的求解方法即使在今天尚未得到广泛采用。于是分离式的求解方法应运而生，即先求解有关一个速度分量，而把其他作为常数，随后再逐一求解其他变量。于是就产生了速度与压力的耦合问题。SIMPLE算法成功地解决了这一问题。SIMPLE算法的一个基本思想是，在流场迭代求解的任何一个层次上，速度场都必须满足质量守恒方程，这是保证流场迭代计算收敛的一个十分重要的原则。

（7）1974年美国学者Thompson，Thames及Mastin提出了采用微分方程来生成适体坐标的方法（TTM方法）。TTM方法的提出，为有限差分法与有限容积法处理不规则边界问题提供了一条崭新的道路——通过变换把物理平面上的不规则区域（二维问题）变换到计算平面上的规则区域，从而在计算平面上完成计算，再将结果传递到物理平面上。在TTM方法提出后，逐渐在CFD领域中形成了"网格生成技术"这一分支，并成为目前世界上很活跃的研究方向。每隔2～3年，世界上要举行一次有关CFD的专门会议。

2. 工业应用阶段（1975～1984）

（1）1977年由Spalding及其学生开发的ENMIX程序公开发行。

（2）1979年在计算传热学的发展进程中有以下三件大事应载入史册。

①由美国Illinois大学的Minkowycz教授任主编的国际杂志"Numerical Heat Transter"创刊。杂志分为两种：Appications（应用篇）及Fundamentals（基础篇）。

②由Spalding教授及其合作者开发的流动传热计算的大型通用软件PHOENICS第一版问世。PHOENICS是Parabolic，Hyperbolic or Elliptic Numerical Integration Code Series的缩写，意为对抛物型、双曲型、椭圆型方程进行数值积分的系列程序。

③Leonard在1979年发表了著名的QUICK格式。这是一个具有三阶精度的（从界函面数插值而言）对流项离散格式，其稳定性优于中心差分。目前QUICK已在CFD/NHT研究与应用中得到广泛的应用。

（3）1980年Patankar教授的*Numerical Heat Transfer and Fluid Flow*一书出版。这本书内容精炼，说理透彻，注重物理概念的阐述，深受全世界数值传热的研究者与使用者的欢迎。出版后不久，被相继译成俄文、日文、波兰文及中文等，成为数值传热学领域的一本经典著作。

（4）1981年英国的CHAM公司把PHOENICS软件正式投入市场，开创了CFD/NHT商用软件市场的先河。

随着计算机工业的进一步发展，CFD的计算逐步由二维向三维、由规则区域向不规则区域、由正交坐标系向非正交坐标系发展。为克服棋盘形压力场而引入的交错网格的一些弱点，1982年Rhie与Chou提出了同位网格方法。这种方法吸取了交错网格成功的经验而又把所有的求解变量布置在同一套网格上，目前在非正交曲线坐标系的计算中得到广泛的应用。关于处理不可压缩流场计算中流速与压力的耦合关系的算法，在这一段时期内也有进一步的发展，先后提出了SIMPLER、SIMPLEC算法。

3. 兴旺发达的近期（1985～今）

（1）Singhal撰文指出了促使CFD/NHT应用于工程实际应解决的问题。他认为当时工业界的应用之所以不够踊跃，除了数值计算方法及模型有待完善外，软件使用的方便及友好性不够完善也是重要原因。

（2）前后处理软件的迅速发展。

（3）巨型机的发展促使了并行算法及紊流直接数值模拟（DNS）与大涡模拟（LES）的发展。

（4）PC机成为CFD研究领域中的一种重要工具是该时期的一个特色。

（5）多个计算传热与流动问题的大型商业通用软件陆续投放市场。继1981年PHOENICS上市以后，相继有FLUENT（1983年）、FIDAP（1983年）、STAR-CD（1987），FLOW-3D（1991年，现改为CFX）等进入市场，其中除FIDAP为有限元法外，其余产品均采用有限容积法。FIDAP以后又与FLUENT合并，成为该软件家族中的一部分。

（6）1989年著名学者Patankar S.V.教授推出了计算流动传热-燃烧等过程的Compact系列软件。

（7）1993年商用软件正式进入中国的市场。

（8）数值计算方法向更高的计算精度、更好的区域适应性及更强的健壮性（鲁棒性）的方向发展。

1.3　CFD工程应用领域

CFD是一种基于计算机仿真解决涉及流动、传热以及其他诸如化学反应等物理现象的分析方法。CFD方法涵盖了广大的工业及非工业领域，CFD方法的传统应用领域如下。

（1）飞行器空气动力学。

（2）船舶水动力学。

（3）动力装置：如内燃机或气体透平机器的燃烧过程。

（4）旋转机械：旋转通道及扩散器内的流动等。

（5）电器及电子工程：包含微电路的装置散热等。

（6）化学过程工程：混合及分离，聚合物模塑过程等。

（7）建筑物内部及外部环境：风载荷及供暖通风等。

（8）海洋工程：近海结构载荷。

（9）水利学及海洋学：河流、海洋等。

（10）环境工程：污染物及废水排放等。

（11）气象学：天气预报等。

（12）生物工程：通过动脉及静脉的血液流动等。

1.4   什么时候使用CFD软件

将CFD应用于工程设计，是通过流体计算软件来实现的。然而多年来，对于软件的过度依赖以及滥用、误用，造成CFD软件给人一种华而不实的印象。在利用CFD软件过程中，存在以下一些误区：

（1）认为CFD软件无所不能。持这类看法的人缺乏CFD实际工程经验，通常是非技术出身的企业中高层。在他们眼中似乎所有的关于流动的问题都可以利用CFD软件进行计算求解。

（2）认为CFD只是华丽的点缀。这类群体通常是以技术出身的高级流体工程师，在他们的成长道路上，所有与流体相关的工程问题几乎都是采用传统设计手段解决（如利用经验公式估算、大量实验等）。他们具备丰富的流体工程经验，然而对CFD持有很深的成见。

目前对于流体问题的研究方法主要有三种：理论研究、实验研究以及计算流体动力学分析。在工程应用上，更偏重于计算流体动力学分析与实验研究。随着计算机软硬件的发展，应用CFD进行产品设计的优势越来越明显。应用CFD进行产品设计与实验方式进行产品设计，其主要共同点及区别在于以下方面。

（1）它们都是实验。CFD计算分析可以看作是在计算机搭建的实验环境中进行实验设计。相对于现场实验，CFD具有能够检测全场数据、能够实现理想条件的优势，然而CFD计算受到计算模型的限制，同时要想利用CFD获得相对精确的计算结果，常常需要得到准确的计算域边界信息。这些信息的获取离不开现场实验。

（2）它们都需要对实验数据进行分析才能应用于工程实际。CFD软件计算完毕，并不意味着工作的完工，通常需要利用科学方法对计算结果进行分析解读。现场实验数据精度受仪器、测量方法、测量环境影响，而CFD计算结果精度则受数学模型、计算算法以及网格的影响。

因此，在以下一些情况下最适合利用CFD进行分析。

（1）物理过程有成熟的数学模型描述，计算边界明确且边界条件易于精确获取。

（2）现场实验不可能完成或成本过高，如溃坝仿真、泥石流等。

1.5   通用流体计算软件的利与弊

利用通用流体计算软件具有以下优点。

（1）利用现有的通用流体计算软件，可以节省大量的代码编写时间及测试时间，用户只需要专注于问题所体现的物理现象。

（2）现有的通用流体计算软件都通过了大量工业测试及验证，具有较高的可靠性，用户在计算过程中不用担心软件代码上的问题。

（3）通用流体计算软件能够广泛应用于现实问题，用户不需因为更换了物理现象而去更换软件。一款软件能够适应于绝大多数物理现象。

通用软件在具有诸多优点的同时，也具有一系列缺点。与专业软件相比，其具有以下不利的地方。

（1）对物理现象的细节研究往往没有专业软件细致。由于专业软件局限于某一特定的物理现象，因此软件可以研究得更加透彻和细致。通用软件需要顾及到通用性的问题，在此方面可能会存在一定的差距。

（2）操作上可能没有专业软件方便。专业软件由于只是针对特定物理模型，因此对于输入输出可以更加方便的进行定制，用户体验自然会更胜一筹。

与人工编程相比，通用计算软件具有以下特点。

（1）通用软件节省了大量底层操作时间。人工编程解决某一物理问题可能需要从最底层开始进行计算环境搭建，需要大量的代码编写时间及测试时间。

（2）通用计算软件由于商业原因对其源代码进行了严密封装，用户想要得知其内部细节几乎是不可能的，这在一定程度上影响了软件功能的扩展与扩充。而人工编程则不会存在此方面的问题，其具有更大的灵活性。

（3）通用计算软件通常都是商业软件，其均为收费软件，且价格很高。人工编程则省去了这方面的经济成本。

（4）人工编程可以使用最新的算法研究成果，而通用软件则不会很快将最新算法集成到软件中去。

1.6　本书读者定位

本书不是一本理论教科书，想要熟悉相关理论知识的读者可以参阅其他的理论文档。本书的主要目标是为工程应用人员提高软件使用技能，因此本书更多关注计算机软件如何有效地应用于工程设计。

本书主要面向的读者群体如下。

（1）具有深厚的专业背景及流体力学理论基础，想要在工程应用中使用CFD软件。

（2）已具备相当的专业背景，想要利用CFD软件进行科研工作的读者。

（3）使用传统设计方法多年，想要利用CFD进行辅助工程设计的人员。

（4）对CFD软件有强烈兴趣的学生。

基于以上读者群定位，本书具有以下一些特点。

（1）避免复杂的数学理论，立足于工程领域，更多地体现效率、精度以及重复性。

（2）强调软件应用，不深究软件背后的原理。

（3）强调软件间的连贯性。现代产品设计往往是多款软件合作的结果，因此将用途各不相同的软件完美地集成在一起，最大化地利用仿真数据，是本书讲述的重点。

1.7　本书特点

当前市场上关于CFD软件操作应用的图书很多，然而却没有一本是真正讲述工程应用的。大部分的书籍是以实例的方式讲述软件应用，它们往往是叙述了软件的操作过程，却较少对软件设置中的参数含义进行描述。本书则力求在讲述软件操作的同时，能够作为一本工具书，便于读者在日常工作中遇到软件操作参数问题时能够进行查询。本书具有以下特色。

1.　讲述CFD在研发过程中的完整流程

本书力求讲述CFD在研发过程中的完整流程。将CFD应用于工程研发，仅靠一款软件是不可能的，本书从工程研发入手，着重讲述ANSYS CFD中应用于工程研发中的常见模块组合：前处理模块ICEM CFD，求解器模块FLUENT，后处理模块CFD-POST，优化模块Design Explorer。

2. 大量的实例描述

为了尽可能地描述软件模块的使用方法，配以大量的实例对操作过程进行描述，用户只需跟着软件操作步骤一步步做下去，即可在最短的时间内尽快熟悉软件操作。

3. 详细讲述软件操作参数含义

本书不仅讲怎么做，还讲为何这么做。要想真正精通软件操作使用，仅仅知道怎么做是不够的，还应当熟悉软件中的每一个操作界面上每一个设置参数的含义。在实际的工程应用中，这些设置参数应当如何取值、为何如此取值，用户都必须做到心中有数。本书将尽最大可能描述每一操作参数的含义。

4. 配置视频教程

对于本书中的操作实例，均配置视频讲述，读者可以通过观看视频进行学习。

第 **2** 章　ANSYS CFD软件简介

本章主要描述工程应用中常见的CFD软件，主要包括CFD前处理软件、求解器以及后处理软件。

2.1　CFD工程应用一般流程

对于利用CFD进行模拟仿真计算，通常可以分为三个相互独立的阶段：计算前处理、计算求解以及计算后处理。它们的主要目标如下。

（1）计算前处理：将现实世界抽象为计算机可以识别的数据模型，方便计算机进行计算。

（2）计算求解：这部分工作主要是由求解器完成，同时是读取前处理数据，进行运算求解，输出一系列时空物理量。

（3）计算后处理：对求解器输出的物理量进行处理，以图表或数据的方式展示给用户。用户读取计算机输出的数据，指导产品设计。

2.1.1　计算前处理

计算前处理在一些场合也称为"预处理"，其主要包括以下一些过程。

（1）物理现象的抽象简化。现实世界是一个复杂的系统，要想对感兴趣的现象进行研究，必须进行简化处理。通常需要排除一些干扰因素，以便于研究分析。

（2）计算域几何模型构建。计算域指求解计算时的积分空间。流体计算域与几何实体常常存在差异。后面章节中的"计算区域抽取"将会专门针对这部分作阐述。

（3）计算网格划分。目前绝大多数通用流体计算软件采用的是有限体积法，该方法要求对计算区域进行离散处理，表现在前处理过程中为计算网格划分。

（4）设定计算区域属性。在CFD计算中，通常需要指定计算区域的工作介质属性、计算区域的运动状态等。

（5）设定计算模型及边界条件。选择合理的计算模型以及边界条件，是获得正确计算结果的必要条件。

（6）设定求解控制参数。为了加快计算收敛过程速度及提高计算精度，一些商用CFD软件通常允许用户对求解过程参数进行控制。

（7）设定输出参数。CFD计算数据量通常很大，通常可以设定需要输出的物理量，这样不仅可以减少输出的数据，还可以降低计算机硬盘读写时间，提高计算效率。

2.1.2　计算求解器

通常CFD求解器的工作职责为：从前处理器读入数据（网格数据、边界信息、求解控制参数等），利用内置的求解算法进行求解计算，将计算结果输出。

实际上商业通用CFD计算软件为了满足用户操作上的需要，其求解器还带有大部分的前处理内容，如ANSYS CFD

中的CFX及FLUENT软件，其包含了自网格导入、计算模型选择、边界条件设置、求解控制参数设置等前处理内容，真正求解器的功能是从用户单击"计算"按钮后开始的。

2.1.3 计算后处理

计算后处理的主要工作是将求解器计算的数据以图形、曲线或数据表的方式呈现给用户。常见的图形类型包括云图和矢量图。

2.2 ANSYS CFD软件族简介

ANSYS CFD是一个完整的CFD解决方案，包含了流体仿真的全部过程，包括流体网格生成工具ICEM CFD、旋转机械网格生成工具TurboGrid、CFD求解器FLUENT及CFX、模塑成形CFD仿真工具Polyflow，以及后处理工具CFD-POST。

2.2.1 前处理软件：ICEM CFD

ICEM CFD是一个高度智能化的高质量网格生产软件，其具有两大主要特色：先进的网格剖分技术及一劳永逸的CAD模型处理工具。

1. 先进的网格剖分技术

在CFD计算中，网格质量及数量直接影响计算精度与计算速度。ICEM CFD强大的网格划分功能可满足CFD计算对网格的严格要求：边界层自动加密、流场变化剧烈区域局部网格加密、高质量的全六面体网格、复杂空间的混合网格划分等。

主要优势包括以下方面。

（1）采用映射技术的六面体网格划分功能。通过雕塑方法在拓扑空间进行网格划分，然后自动映射至物理空间，可以在任意形状的模型中剖分出六面体网格。

（2）映射技术自动修补几何表面的裂缝和空洞，从而生成光滑的贴体网格。

（3）采用独特"O"型网格生成技术来生成六面体边界层网格。

（4）网格质量检查功能可以轻松检查、标识出质量差的单元。利用"网格光滑"功能可以对已有网格进行均匀化处理，从而提高网格质量。

（5）ICEM CFD提供了强大的网格编辑功能，可以对已有的网格进行编辑处理，如转化单元类型：棱柱→四面体、所有网格→四面体等

（6）ICEM CFD提供了良好的脚本运行机制，可以通过录制脚本方便地实现命令流自动处理。

2. 一劳永逸的CAD模型处理工具

ICEM CFD处理提供自身的几何建模工具之外，它的网格生成工具也可以集成在CAD环境中。用户可以在自己的CAD系统中进行ICEM CFD的网格划分设置，如在CAD系统中选择面、线并分配网格大小属性等，这些数据可储存在CAD的原始数据库中，用户可在对几何模型进行修改时也不会丢失相关的ICEM CFD设置信息。另外CAD软件中的参数化几何造型可与ICEM CFD中的网格生出及网格优化等模型通过直接接口连接，大大缩短了几何模型变化之后网格的再生时间。该直接接口适用于多数主流CAD系统，如UG NX、PRO/E、CATIA、SolidEdge、SolidWorks等。

ICEM CFD的几何模型工具另一特色是其方便的模型清理功能。CAD软件生成的模型通常包含所有细节，甚至还有粗糙的建模过程形成的不完整曲面等。这些特征对网格剖分过程形成巨大挑战，ICEM CFD提供的清理工具可以轻松地

处理这些问题。

2.2.2 CFD求解器：Fluent

FLUENT是ANSYS CFD的核心求解器，其拥有广泛的用户群。ANSYS Fluent的主要特点如下。

1. 湍流和噪声模型

FLUENT的湍流模型一直处于商业CFD软件的前沿，它为用户提供了丰富的湍流模型，如湍流模型、针对强旋流和各相异性流的雷诺应力模型等，随着计算机能力的显著提高，FLUENT已经将大涡模拟（LES）纳入其标准模块，并且开发了更加高效的分离涡模型（DES），FLUENT提供的壁面函数和加强壁面处理的方法可以很好地处理壁面附近的流动问题。

气动声学在很多工业领域中倍受关注，模拟起来却相当困难，如今，使用FLUENT可以有多种方法计算由非稳态压力脉动引起的噪声，瞬态大涡模拟（LES）预测的表面压力可以使用FLUENT内嵌的快速傅立叶变换（FFT）工具转换成频谱。Fflow-Williams&Hawkings声学模型可以用于模拟从非流线型实体到旋转风机叶片等各种噪声源的传播，宽带噪声源模型允许在稳态结果的基础上进行模拟，这是一个快速评估设计是否需要改进的非常实用的工具。

2. 动网格和运动网格

内燃机、阀门、弹体投放和火箭发射都是包含有运动部件的例子，FLUENT提供的动网格模型满足这些具有挑战性的应用需求。它提供几种网格重构方案，根据需要用于同一模型中的不同运动部件，仅需要定义初始网格和边界运动。动网格与FLUENT提供的其他模型如雾化模型、燃烧模型、多相流模型、自由表面预测模型和可压缩流模型相兼容。搅拌槽、泵、涡轮机械中的周期性运动可以使用FLUENT中的动网格（moving mesh）模型进行模拟，滑移网格和多参考坐标系模型被证实非常可靠，并和其他相关模型如LES模型、化学反应模型和多相流等有很好的兼容性。

3. 传热、相变、辐射模型

许多流体流动伴随传热现象，FLUENT提供一系列应用广泛的对流、热传导及辐射模型。对于热辐射，P1和Rossland模型适用于介质光学厚度较大的环境，基于角系数的Surface to Surface模型适用于介质不参与辐射的情况，DO（Discrete Ordinates）模型适用于包括玻璃的任何介质。DRTM模型也同样适用。太阳辐射模型使用光线追踪算法，包含了一个光照计算器，它允许光照和阴影面积的可视化，这使得气候控制的模拟更加有意义。

其他与传热紧密相关的还有汽蚀模型、可压缩流体模型、热交换器模型、壳导热模型、真实气体模型和湿蒸汽模型。相变模型可以追踪分析流体的熔化和凝固。离散相模型（DPM）可用于液滴和湿粒子的蒸发及煤的液化。易懂的附加源项和完备的热边界条件使得FLUENT的传热模型成为满足各种模拟需要的成熟可靠的工具。

4. 化学反应模型

化学反应模型，尤其是湍流状态下的化学反应模型在FLUENT软件中自其诞生以来一直占有很重要的地位，FLUENT强大的化学反应模拟能力帮助工程师完成了对各种复杂燃烧过程的模拟。涡耗散概念、PDF转换以及有限速率化学模型已经加入到FLUENT的主要模型中：涡耗散模型、均衡混合颗粒模型、小火焰模型以及模拟大量气体燃烧、煤燃烧、液体燃料燃烧的预混合模型。预测NOx生成的模型也被广泛的应用与定制。

许多工业应用中涉及发生在固体表面的化学反应，FLUENT表面反应模型可以用来分析气体和表面组分之间的化学反应及不同表面组分之间的化学反应，以确保表面沉积和蚀刻现象被准确预测。催化转化、气体重整、污染物控制装置及半导体制造等模拟都受益于这一技术。

FLUENT的化学反应模型可以和大涡模拟（LES）及分离涡模拟（DES）湍流模型联合使用，这些非稳态湍流模型耦合到化学反应模型中，才有可能预测火焰稳定性及燃尽特性。

5. 多相流模型

多相流混合物广泛应用于工业中，FLUENT软件是在多相流建模方面的领导者，其丰富的模拟能力可以帮助工程师洞察设备内那些难以探测的现象,Eulerian多相流模型通过分别求解各相的流动方程的方法分析相互渗透的各种流体或各相流体,对于颗粒相流体采用特殊的物理模型进行模拟。很多情况下,占用资源较少的混合模型也用来模拟颗粒相与非颗粒相的混合。FLUENT可用来模拟三相混合流(液、颗粒、气),如泥浆气泡柱和喷淋床的模拟。可以模拟相间传热和相间传质的流动,使得对均相及非均相的模拟成为可能。

FLUENT标准模块中还包括许多其他的多相流模型,对于其他的一些多相流流动,如喷雾干燥器、煤粉高炉、液体燃料喷雾,可以使用离散相模型(DPM)。射入的粒子、泡沫及液滴与背景流之间进行发生热、质量及动量的交换。

VOF(Volume of Fluid)模型可以用于对界面的预测比较感兴趣的自由表面流动,如海浪。汽蚀模型已被证实可以很好地应用到水翼艇、泵及燃料喷雾器的模拟。沸腾现象可以很容易地通过用户自定义函数实现。

6. 前处理和后处理

FLUENT提供专门的工具用来生成几何模型及网格创建。GAMBIT允许用户使用基本的几何构建工具创建几何,它也可用来导入CAD文件,然后修正几何以便于CFD分析。为了方便灵活地生成网格,FLUENT还提供了TGrid,这是一种采用最新技术的体网格生成工具。这两款软件都具有自动划分网格及通过边界层技术、非均匀网格尺寸函数及六面体为核心的网格技术快速生成混合网格的功能。对于涡轮机械,可以使用G/Turbo,熟悉的术语及参数化的模板可以帮助用户快速完成几何的创建及网格的划分。

FLUENT的后处理可以生成有实际意义的图片、动画、报告,这使得CFD的结果非常容易地转换成工程师和其他人员可以理解的图形,表面渲染、迹线追踪仅是该工具的几个特征,却使FLUENT的后处理功能独树一帜。FLUENT的数据结果还可以导入到第三方的图形处理软件或者CAE软件进行进一步的分析。

7. 定制工具

用户自定义函数在用户定制FLUENT时很受欢迎。功能强大的资料库和大量的指南提供了全方位的技术支持。FLUENT的全球咨询网络可以提供或帮助创建任何类型装备设施的平台,比如旋风分离器、汽车HVAC系统和熔炉。另外,一些附加应用模块,如质子交换膜(PEM)、固体氧化物燃料电池、磁流体、连续光纤拉制等模块已经投入使用。

8. 子模块

(1)FloWizard:FloWizard 软件是以设计产品或工艺为目的的快速流体建模软件。该软件专门为需要了解所设计产品的流体动力学特性的设计工程师和工艺工程师研制。因软件易学易用,设计者不再需要是流体模拟方面的专家就可以非常成功地使用FloWizard。在产品设计周期的初期,工程师就可以用快速流动模拟对产品方案进行流动分析,这就提高了设计的性能,降低了产品到达市场的时间。另外,FloWizard能够执行多个流体动力学设计任务。

(2)FLUENT for CATIA V5:该模块将流体流动和换热分析带入CATIA V5的产品生命周期管理(PLM)环境。它将FLUENT的快速流动模拟技术完全集成到V5的PLM过程,所有的操作完全基于CATIA V5的数据结构。FLUENT for CATIA V5在您的用于制造的几何模型和流动分析模型之间提供了完全的创成关系。它减少了CFD分析周期的60%时间甚至更多,它提供了基于模拟的设计方法。设计、分析和优化完全在CATIA V5 PLM的单一工作流之内完成。

(3)IcePak:能够对电子产品的传热\流动进行模拟。Icepak 采用的是 FLUENT求解器,该软件是基于FLUENT的行业定制软件,嵌入的各类电子器件子模型能大大加快仿真人员建模过程,自动化的网格划分以及高效的求解器能够满足电子散热仿真的需求。

(4)Airpak:Airpak可以精确地模拟所研究对象内的空气流动、传热和污染等物理现象,并依照ISO 7730标准提供舒适度、PMV、PPD等衡量室内空气质量(IAQ)的技术指标。从而减少设计成本,降低设计风险,缩短设计周期。Airpak软件的应用领域包括建筑、汽车、楼宇、化学、环境、加工、采矿、造纸、石油、制药、电站、办公、半导体、通信、运输等行业。

2.2.3 CFD求解器:CFX

CFX是全球第一款通过ISO9001质量认证的大型商业CFD软件,目前CFX的应用已遍及航空航天、旋转机械、能源、石油化工、机械制造、汽车、生物技术、水处理、火灾安全、冶金、环保等领域。

CFX是全球第一个在复杂集合、网格、求解这三个CFD传统瓶颈问题上均获得重大突破的商业CFD软件。其主要特点包括以下方面。

1. 精确的数值方法

目前绝大多数商业CFD软件采用的是有限体积法，然而CFX采用的是基于有限元的有限体积法。该方法在保证有限体积法的守恒特性基础上，吸收了有限元法的数值精确性。

（1）基于有限元的有限体积法，对六面体网格使用24点积分，而单纯的有限体积法仅采用6点积分。

（2）基于有限元的有限体积法，对四面体网格采用60点积分，而单纯的有限体积法仅采用4点积分。

ANSYS CFX是全球第一个发展和使用全隐式多网格耦合求解技术的商业CFD软件，此方法克服了传统分离算法所要求的"假设压力项—求解—修正压力项"的反复迭代过程，而是采用同时求解动量方程和连续方程，该方法能有效提高计算稳定性与收敛性。

2. 湍流模型

绝大多数工业流动都是湍流流动。因此，ANSYS CFX一直致力于提供先进的湍流模型以准确有效的捕捉湍流效应。除了常用的RANS模型（如$k-\varepsilon$，$k-\omega$、SST及雷诺应力模型）及LES与DES模型之外，ANSYS CFX提供了更多的改进的湍流模型，如能捕捉流线曲率效应的SST模型、层流—湍流转捩模型（Menter-Langtry $\Upsilon-\theta$模型）、SAS（Scale-Adaptive Simulation）模型等。

3. 旋转机械

ANSYS CFX提供了旋转机械模块，能够使用户方便地对旋转机械进行分析计算。

ANSYS CFX是旋转机械CFD仿真领域的长期领跑者。该领域在精度、速度及稳健性方面均有较高的要求。通过采用专为旋转机械定制的前后处理环境，利用一套完整的模型捕捉转子与定子间的相互作用，ANSYS CFX完全满足旋转机械流体动力学分析的需求。利用ANSYS模块BladeModeler与TurboGrid，能够满足旋转机械设计分析过程中的几何构建与网格划分工作。

4. 多相流

ANSYS CFX中集成了超过20年的多相流领域经验，允许模拟仿真多组分流动、气泡、液滴、粒子及自由表面流动。拉格朗日粒子输运模型允许求解计算在连续相内一个或多个离散粒子或液滴相。瞬态粒子追踪模型可以模拟火焰扑灭过程、粒子沉降和喷雾等。粒子破碎模型可以模拟液体颗粒雾化，捕捉例子在外力作用下的破碎过程，并考虑相间的作用力。壁面薄膜模型可以考虑颗粒在高温/低温壁面的反弹、滑移、破碎等现象。欧拉多相流模型可以很好地模拟相间动量、能量和质量传递，而且CFX中包含丰富的曳力及非曳力模型，全隐式耦合算法对于求解相变导致的气蚀、蒸发、凝固、沸腾等问题具有很好的健壮性。MUSIG多尺度颗粒模型可以模拟颗粒在多分散相流动中的破碎与汇聚行为。利用粒子动力学理论和考虑固体相之间的作用，可以模拟流化床内的流动。

5. 传热及辐射

ANSYS CFX不仅能够求解流体流动中的能量对流传输，还提供共轭热传递（Conjugate Heat Transfer，CHT）模型求解计算固体内部的热传导。同时CFX还集成了大量的模型捕捉各类固体与流体间的辐射换热，不论这些固体和流体材料是完全透明、半透明还是不透明。

6. 燃烧

不论是在燃气轮机燃烧设计、汽车发动机燃烧模拟、膛炉内煤粉燃烧还是火灾模拟，CFX都提供了非常丰富的物理模型来模拟流动中的燃烧及化学反应问题。CFX涵盖了从层流至湍流、从快速化学反应至慢速化学反应、从预混燃烧到非预混燃烧的问题。所有的组分作为一个耦合的系统求解。对于复杂的反应系统能够加速收敛。模型包含单步/多步涡破碎模型、有限速率化学反应模型、层流火焰燃烧模型、湍流火焰模型、部分预混BVM模型、修正的部分预混ECM模型、NOx模型、Soot模型、Zimont模型、废气再循环EGR模型、自动点火模型、壁面火焰作用（Quenching）模型、火花塞点火模型等。

7. 流固耦合

ANSYS结合领先的流体力学和结构力学专业能力和技术以提供最先进的功能模拟流体和固体间的相互作用。单向和双向FSI模拟都可以实现，从问题建立到计算结果后处理全部在ANSYS Workbench环境中完成。

本机双向连接结构分析技术从ANSYS允许用户捕捉哪怕是最复杂的战略投资基金问题而不需要额外支出、管理或配置第三方耦合的软件。ANSYS的本地双向流固耦合仿真技术允许用户不需要额外支出、管理或配置第三方耦合软件也能捕捉最复杂的流固耦合问题。

8. 运动网格

当流体模型中包含有几何运动（如转子压缩机、齿轮泵和血液泵等）时，此时就要求网格具有运动。运动网格的策略涵盖了每个你能够想到的运动。特别是在流固耦合计算中涉及固体在流体中的大变形或大位移运动，ANSYS CFX结合ICEM CFD可以实现外部网格重构功能，可以用于模拟特别复杂构型的动网格问题，这种运动可以是指定规律的运动，如气缸的活门运动，也可以是通过求解刚体六自由度运动的结果，配合ANSYS CFX的多配置（Multi-Configuration）模拟，可以很方便地处理如活塞封闭和便捷接触计算。而且对于螺杆泵、齿轮泵这类特殊的泵体运动，ANSYS CFX还包含了独特的进入实体（Immersed Solids）方法，不需要任何网格变形或重构，采用施加动量源项的方法模拟固体在流体中的任意运动。

2.2.4　后处理模块：CFD-POST

预测流体的流动并不是CFD模拟的最终目标。开展后处理可以从预测结果中受益，后处理能够增强对流体动力学模拟结果的完全深入理解。ANSYS CFD-POST软件是所有ANSYS流体动力学产品的通用后处理程序，能够实现流体动力学结果的可视化和分析的一切功能，其中包括生成可视化的图像，定量显示和计算数据的后处理能力，用以减缓重复工作的自动化操作，以及在批处理模式下运行的能力。CFD-POST是ANSYS CFD的御用后处理器，其来源于CFX-POST，具有强大的后处理功能。CFD-POST具有以下一些独特优势。

1. 计算结果比较

在CFD-POST允许同时导入多个计算结果，特别适用于比较多个不同工况下的计算结果。能够以同步视图并行的显示结果。另外，多个计算结果间的差异可以通过显示或度量的方式进行计算及分析。

2. 3-D图像

ANSYS CFD-POST创建的所有图形都可以保存为标准的2D图像格式（如JPG及PNG）。然而，在与项目经理、客户及同事间进行有效交流与沟通时常常难以找到正确的2D视图。在这种情况下，ANSYS CFD-POST技术提供了写入3D图形文件的能力，以允许任何人都可以自由地从ANSYS分发3D视图。这些3D图像可以很好地集成在Microsoft PowerPoint中。

3. 自定义报告

ANSYS CFD-POST的每一个会话均包含了标准的报告生成模板。通过简单地选择或取消选择操作，用户可以很方便地决定报告中包含的内容，能够自定义文本、图形、曲线、数据表等，甚至可以决定位于右上角的公司logo。报告是动态的随数据集自动更新的，最终的报告可以被输出为HTML格式。

4. Turbo后处理

ANSYS CFD-POST提供了自动进行旋转机械后处理模板，可以很方便地生成以子午线视图展示的图像（如求解结果的圆周平均）及在Hub与Shroud之间任意位置叶片展开视图。通过制定旋转机械图形选项及模板还可以帮助用户对不同类型及其创建自动报告。

5. 流动动画

不管是稳态计算还是瞬态计算，动画能够使CFD计算结果更加生动。在ANSYS CFD-POST中，可以很方便地定义动画，包括功能强大的逐帧设置以及将动画保存为高质量的MPEG-4输出格式。对于包含有大量图形特征及渲染特征的动画，ANSYS CFD-POST也能够为观众提供高度压缩的视频文件。

6. 计算器与表达式

在ANSYS CFD-POST中可以很方便地利用计算器功能实现感兴趣区域物理量的计算输出。利用表达式功能除了可以实现计算器能够实现的功能之外，还可以实现衍生物理量的计算输出。

第二部分

计算前处理

第3章 流体计算域

3.1 计算域模型

流体计算域指的是在流体计算过程中，参与积分计算的区域。换句话说，流体计算域指的是流体能够到达的区域。计算域模型与所要计算的问题密切相关。这里以一个简单的实例来说明流体计算域的概念。

以暖气片中的流动与换热为例，根据研究问题的角度不同，所建立的流体域模型也不同。

（1）研究流体在管道中流动的压降，不考虑换热。在这种情况下，所建立的流体域模型只是包含管道内部流动空间，管壁是不予考虑的。

（2）研究金属管道的温度分布。这种情况通常发生在计算热应力的时候。此时需要创建的模型既要包含管道内部流动空间，还需要包含固体管道实体模型。

（3）研究暖气片供暖效率。不仅要考虑管道内部流动空间，还必须包含管道外部空间，考虑热辐射及热对流。至于是否需要建立管道实体模型，则视问题简化程度而定。

（4）已知道管道壁温分布，计算供暖效率。此时可以不考虑管道内部空间及管道本身，计算域只包含管道外壁与外部空间。

可以按照流场特性将计算域分为内流计算域与外流计算域。

按照计算域材料类型将计算域分为流体计算域、固体计算域等。在CFD计算中还常常会遇到多孔介质区域，其实多孔介质区域也是流体域的一种。

3.1.1 内流计算域

内流计算域通常用于内流场计算，计算域外边界（除进口与出口外）一般为固体壁面。

内流计算域的外壁面边界与实体内边界相对应。而出口与入口的位置则需要计算人员确定，其位置的选定影响计算收敛性与正确性。通常将进出口边界位置选定在流场波动较小的区域（入口位置一般选择容易测量区域，出口位置则一般选择流动充分发展区域）。

图3-1为经过特征简化后的三通管实物几何模型。通常来说，实物模型都是具有厚度的三维模型，但在进行CFD计算过程中，一些不同维度上尺度相差较大的几何模型，有时也常简化为2D模型，或将有厚度的壁面简化为无厚度的平面。

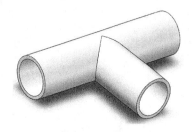

图3-1　实物几何

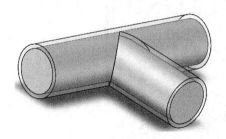

图3-2　流体域模型

图3-2所示非透明部分为三通管的内流计算域几何模型（图中透明部分为实物几何，保留的原因是便于观察，在实际计算中根据计算条件不同外部固体部分可能会被删除）。从图中可以看出，内流场的外部边界通常对应着实物几何的内部边界面。

3.1.2　外流计算域

外流计算域通常用于计算外部流场，其外部边界一般是人为确定的。这类计算域创建的难点在于合理选择外边界。通常外流场计算时，要求尽量减轻外部边界对流场的影响。外流场计算常见于航空航天等领域。图3-3为CFD领域研究较多的圆柱绕流计算流体域，这是典型的外流计算域。

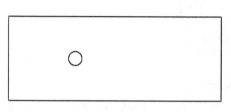

图3-3　外流计算域

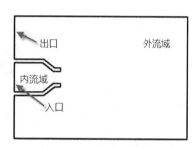

图3-4　混合计算域

3.1.3　混合计算域

混合计算域既包含内流计算域又包含外流计算域模型。这种情况在实际工程应用中比较常见，如要计算淹没射流中的喷嘴性能所创建的计算域。如图3-4所示的计算域模型即为典型的混合计算域，既包含喷嘴内流场计算，同时还包含有射流自喷嘴出口喷出后的外部流体域流场计算。

3.2　计算域生成方法

任何一款支持布尔运算的CAD软件均可以方便地完成计算域的生成。计算域几何建模方法主要分为两种：直接建模与几何抽取。对于一些简单的计算域模型，可以采用直接几何建模的功能，而一些内表面复杂的计算域几何模型，则通常采用几何抽取功能实现。

3.2.1　直接建模

一些简单的内流道与外流道计算域可以通过直接建模的方式构建几何。这种情况一般表现为流道几何尺寸容易获得，且几何特征比较规则的情况。如管道流动模拟中的内流域、简单翼型计算中的外流域等。

3.2.2　几何抽取

几何抽取功能既可以生成外流计算域，还可以生成内流计算域，甚至可以生成既包含内流计算域又包含外流计算域的混合计算域模型。

3.3 计算域简化

在实际计算过程中，有时为了减小计算量，常常对几何进行简化处理。常见的几何简化包括利用模型的对称性、将3D模型简化为2D模型处理、利用流动周期性等。

图3-5所示为圆柱形喷嘴实体几何模型。

图3-5 喷嘴实体几何模型

对于图3-5所示的喷嘴模型，若计算其内部流场，根据问题简化程度，可以建立如图3-6、图3-7、图3-8、图3-9所示的计算域模型。其中图3-6为利用几何抽取功能建立的完整3D计算域模型；根据模型的对称性，可以建立图3-7所示的四分之一计算域模型（包含两个对称面）；根据喷嘴内部流场特征，若不考虑流体切向物理量梯度分布，则计算域模型可以简化为图3-8所示的2D平面模型；利用喷嘴结构的旋转对称特征，计算域模型可以进一步简化为图3-9所示的2D模型。

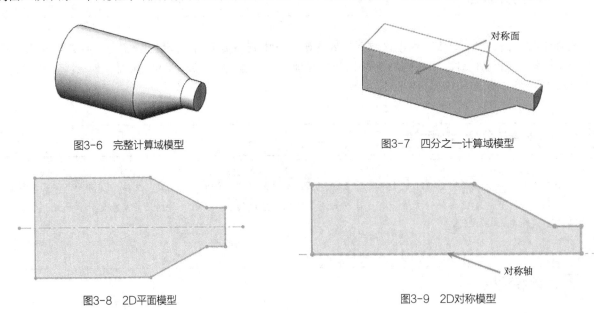

图3-6 完整计算域模型

图3-7 四分之一计算域模型

图3-8 2D平面模型

图3-9 2D对称模型

3.4 多区域计算模型

多区域模型指的是计算模型中包含有两个及两个以上计算域。

多区域计算模型主要应用于以下情况。

（1）计算模型中涉及到运动区域，如旋转机械模拟仿真。

（2）计算模型中同时存在固体或流体区域，如共轭传热仿真等。

（3）计算模型中存在多孔介质区域或其他需要单独求解的区域。

（4）为了网格划分方便，将计算区域切分成多个区域。

对于多区域计算模型，一般CFD求解器均提供了数据传递方式，用户只需将区域界面进行编组处理即可完成计算过程中数据的传递。CFD区域分界面数据传递主要采用定义interface对来完成。

3.4.1　Interface

Interface主要用于处理多区域计算模型中区域界面间的数据传递。

Interface是边界类型的一种，这意味着Interface是计算域的边界，因此若计算模型中存在多个计算区域，要使计算域保持流通，则需要在相互接触的边界上创建Interface。在CFD计算中，Interface通常都是成对出现的，计算结果数据则通过Interface对进行插值传递。利用Interface并不要求边界上的网格节点一一对应。对于图3-4所示的混合计算域模型，既可以使用图3-4所示的单计算域模型，也可以使用图3-10所示的多计算域模型。

其中域1与域2之间由Interface进行连通，如图3-11所示。

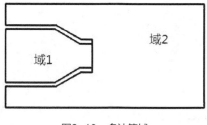

图3-10　多计算域

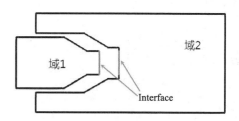

图3-11　利用Interface连接多计算域

3.4.2　Interior

Interior指的是内部面，常出现在单计算区域中。在对单计算域进行分区网格划分时，尤其是划分不同类型计算网格时，网格分界面将会被求解器识别为Interior类型。

需要注意的是：与Interface不同，Interior不是计算区域边界，而是计算域内部网格面。Interior面上不能有重合的网格节点。而Interface面对上的网格节点既可以重合，也可以不重合。

也就是说，Interface是两个独立区域边界，是实际存在的边界。而Interior则常常是虚拟形成的。默认情况下Interior是连通的，而Interface则是非连通的，需要在求解器中设置Interface对才能使计算域保持连通。

3.5　计算域创建工具ANSYS DesignModeler

除了可以利用常用的CAD软件（如CATIA、UG、PRO/E、SolidWorks、SolidEdge等）的布尔运算功能实现计算域的创建之外，更常见的是利用前处理工具实现。ANSYS Workbench中提供了DesignModeler模块可以很方便地实现计算域的抽取工作。

ANSYS DesignModeler是ANSYS Workbench中内置的一款几何创建工具模块，利用该模块的Fill命令及Enclosed命令，同时配合几何实体布尔运算功能，可以很方便地实现内外流场计算域以及混合计算域的创建。

图3-12所示为ANSYS DesignModeler（简称为DM）的总体界面。DM具有通用Windows应用程序相类似的界面，界面主要包括菜单栏、工具栏、建模树形菜单、属性窗口以及图形显示窗口等。DM不仅具有几何创建功能，同时还可以

导入目前常见的CAD软件创建的模型（如CATIA、UG、Pro/E、Solidworks等），另外还可以导入一些中间格式几何文件（如IGS、STP、parasolid、ACIS等）。

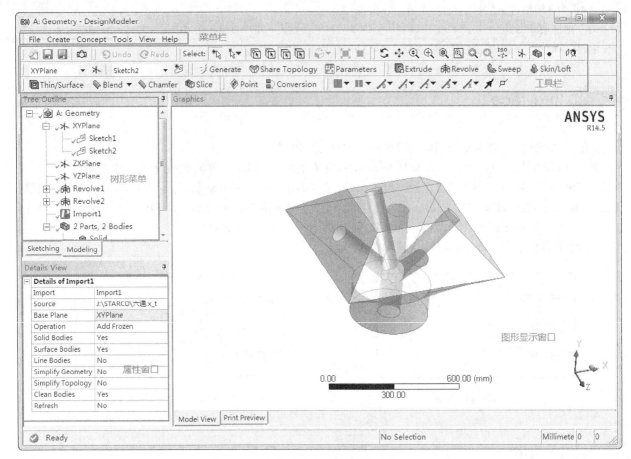

图3-12　DM总体界面

关于DM的进一步资料可以查看软件文档，或参考ANSYS Workbench的相关书籍，此处不再赘述。

3.5.1　Fill 功能

DM的Fill功能主要应用于内流场计算域的抽取。

单击菜单【Tools】>【Fills】即可进行Fills设置。其属性窗口如图3-13所示。其中Faces项需要用户指定实体几何的内部边界（同时也是流体域的外部边界）。

Extraction Type中设置Fills类型，主要有两种类型：By Cavity及By Caps，图3-14所示为选择By Caps后的属性窗口。

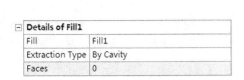

图3-13　Fills功能属性窗口

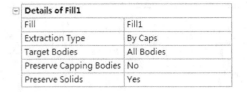

图3-14　By Caps属性窗口

两种类型的主要差异在于：By Cavity方式需要选择形成流体域的几何表面，不需要流道封闭。而By Caps方式则需要内流道是封闭空间。

3.5.2 Enclosure 功能

Enclosure主要用于外流场计算域的创建。单击菜单【Tools】>【Enclosure】即可进行Enclosure设置。其默认属性窗口如图3-15所示。

Details of Enclosure1	
Enclosure	Enclosure1
Shape	Box
Number of Planes	0
Cushion	Non-Uniform
☐ FD1, Cushion +X value (>0)	30 mm
☐ FD2, Cushion +Y value (>0)	30 mm
☐ FD3, Cushion +Z value (>0)	30 mm
☐ FD4, Cushion -X value (>0)	30 mm
☐ FD5, Cushion -Y value (>0)	30 mm
☐ FD6, Cushion -Z value (>0)	30 mm
Target Bodies	All Bodies
Merge Parts?	No

图3-15 Enclosure属性窗口

在Enclosure中可以创建外流场的几何，主要有三种类型：Box、Cylinder以及Sphere，同时用户可以自定义外部几何。利用自定义外部几何，可以部分替代布尔运算的功能，尤其是对于CAD软件中导入的装配体几何的布尔运算。

在外流场计算中，常常涉及对称面的创建，利用Enclosure属性面板中的Number of Planes项可以很容易地实现对称面的创建。

3.6 计算域创建实例

本节主要以三个实例详细描述利用ANSYS DM模块创建计算域过程。主要包括直接计算域创建、内流计算域创建、外流计算域创建。

3.6.1 【实例3-1】直接创建计算域

本例根据图3-16所示实体模型创建计算域几何模型。

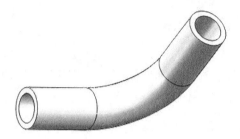

图3-16 实体模型

图3-16所示的实体模型采用路径扫描的特征建模方式构建，其扫描路径尺寸如图3-17所示，由两段直线与一段圆弧构成。

扫描截面如图3-18所示，为两个同心圆，内径50mm，外径70mm。

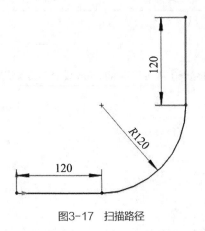

图3-17 扫描路径

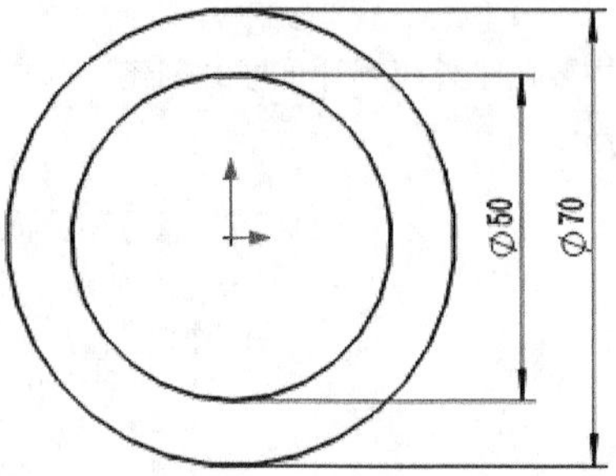

图1-18 截面尺寸

直接建模策略：利用扫掠功能创建计算域模型，扫掠路径采用图3-17所示，扫掠截面为图3-18所示的同心圆中内部圆。分别创建草图，利用ANSYS DM的Sweep功能实现几何的创建。

Step 1：启动ANSYS DM模块

启动ANSYS Workbench，双击选择程序界面右侧树形菜单中的【Geometry】模块，DM模块被添加至工程项目中。如图3-19所示，双击A2单元格进入DM模块。

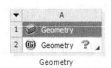

图3-19 添加DM模块

Step 2：创建扫描路径草图

鼠标选择DM的树形菜单【Geometry】>【XYPlane】，单击工具栏按钮，单击属性菜单选项卡Sketching切换为草图绘制模式，如图3-20所示。

在XY平面上利用【Draw】菜单中的Line及【Arc by tangent】绘制如图3-21所示几何。

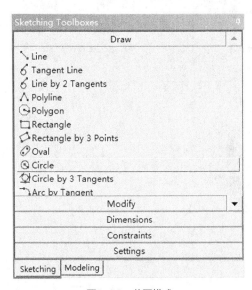

图3-20 草图模式

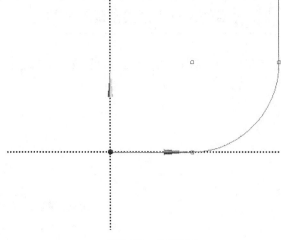

图3-21 几何绘制

此时可以不用理会尺寸，下一步添加几何尺寸约束。

单击【Dimensions】进入尺寸约束面板，如图3-22所示。选择【General】工具。

对图3-21的草图进行尺寸约束，如图3-23所示。

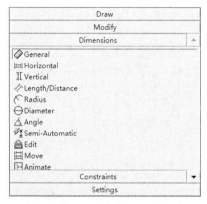

图3-22 Dimensions面板

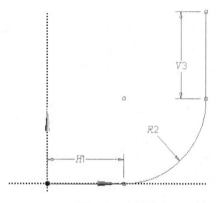

图3-23 尺寸约束

在右下侧的属性窗口中设置$H1$=120mm，$R2$=120mm，$V3$=120mm，如图3-24所示。

注意

图3-24的尺寸设置属性窗口中$H1$、$R2$、$V3$的左侧均有一个白色方框，单击此方框可对尺寸进行参数化设置，在后面的优化章节将会重点讲述这一特性。

Details of Sketch1	
Sketch	Sketch1
Sketch Visibility	Show Sketch
Show Constraints?	No
Dimensions: 3	
H1	120 mm
R2	120 mm
V3	120 mm
Edges: 3	
Line	Ln7
Circular Arc	Cr9
Line	Ln12

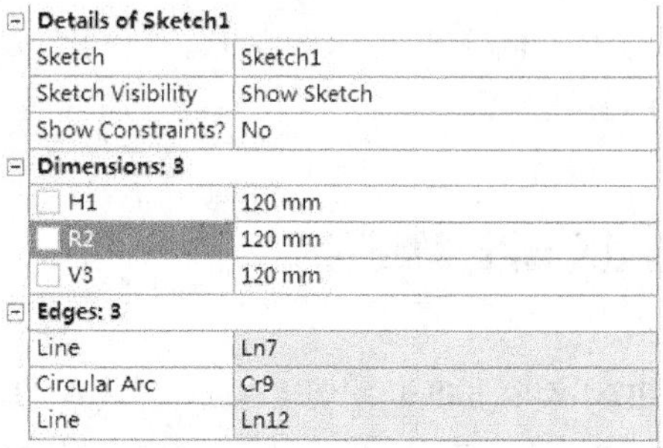

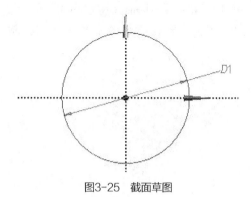

图3-24 设置尺寸

Step 3：创建界面草图

切换到【Modeling】标签页，选择【YZPlane】为草图绘制平面。创建如图3-25所示的草图，设置$D1$=50mm。

图3-25 截面草图

Step 4：扫描创建计算域

选择工具栏中的扫描工具按钮 Sweep，如图3-26所示在属性框中进行如下设置。

Profile：选择截面草图。

Path：选择路径草图。

Operation：两种操作模式，分别为Add Material与Add Frozen，前者为合并材料，后者为不合并。这里采用默认，即Add Material。

Twist Specification：是否缠绕，若想要用扫描方式绘制弹簧之类的缠绕几何，可以利用此选项。

As Thin/Surface：是否为薄壁或曲面。选择此项将扫描成空心曲面。

Merge Topology：是否合并拓扑，默认情况不合并拓扑。

本例选择Sketch2为Profile，选择Sketch1为扫描路径。单击工具栏按钮【Generate】生成几何模型，如图3-27所示。

Details of Sweep1	
Sweep	Sweep1
Profile	Sketch2
Path	Sketch1
Operation	Add Material
Alignment	Path Tangent
☐ FD4, Scale (>0)	1
Twist Specification	No Twist
As Thin/Surface?	No
Merge Topology?	No
Profile: 1	
Sketch	Sketch2

图3-26 扫描属性窗口

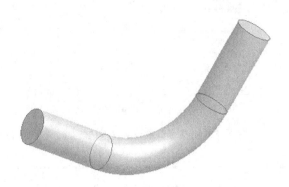

图3-27 生成的计算域模型

Step 5：实例总结

本例使用直接计算域创建方法，利用ANSYS DM的扫描方法直接构建计算域模型。DM除了可以使用扫描方法构建模型外，还可以采用拉伸、旋转等方式完成几何模型的创建。在实际工程项目中，针对流体域模型特征，灵活运用这些特征建模方式，很容易获得所需要的计算域模型。

3.6.2 【实例3-2】Fills方式创建计算域模型

与直接创建计算域几何相比，利用DM提供的Fills功能实现内流计算域的抽取工作，则显得更为轻松。本例采用两种方式构建内流计算域几何模型：By Cavity与By Caps。实体几何模型采用外部导入方式。DM支持很多种不同的CAD几何格式（如UG、CATIA、Solidworks等）以及中间格式几何文件（如IGS、Parasolid、stp等），本例几何采用中间格式Parasolid文件导入。

Step 1：导入几何模型

进入DM模块，单击选择菜单【File】>【Import External Geometry File…】，选择ex2_1.x_t文件，属性窗口采用默认设置，单击工具栏按钮【Generate】导入几何。导入的几何如图3-28所示，该几何为常见的六通结构。

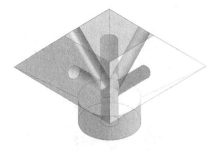

图3-28 实体几何模型

Step 2：利用Fills的by Cavity方式抽取计算域

单击选择菜单【Tools】>【Fills】，在属性窗口中选择Extraction Type为By Cavity，选择如图3-29所示高亮显示的6个面。

单击工具按钮【Generate】，即可生成流体域几何。

在树形菜单的原始几何上右击，选择菜单【Suppress Body】删除原始几何，保留抽取的计算域模型，如图3-30所示。

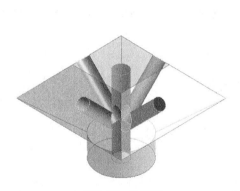

图3-29 选择面

图3-30 计算域模型

至此，采用By Cavity方式创建计算域已完成。

Step 3：利用Fills的by caps方式抽取计算域

在树形菜单原始几何【Solid】节点上右击，选择【Unsuppress Body】，恢复原始几何。在【Fill1】节点上右击，选择【Delete】，删除该节点。

在进行新的Fills方法之前，需要先创建表面将几何封闭起来。

选择菜单【Concept】>【Surface From Edge】，选择图3-31所示的5个圆边。

图3-31 选择边创建面

单击工具栏按钮【Generate】生成surface。

如图3-32所示，可以看到树形菜单中新添加了5个由圆构建的表面。

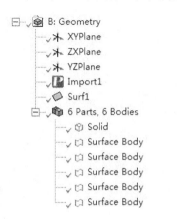

图3-32 创建了6个面

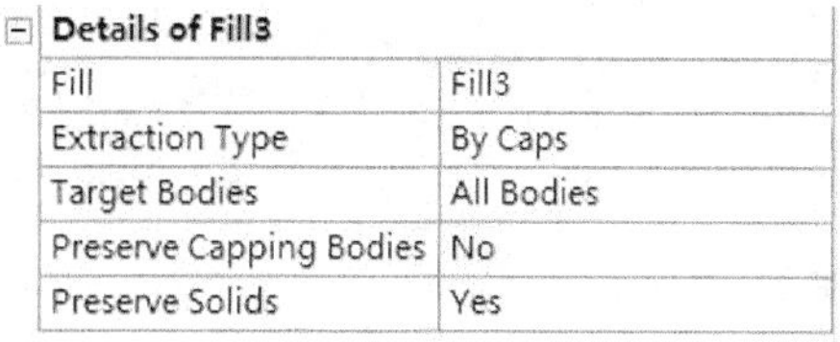

Details of Fill3	
Fill	Fill3
Extraction Type	By Caps
Target Bodies	All Bodies
Preserve Capping Bodies	No
Preserve Solids	Yes

图3-33 By Caps属性设置

单击选择菜单【Tools】>【Fills】进入计算域创建，在属性设置窗口中设置Extraction type为By Caps，如图3-33所示。单击【Generate】即可生成计算域几何模型。生成的几何模型与图3-30完全一致。

采用Fills工具抽取计算域主要有两种方式：By Cavity及By Caps，其中By Cavity适用于实体模型内部表面较少、易于选取的情况，而By Caps则适用于内表面复杂、选取表面比较麻烦的情况。利用By Caps抽取流体计算域，需要先创建封闭几何，通常需要利用开口位置的边创建几何表面，将实体模型封闭。

3.6.3 【实例3-3】Enclosure方式创建计算域模型

本例使用Enclosure方式构建外流计算域模型。本例的实体几何采用DM直接构建。

Step 1：创建实体模型

启动DM模块，在XY平面上绘制如图3-34所示的草图。

其中尺寸：$R1=10mm$，$H2=40mm$，$H4=48mm$，$V5=8mm$。

单击工具栏按钮 ⊛Revolve，以X轴为旋转轴（红色轴）旋转360°。单击工具栏按钮 ⇗Generate 生成几何，如图3-35所示。

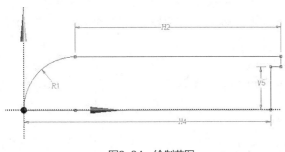

图3-34 绘制草图

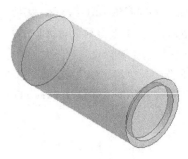

图3-35 实体几何

下面利用Enclosure功能完成图3-35所示几何实体的外流场计算域创建。

Step 2：Enclosure创建Box型计算域

利用Enclosure可以创建多种类型计算域：Box型、Cylinder型以及Sphere型等，也可以自定义外部形状。自定义外部形状通常为用户自己创建的几何。

单击选择菜单【Tools】>【Enclosure】，属性设置如图3-36所示。

选择Shape为Box，设置Number of Planes为0，该选项用于对称面创建，此时不进行对称面的创建。

Details of Enclosure1	
Enclosure	Enclosure1
Shape	Box
Number of Planes	0
Cushion	Non-Uniform
☐ FD1, Cushion +X value (>0)	50 mm
☐ FD2, Cushion +Y value (>0)	30 mm
☐ FD3, Cushion +Z value (>0)	30 mm
☐ FD4, Cushion -X value (>0)	40 mm
☐ FD5, Cushion -Y value (>0)	30 mm
☐ FD6, Cushion -Z value (>0)	30 mm
Target Bodies	All Bodies
Merge Parts?	No

图3-36 参数设置

其他参数如下。

Cushion +X value（>0）：沿X正方向长度。

Cushion +Y value（>0）：沿Y正方向长度。

Cushion +Z value（>0）：沿Z正方向长度。

Cushion -X value（>0）：沿X负方向长度。

Cushion -Y value（>0）：沿Y负方向长度。

Cushion -Z value（>0）：沿Z负方向长度。

以上6个参数均为相对于坐标原点的距离值，全部为正值。

Target Bodies：选择需要创建外流场的实体模型。本例中只有一个实体几何，可以采用默认值All Bodies。若存在多个几何，则可以选择需要的几何。

Merge Parts：设置是否合并几何，默认不合并。

单击工具栏 Generate 按钮生成外流场计算域，如图3-37所示。

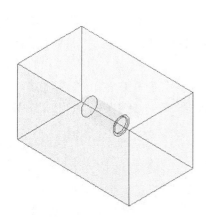

图3-37 计算域模型

Details of Enclosure1	
Enclosure	Enclosure1
Shape	Box
Number of Planes	1
Symmetry Plane 1	XYPlane
Model Type	Full Model
Cushion	Non-Uniform
☐ FD1, Cushion +X value (>0)	50 mm
☐ FD2, Cushion +Y value (>0)	30 mm
☐ FD3, Cushion +Z value (>0)	30 mm
☐ FD4, Cushion -X value (>0)	40 mm
☐ FD5, Cushion -Y value (>0)	30 mm
☐ FD6, Cushion -Z value (>0)	30 mm
Target Bodies	All Bodies
Merge Parts?	No

图3-38 对称面设置

树形菜单中存在两个实体：一个为原始几何，另一个创建的计算域模型。若只是计算外流场，则可以将原始几何模型删除掉。右击树菜单原始几何模型节点，选择上下文菜单【Suppress Body】即可。

Step 3：创建对称面

本例模型结构可以使用对称几何，利用Enclosure属性窗口中的Number of Planes项可以很方便地创建对称面。设置Number of Planes项参数值为1，选择对称平面为XYPlane（可在树形菜单上选择），其他参数保持不变，如图3-38所示。单击工具栏 Generate 按钮生成外流场计算域，如图3-39所示。

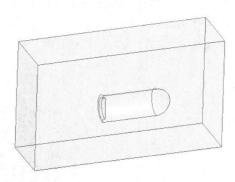

图3-39 外流场计算域几何

利用Number of planes设置最多可以创建3个对称面。

3.6.4 【实例3-4】创建混合计算域

混合计算域既包含内流计算域与外流计算域。本例实体几何模型如图3-40所示，该模型为工业上使用的喷嘴几何模型。

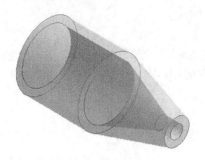

图3-40　实体几何模型

Step 1：导入喷嘴几何

进入DM模块，单击选择菜单【File】>【Import External Geometry】，选择几何文件ex1_4.x_t，单击【Generate】按钮，导入几何模型。

Step 2：创建外部区域

由于创建的是混合计算域，因此没办法利用Fills功能单独实现，需要利用草图创建功能实现外部几何创建。树形菜单中选择【XYPlane】，创建如图3-41所示的草图模型。

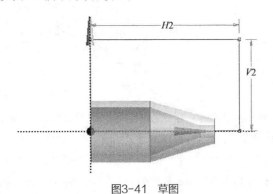

图3-41　草图

其中，$H2$=50mm，$V1$=30mm。

选择工具栏按钮 ⊕Revolve，设置红色水平轴为旋转轴，选择Operation模式为Add Frozen（选择此选项，则新创建的几何不会与原始几何合并在一起），如图3-42所示。

生成的新几何如图3-43所示。从树形菜单中可以看到此时存在2个几何实体。

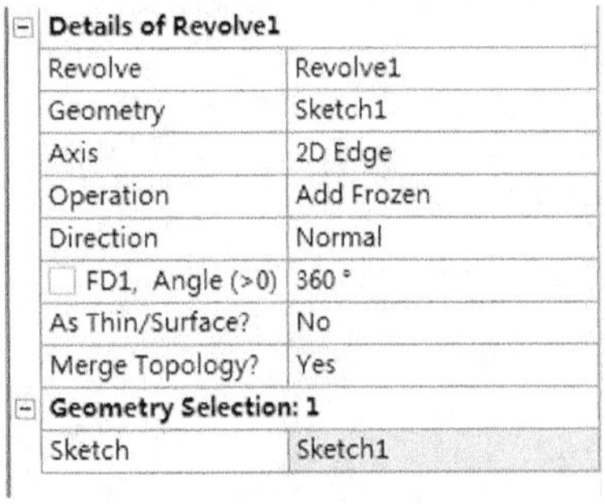

Details of Revolve1	
Revolve	Revolve1
Geometry	Sketch1
Axis	2D Edge
Operation	Add Frozen
Direction	Normal
☐ FD1, Angle (>0)	360 °
As Thin/Surface?	No
Merge Topology?	Yes
Geometry Selection: 1	
Sketch	Sketch1

图3-42　旋转几何属性定义

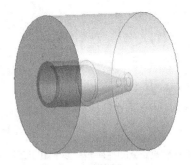

图3-43　创建的几何

Step 3：利用布尔运算创建计算域

单击选择菜单【Create】>【Boolean】进行布尔运算操作。

设置Operation为Subtract，使用布尔减法操作。

设置Target Bodies为Step 2创建的几何体。

设置Tool Bodies项为喷嘴几何模型。

按图3-44所示进行设置。单击工具栏 ⊁Generate 按钮，生成计算域模型。

生成的计算域模型如图3-45所示。

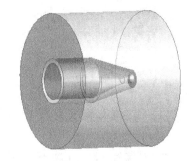

Details of Boolean1	
Boolean	Boolean1
Operation	Subtract
Target Bodies	1 Body
Tool Bodies	1 Body
Preserve Tool Bodies?	No

图3-44 布尔运算设置

图3-45 计算域模型

至此本例结束。

Step 4：利用Enclosure创建计算域

本步接step 2，主要为了演示利用Enclosure创建混合计算域，实现布尔运算相同的功能。在树形菜单【Boolean1】节点上右击，选择【Delete】，删除布尔运算操作。

单击选择【Tools】>【Enclosure】进入Enclosure设置，如图3-46所示。

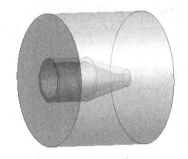

Details of Enclosure1	
Enclosure	Enclosure1
Shape	User Defined
User Defined Body	Selected
Target Bodies	Selected Bodies
Bodies	1
Merge Parts?	No

图3-46 Enclosure操作

图3-47 计算域模型

设置[Shape]项：User Defined。

设置[User Defined Body]项：新创建的Body。

设置[Target Bodies]项：Selected Bodies。

设置[Bodies]项：选择喷嘴几何。

单击选择工具栏按钮 Generate，生成几何模型，如图3-47所示。可以看到生成的几何模型与图3-45完全相同。

利用Enclosure方法创建的计算域模型不会删除喷嘴实体几何。布尔运算默认选项会删除被减几何。

Step 5：实例总结

对于混合流体域的创建，通常需要进行布尔运算。在ANSYS DM中，利用Enclosure功能也可以实现与布尔运算相同的功能。

3.7 本章小结

本章主要讲述流体计算域的基本概念，主要包括以下知识点。

（1）流体计算域通常分为内流计算域与外流计算域，一些特别的场合下有可能既包括外流计算域，又包括内流计算域。

（2）有很多方式生成计算域，其中最简单的方式是利用ANSYS DM中的Fill功能。

（3）Interface是计算域边界，Interior是计算域内边界。通常Interface边界需要在求解器中进行网格连接，Interior则不需要进行连接。

第4章 流体网格

目前常规的流体计算软件都使用到计算网格。其主要思想在于：将空间连续的计算区域分割成足够小的计算区域，然后在每一计算区域上应用流体控制方程，求解计算所有区域的流体计算方程，最终获得整个计算区域上的物理量分布。

从数学原理上来说，计算网格越密则计算精度越高，然而在实际工程应用中则不尽然。首先计算网格增多导致计算时间成本大大增加，其次在实际的工程计算中，计算精度与网格数量的关系并非是线性增长。因此，在实际的工程应用中，应当尽量选择满足计算精度的网格，而不是一味地追求网格精细。

4.1 流体网格基础概念

4.1.1 网格术语

计算网格是一个比较抽象的概念，为方便交流，需要对网格的基本术语有必要的了解。下面是流体网格操作中经常会碰到的术语。

网格：Grid、Cell、Mesh，这三个单词都指的是网格。

节点：Node、Vertices，其中固体计算中常用Nodes，而流体计算软件中则经常使用Vertices

控制体：Control Volume，为流体计算中专用的术语，与固体计算的单元相同。

4.1.2 网格形状

在2D模型中，常见的网格类型包括三角形网格与四边形网格，如图4-1所示。

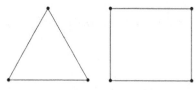

图4-1　三角形网格与四边形网格

在3D模型中，常见的网格类型包括：四面体网格与六面体网格（见图4-2）、棱柱网格、金字塔网格、多面体网格（见图4-3）。

> **注意**
>
> 目前ANSYS提供的前处理软件尚不能生成多面体网格，不过在FLUENT中可以将四面体或金字塔网格转换为多面体网格。目前能够生成多面体网格的工具主要有STAR-CCM+、CFD-GEOM等。转换为多面体网格后能够大幅减少网格数量。

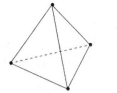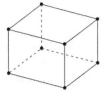

图4-2　四面体网格与六面体网格

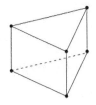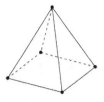

图4-3　棱柱网格、金字塔网格、多面体网格

4.1.3　结构网格与非结构网格

通常可以按网格数据结构将网格分为结构网格与非结构网格。

> **注意**
>
> 结构网格只包含四边形或者六面体，非结构网格是三角形和四面体。这种说法不是很专业，但是的确可以粗略地区分结构网格与非结构网格。

结构网格在拓扑结构上相当于矩形域内的均匀网格，其节点定义在每一层的网格线上，且每一层上节点数都是相等的，这样使复杂外形的贴体网格生成比较困难。非结构网格没有规则的拓扑结构，也没有层的概念，网格节点的分布是随意的，因此具有灵活性。不过非结构网格计算的时候需要较大的内存。

> **注意**
>
> 计算精度主要取决于网格的质量（正交性，长宽比等），并不取决于拓扑（是结构化还是非结构化）。因此在实际工作中，应当关注的是网格质量，过分追求结构网格是不必要的。

4.2　网格的度量

4.2.1　网格数量

2D网格由网格节点、网格边及网格面构成。

3D网格由网格节点、网格边、网格面、单元体构成。

通常所说的网格数量指的是网格节点数量以及网格面（2D网格中）或网格体（3D网格体）。网格数量对计算的影响主要体现在以下几个方面。

（1）网格数量越多，计算需要的计算资源（内存、CPU时间、硬盘等）越大。由于每次计算都需要读入网格数据，计算机需要开辟足够大的内存以存储这些数据，因此内存数量需求与网格数量成正比。同时计算的时候需要对每一计算单元进行求解，故CPU计算时间也与网格数量成正比。由于数值计算求解器需要将计算结果写入到硬盘中，网格数量越大，则需要写入的数据量也越大。

（2）并非网格数量越多，计算越精确。对于物理量变化剧烈的区域采用局部网格加密可以提高该区域计算精度，但是对一些非敏感区域提高网格密度并不能显著提高计算精度，却会显著增加计算开销，因此在网格划分过程中，需要有目的地增加局部网格密度，而不是对整体进行加密。同时需要进行网格独立性验证。

（3）影响计算收敛性的因素是网格质量，而不是网格数量。对于一些瞬态计算，时间步长与网格尺寸有关系。小的网格尺寸意味着需要更加细密的时间步长。

4.2.2 网格质量

一般的前处理软件都具备网格质量评判功能。下面提供一些常用的网格质量评判指标：

1. 角度（Angle）

度量网格边之间的夹角。角度范围0~90°，0°表示单元退化的网格（质量差），90°为完美网格。角度度量标准比较常用，CFD计算通常要求角度大于18°，但是一些不太敏感区域，14°以上也在可接受范围内。

2. 纵横比（Aspect Ratio）

主要用于六面体网格，定义为单元最大边长度与最小边长度的比值。其中纵横比为1时为完美网格。纵横比最好限定在20以内，在CFD计算中，只有边界层网格允许较大的纵横比。过大的纵横比会引入较大的计算误差，甚至会导致计算发散。

3. 行列式（Determinant 2×2×2）

更准确地说是相对行列式，定义为最大雅克比矩阵行列式与最小雅克比矩阵行列式的比值。正常网格取值范围为0~1。比值值为1时表示为完美网格，比值越低表示网格越差。负值表示存在负体积网格，不能被求解器接受。该评判标准应用较多。

4. 行列式（Determinant 3×3×3）

该评判指标用于六面体网格。与2×2×2不同的是，单元边上的中心点会被增加至雅克比计算中。

5. 最小角（Min Angle）

计算每一个网格单元的最小内角。值越大表示网格质量越好。

6. 质量（Quality）

ICEM CFD中用于标定网格质量的衡量指标，对于不同类型的网格，其采用不同的衡量方式。

（1）三角形或四面体网格：计算高度与每一条边的长度比值，取最小值。越接近1网格质量越好。

（2）四边形网格：网格质量利用行列式Determinant 2×2×2进行度量

（3）六面体网格：计算三种度量方式（行列式、最大正交性、最大翘曲度），取最小值作为网格质量评判标准。

（4）金字塔网格：采用行列式进行评判。

（5）棱柱网格：计算行列式与翘曲度，取最小值作为质量评判指标。

4.3 流体网格划分软件：ICEM CFD简介

ANSYS ICEM CFD是一款功能强大的前处理软件，它能为当今复杂模型分析的集成网格生成提供高级的几何获取、网格生成及网格优化工具。其不仅可以为计算流体力学（如FLUENT、CFX、STAR CD等）求解器输出网格，而且还支持向结构计算求解器（如ANSYS、Nastran、Abaqus等）提供网格。

4.3.1 ICEM CFD主要特点

作为一款前处理软件，ICEM不仅具备常规前处理软件的基本功能，而且还具有一些独特的优势，其主要特色表现在以下方面。

（1）具有良好的操作界面。ICEM CFD界面符合windows操作习惯。

（2）提供丰富的几何接口。其不仅支持常见的中间格式模型（如igs、stp、parasold等），还支持一些通用CAD软件（如CATIA、NX、PRO/E、SolidWorks等）的直接模型输入，同时还支持点数据输入。

（3）具有完善的几何操作功能。提供了一系列工具可以对输入的几何进行简化、错误检查及修复，同时还具备几何模型创建功能。

（4）网格装配。ICEM CFD可以将复杂模型进行分解单独进行网格划分，之后将单独划分的计算网格组装成整体网格。

（5）混合网格。ICEM CFD允许网格中包含六面体网格、四面体网格、金字塔网格以及棱柱网格。

（6）独特的虚拟块六面体网格生成功能。能够很方便地实现O型网格、C型网格及L型网格的划分，可以显著地提高曲率较大位置的网格质量。

（7）灵活的拓扑构建方式。既可以采用自顶向下构建方式，也可以采用自底向上的拓扑构建方式。

（8）快速网格生成功能。

（9）具有多种网格质量标定功能。能快速标定及显示低于质量标准的网格，并提供了整体网格光顺、坏网格自动重划分、可视化修改网格质量等功能。

（10）拥有超过100种求解器接口，包括FLUENT、CFX、CFD++、CFL3D、STAR-CD、STAR-CCM+、Nastran、Abaqus、Ls-dyna、ANSYS等。

4.3.2 ICEM CFD中的文件类型

ICEM CFD主要包括以下几种文件类型，文件扩展名分别为tin、prj、uns、blk、fbc、atr、par、jrf、rpl。这些文件类型所包含的文件内容如下。

Tetin（*.tin）：Tin文件包含了几何实体、材料点、创建的part、关联信息以及网格尺寸数据。

Project Setting（*.prj）：包含prject设置数据。

Domain（*.uns）：包括非结构网格数据。

Blocking（*.blk）：保存分块拓扑结构信息。

Boundary Conditions（*.fbc）：包含边界条件设置数据。

Attributes（*.att）：包括属性、局部参数及单元类型。

Parameters（*.par）：包括模型参数及单元类型。

Journal（*.jrf）：该文件记录了用户的操作步骤。

Replay（*.rpl）：保存用户录制的脚本文件。

4.3.3 ICEM CFD操作界面

如图4-4所示，ICEM CFD软件界面包括菜单栏、工具栏、标签栏、选择工具栏、数据设置窗口、图形显示窗口、消息窗口、模型树、柱状图窗口等。

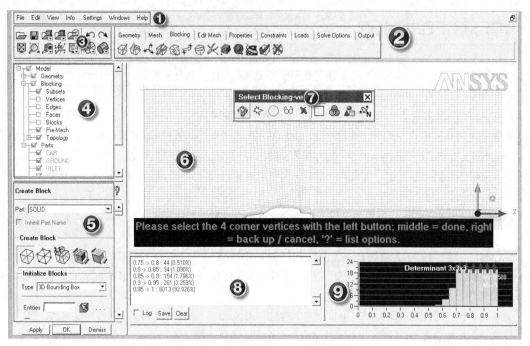

图4-4　ICEM CFD操作界面

1. 菜单栏

菜单栏提供了ICEM CFD中全局操作，如文件的打开与保持、模型显示控制、设置软件背景颜色、指定软件工作目录等。下面简单介绍几个最常用的操作。

（1）设定工作目录。工作目录对于ICEM CFD来说非常重要，网格划分过程中所生成的文件均会保存至工作目录中。通过菜单【File】>【Change Working Dir…】可以设定ICEM CFD工作目录。单击此菜单会将会弹出如图4-5所示的对话框，选择所需设置的目录，即可将当前工作目录设置到此路径。

小技巧：采用菜单进行设置并不能保存设置的工作路径信息，也就是说如果将ICEM CFD关闭重新打开之后，其工作路径会回复到默认设置。这里提供一种永久设置ICEM CFD工作路径的方法。

图4-5　设定工作目录

图4-6　属性对话框

在ICEM CFD快捷菜单上右击，选择【属性】子菜单，弹出如图4-6所示对话框，修改起始位置路径为所要设置的工作路径即可。这样每次启动ICEM CFD之后均会将此路径设置为工作路径。

（2）导入几何模型。在ICEM CFD中导入几何模型有三种方式：导入ICEM CFD本身支持的tin文件；导入其他软件所创建的几何文件；导入Workbenchs所支持的几何文件。

导入tin文件可以通过菜单【File】>【Geometry】>【Open Geometry】即可打开选择模型对话框，如图4-7所示。注意只有tin文件才可以采用此方式打开。

若要打开的文件是外部CAD软件创建的几何文件，则需要利用菜单【File】>【Import Geometry】下的子菜单。

如图4-8所示，可以看出ICEM CFD能够导入的几何模型很多，除了常见的中间格式外，还能够导入如PROE、SolidWorks、UG等软件创建的文件。

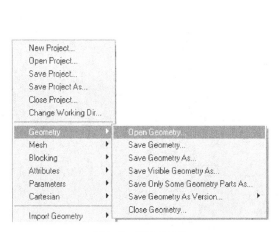

图4-7 打开tin文件

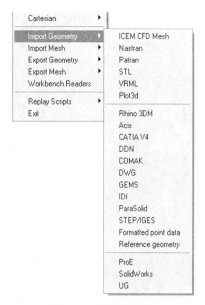

图4-8 导入外部几何

说明

对于导入PROE、SolidWorks、UG文件可能会存在版本匹配问题，需要做好ICEM CFD与这些软件的连接关系配置。通常可以使用中间格式文件（如IGS、ParaSolid）进行导入。

利用ICEM CFD还可以利用workbench readers支持更多的几何格式。利用菜单【File】>【Workbench Reader】即可打开文件选择窗口。

（3）设定主窗口背景颜色。单击菜单【Settings】>【Background Style】，显示如图4-9所示的背景设置窗口。通过该窗口可以将背景设置为单色、梯度渐变色等。

（4）设置内存。通过菜单【Settings】>【Memory】显示如图4-10所示内存设置面板，通过该面板可以设置最大显示内存、最大几何文件内存、最大几何内存、用于网格划分的内存等。同时还可以设置是否允许将Undo/Redo操作写入log文件。

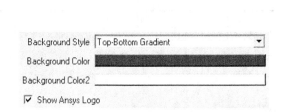

图4-9 背景设置窗口

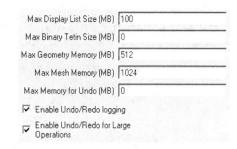

图4-10 内存设置

此外Setting菜单中还包括了很多ICEM CFD全局设置，如定义网格质量标准、定义网格默认尺寸等。读者可以参看

ICEM CFD用户文档，一些特别重要的设置操作在后文中将会详细解说。

（5）鼠标绑定。通过选择菜单【Settings】>【Mouse Bindings/Spaceball】，进入如图4-11所示鼠标设置面板，在此面板中可以设置鼠标键的不同功能。

🌐 注意

对于一些安装了有道桌面词典且打开了划词翻译的用户来说，经常出现拖动鼠标左键自动打开Blocking创建标签页的情况，此时更改图中的鼠标设置是没有效果的，需要关闭划词翻译功能。

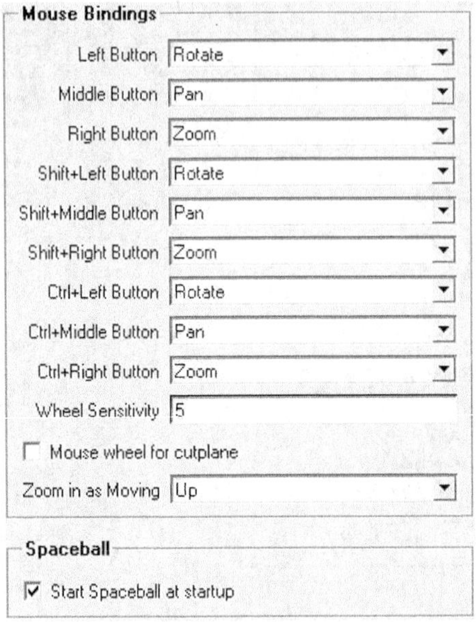

图4-11　鼠标设置

2. 标签页

ICEM CFD绝大多数操作是通过标签页下的工具按钮实现的。ICEM CFD14.0之后的版本中取消了CART3D，其标签页如图4-12所示。主要包括几何标签页（Geometry）、网格标签页（Mesh）、分块标签页（Blocking）、风格编辑标签页（Edit Mesh）、属性标签页（Properties）、约束标签页（Constraints）、载荷标签页（Load）、求解选项标签页（Solve Options）、输出标签页。

图4-12　标签页

🌐 注意

有些标签页下的按钮需要在进行了其他操作后才会被激活。

图4-13为Geometry标签页下功能按钮，其功能自左向右分别为创建点、创建线、创建面、创建body、创建网格面、几何修补、几何变换、恢复主导对象、删除点、删除线、删除面、删除body、删除任意对象。详细功能描述将在后续章节进行。

图4-13　Geometry标签页下的功能按钮

图4-14为Mesh标签页下功能按钮。其功能分别为全局网格参数设置、部件网格尺寸设置、面网格尺寸设置、线网格尺寸设置、密度盒设置、连接器创建、线单元生成、网格生成。该标签页主要用于非结构网格生成。各功能按钮详细描述见后续章节。

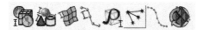

图4-14　Mesh标签页下按钮

图4-15为Blocking标签页下功能按钮，主要包括创建块、块切分、顶点合并、编辑块、关联、顶点移动、块变换、Edge编辑、Pre-mesh参数、Pre-mesh质量显示、pre-mesh光顺、块检查、删除块等。本标签页下的功能按钮主要用于分块六面体网格划分。

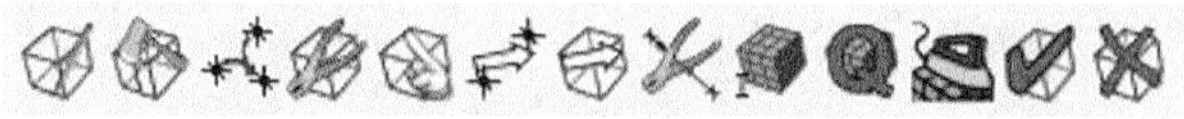

图4-15　Blocking标签页

> 🔧 注意 ┈┈┈┈┈┈┈┈┈┈┈┈┈┈┈┈┈┈┈┈┈┈┈┈┈┈┈┈┈┈┈┈┈┈
>
> 本处的网格光顺是针对pre-mesh的，对于已经生成的网格是无效的，真正的网格光顺应当使用edit mesh标签页下的网格光顺功能。

图4-16为Edit Mesh标签页下功能按钮。此标签页下功能按钮只有在生成了网格之后才会被激活。对于非结构网格来说，Compute Mesh之后即可激活此标签页下功能按钮，而对于分块六面体网格，则必须通过【File】>【Mesh】>【Load From Blocking】菜单生成网格之后才能激活。

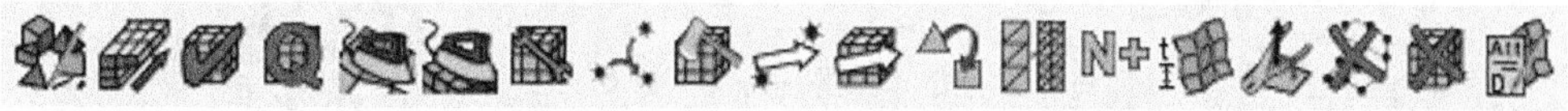

图4-16　Edit Mesh标签页

图4-17为Properties标签页下功能按钮，该标签页主要用于有限元计算中材料本构关系及单元属性。

图4-17　Properties标签页

图4-18　Constraints标签页

图4-19　Load标签页

图4-18为Constraints标签页下功能按钮，主要用于有限元计算中的约束及接触属性。图4-19为Load标签页下功能按钮，用于定义有限元计算中的载荷，包括位移载荷、压力载荷及热载荷。

图4-20　Solve Option标签

图4-21　Output标签页

图4-20为Solve Option标签页下功能按钮，用于定义力学计算参数，主要用于有限元定义领域。该标签页下最后一个功能按钮可以实现直接输出模型到ANSYS中进行计算。图4-21为Output标签页下功能按钮，利用功能按钮可以输出指定求解器所需求的网格文件。

3. 工具栏

工具栏包含如图2-22所示的功能按钮。

图4-22　工具栏按钮

其具有的功能按钮主要有以下几类。

（1）打开及保存项目。

（2）打开、保存、关闭几何文件。

（3）打开、保存、关闭块文件。

（4）打开、保存、关闭网格文件。

（5）打开、保存、关闭blk文件。

（6）图形窗口适应显示。

（7）缩放图形窗口中的模型。

（8）测量。可以测量距离、角度及点的坐标。

（9）创建坐标系。

（10）刷新模型显示窗口，可以刷新几何及网格。

（11）undo/Redo功能。

（12）选择渲染方式。

4．模型树

ICEM CFD对用户所做的操作以模型树的方式进行管理。如图4-23所示为ICME CFD的模型树显示。模型树以分层方式进行管理，根节点为Model，其下分布有Geometry、Mesh、Blocking、Topology、Parts等节点（根据用户操作不同，其下节点可能会存在差异，如生成了网格之后才会出现Mesh节点，创建了Block之后才会出现Blocking节点）。

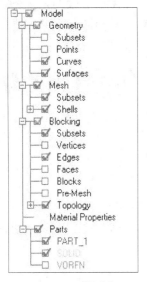

图4-23　模型树

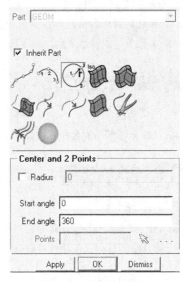

图4-24　数据输入窗口

5．数据输入窗口

点击了标签页下的功能按钮之后即会在主窗口左下角出现数据输入窗口。如图4-24所示为用户选择了Geometry标签页下的创建线功能按钮后出现的数据输入窗口。数据输入窗口中可能包括一些子功能按钮，选择子功能按钮后会出现相应的参数输入面板。

6．图形显示窗口

图形显示窗口主要用于显示几何、网格，同时也用于数据输入窗口所需要的几何对象的选择操作。

7．选择工具栏

当数据输入窗口需要用户进行对象选择的时候，在图形选择窗口会出现浮动的选择工具栏，其提供了一些方便用户进行对象选择的功能按钮。

8. 消息窗口

消息窗口提供用户操作过程中的程序反馈。在操作ICEM CFD过程中，需要经常查看消息窗口，尤其是当消息窗口中出现警告或错误提示时。

9. 柱状图窗口

柱状图窗口用户显示网格质量。可以通过选择不同的网格质量评判标准来显示网格质量。

4.3.4 ICEM CFD操作键

ICEM CFD提供了很多操作键，常见的操作键见表4-1。

表4-1 鼠标按键组合

按键组合	操作效果
左键单击	选择
单击中键	确认
单击右键	取消选择
按住左键拖动	旋转视图
按住中间拖动	移动视图
按住右键上下移动	缩放
按住右键左右移动	当前平面内旋转
滚动中键	放大或缩小视图

同时，ICEM CFD中存在选择模式与视图模式。选择模式中可以选择几何对象，视图模式无法选择对象，但可以进行图形视图查看。当鼠标为十字时表示处于选择模式，当鼠标为箭头时表示处于视图模式。在处理复杂模型过程中，经常需要进行两种模式转换，用户可以使用选择窗口中功能按钮 或F9键实现两种模式切换。

🌐 小技巧 --------

当处于选择模式时，用户可以通过输入键盘"A"键实现全部选择，或输入"V"键实现可见元素选择。

4.3.5 ICEM CFD的启动

ICEM CFD作为ANSYS软件包的一个模块，从ANSYS 11.0版本之后就随ANSYS一起安装。在最新版本的ANSYS14.5中，ICEM CFD被作为组件模块的方式集成在ANSYS WorkBench中。成功安装ANSYS之后，ICEM CFD的启动方式主要有以下几种。

1. 在Workbench中以模块方式启动ICEM CFD

启动ANSYS WorkBench，从Component Systems中利用鼠标将ICEM CFD拖动至工程窗口中，如图4-25所示。

2. 以独立方式启动ICEM CFD

这是比较常用的一种方式，如图4-26所示。从开始菜单中找到ANSYS14.5的快捷文件夹，找到其下子文件夹Meshing，单击快捷方式ICEM CFD14.5即可启动ICEM CFD。

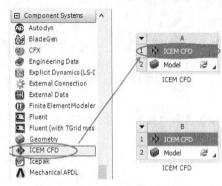

图4-25　模块方式启动ICEM CFD　　　　图4-26　启动ICEM CFD

3. 从Workbench Mesh模块中启动ICEM CFD

此方式应用不多，且易出现错误。从ANSYS 14.5版本之后被方式2所取代。主要思路是在Mesh模块中设置网格划分方法为MultiZones。

4.3.6　ICEM CFD网格划分基本流程

应用ICEM CFD进行网格划分，主要工作流程如下。

（1）打开或创建工程。

（2）创建或操作几何文件。

（3）生成网格。

（4）检查/修改网格。

（5）输出网格。

如图4-27所示为ICEW CFD网格划分流程。

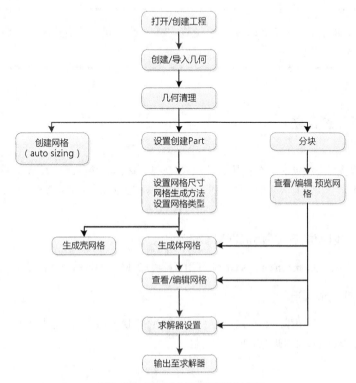

图4-27　ICEM CFD网格划分流程

4.4 本章小结

本章主要对流体网格的基本概念进行描述，涉及的主要知识点包括以下几个。

（1）网格组成部件包括节点、单元、计算域。

（2）流体网格分为结构网格与非结构网格，通常将四边形网格与六面体网格称为结构网格，其他类型网格称为非结构网格。

（3）影响计算精度的主要因素是网格质量，与网格类型关系不大。

（4）网格数量越多，理论上计算分辨率越高，但是会极大地消耗计算资源。网格数量增加到一定程度后，其对计算精度提高贡献不大，此时可认为已满足网格独立性验证。

（5）ICEM CFD是一款计算前处理软件，主要用于为求解器输出计算网格。

第5章 ICEM CFD几何操作

5.1 ICEM CFD中的几何组织形式

ICEM CFD中没有常规CAD建模软件中的实体概念,其最高几何拓扑为表面(Surface)。采用此种方式,对于几何操作是非常方便的。ICEM CFD中的几何体主要包含以下几种。

1. 点(Point)

点是ICEM CFD中几何体的最基本元素。

2. 线(Curve)

ICEM CFD中的线主要包括直线、多段线以及贝塞尔曲线。线通常是由点连接而成的。

3. 面(Surface)

主要包括平面与空间曲面。生成曲面的方式有很多种,可以通过一组点形成曲面,也可以通过线条的运动形成曲面。

4. 体(Body)

与CAD中的几何实体不同,ICEM CFD中的Body主要是用于标识计算域的。Body是由一组封闭的曲面构成,在划分网格过程中,网格生成器会检测这些封闭曲面,若几何中存在多个封闭曲面,则会生成多个Body,导入生成的网格到求解器中,则会形成多个计算区域。

5.2 基本几何创建

下面介绍基本几何的创建方式,包括点、线、面等。

5.2.1 点的创建

单击Geometry标签页,选择按钮 ,即可进入点创建工具面板。该面板包含的按钮如图5-1所示。下面依次进行功能描述。

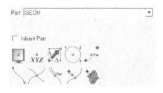

图5-1 点创建功能区域

1. Part

若没有勾选下方的Inherit Part，则该区域可编辑。可将新创建的点放入指定的part中。默认此项为GEOM且Inherit Part被勾选。

2. 🔲

选中该按钮后可在屏幕上选取任何位置进行点的创建。

3. xíz

选择此按钮，进行精确位置点的创建。可选模式包括单点创建及多点创建，如图5-2所示。图5-2（a）为单点创建模式，输入点的x, y, z坐标即可创建点。而图5-2（b）则为多点创建模式，可以使用表达式创建多个点。表达式可以包含有+, −, /, *, ^, ( ), sin( ), cos( ), tan( ), asin( ), acos( ), atan( ), log( ), log10( ), exp( ), sqrt( ), abs( ), distance(pt1, pt2), angle(pt1, pt2, pt3), X(pt1), Y(pt1), Z(pt1)。所有的角度均以° 作为单位。

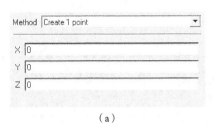　　　　　　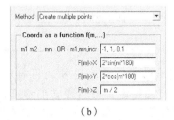

（a）　　　　　　　　　　　　　　　（b）

图5-2　点的创建方式

第一个文本框表示变量，包含有两种格式：列表形式与循环格式。主要区别在于是否有逗号。没有逗号为列表格式，有逗号为循环格式。如0.1、0.3、0.5、0.7为列表格式。而0.1、0.5、0.1则为循环格式，表示起始值为0.1，终止值为0.5，增量为0.1。

F(m)->X为点的X方向坐标，通过表达式进行计算。

F(m)->Y为点的Y方向坐标，通过表达式进行计算。

F(m)->Z为点的Z方向坐标，通过表达式进行计算。

图3-2(b)中实际上创建的是一个螺旋形的点集。

4. ✎

以一个基准点及其偏移值创建点。使用时需要指定基准点以及相对该点的x、y、z坐标。

5. ⊙

可以利用此按钮创建三个点或圆弧的中心点。选取三个点创建中心点，其实是创建了由此三点构建的圆的圆心。

6. ⋰

此命令按钮利用屏幕上选取的两点创建另一个点。点选此按钮后出现图5-3所示的操作面板。

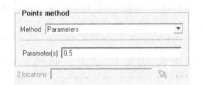

图5-3　点创建方法

有两种方式，其一为图5-3所示的参数方法，其二为指定点的个数的方法。

如图5-3所示，若设置参数值为0.5，则创建所指定两点连线的中点。此处的参数为偏离第一点的距离，该距离计算方式为两点连线的长度与指定参数的乘积。而采用指定点的个数的方式，则在两点间创建一系列点。若指定点个数为1，则创建中点。

7.

选择此命令按钮创建两个点，所创建的点为选取的曲线的两个终点。

8.

创建两条曲线相交所形成的交点。

9.

与方式6类似，所不同的是此命令按钮选取的是曲线，创建的是曲线的中点或沿曲线均匀分布的N个点。

10.

将空间点投影到某一曲线上，创建新的点。该命令有选项可以使新创建的点分割曲线。

11.

将空间点投影到曲面上创建新的点。

🔘 **说明**
> 创建点的方式共有11种，其中用于创建几何的主要是前三种，后面8种主要用于划分网格中的辅助几何的构建。当然，它们都可以用于创建几何体。

5.2.2 线的创建

ICEM CFD中线的创建主要有以下几种方式，如图5-4所示。

图5-4 线的创建

1. 利用已有的点创建曲线

该命令按钮为利用已存在的点或选择多个点创建曲线。需要说明的是：若选择的点为2个，则创建直线；若点的数目多于2个，则自动创建样条曲线。

2. 利用点创建圆弧

圆弧创建命令按钮。圆弧的创建方式有两种：三点创建圆弧，圆心及两点创建圆弧。

🔘 **注意**
> 选用三点创建圆弧时，第一点为圆弧起点，最后选择的点为圆弧终点。

采用第二种方式进行圆弧创建时，也有两种方式，如图5-5所示。若采用center的方式，则第一个选取的点与第二点间的距离为半径，第三点表征圆弧弯曲的方向。或采用start/end方式，则第一点并非圆心，只是指定了圆弧的弯曲方向，而第二点与第三点为圆弧的起点与终点。当然这两种方式均可以人为的确定圆弧半径。

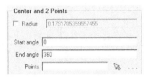

图5-5 圆弧的创建　　　　　　　　　　　　　　　图5-6 圆的创建

3. 创建圆

该命令按钮主要的用于创建圆。采用如图5-6所示的方式：规定一个圆心加两个点的方式。

注意

第一次选择的点为圆心。若没有人为的确定半径值，则第一点与第二点间的距离为圆的半径值。可以设定起始角与终止角。若规定了半径值，则其实是用第一点与半径创建圆，第二点与第三点的作用是联合第一点确定圆所在的平面。

4. 创建等值线

根据平面参数创建曲线。此命令按钮功能与块切割的作法很相似，利用曲面边界信息创建等值线。U、V分别表示除法线之外的两个方向。本功能在实际应用中用得很少，用户可以下去自己练习一下。

5. 创建面交线

此功能按钮用于获得两相交面的交线。使用起来也很简单，直接选取两个相交的曲面即可。选择方式可以是：直接选取面、选择part以及选取两个子集。

6. 创建面的投影线

曲线向面投影有两种操作方式：沿面法向投影及指定方向投影。沿面法向投影方式只需要指定投影曲线及目标面。而选用指定方向投影的方式，则需要人为指定投影方向。

7. 分割线

利用拓扑信息将一条曲线分割成多段曲线。有五种分割方法：利用点分割、利用曲线分割、利用平面分割、利用连接线分割、利用角度分割。

利用点分割：通过曲线上的点将曲线分割成两段。

利用曲线分割：通过曲线分割曲线。两条曲线的交点即为分割点。

利用平面分割：利用平面分割多条曲线。平面可以是XYZ面，也可以是自定义平面。平面与曲线的交点为分割点。

利用连接线分割：将两条合并在一起的线分开。

利用角度分割：指定分割角度，夹角大于该角度的将会被分割。

8. 连接线

将多条首尾相接的线连接成一条线。

9. 释放面边界

从曲面上释放边界形成曲线。

10. 修改曲线

主要有4种功能：反转曲线方向、延伸曲线、匹配曲线、桥接曲线。

11. 创建中间线

此功能在创建辅助几何的时候特别有用。可以通过两条曲线创建它们的中间线，也可以通过两个曲线对创建其中间线。

12. 创建截面线

利用XYZ平面、三点或沿曲线的法平面切割体，得到截面线。截面线实际上是面交线。

5.2.3 面操作

由于ICEM CFD中没有实体的概念，所有关于几何体的操作均在面的基础上进行，因此，ICEM CFD中对于面的操作提供了很多方法，功能非常强大。用户若能熟练掌握面处理功能，对于几何修复、网格划分等都有很大的好处。

ICEM CFD面操作包含面创建与面修改。下面是一些主要功能介绍。

1. 简单面

构建简单曲面。创建简单面的方法有3种：2-4条线、多条曲线、四个点。注意在使用四点创建曲面时，一定要注意选取点的顺序，通常按顺时针或逆时针顺序选取。若选取方式不对，则可能会出现意想不到的问题。

2. 扫描曲面

由一条曲线沿另一条曲线扫描形成曲面。在使用该功能之前要创建好截面曲线与引导线。

3. 拉伸曲面

草图曲线沿某一向量或曲线拉伸形成曲面。与扫描曲面原理上是相同的。

4. 旋转曲面

曲线沿着旋转轴旋转一定和角度形成旋转曲面。需要事先绘制旋转曲线及旋转轴（2点）。

5. 放样曲面

同多条曲线通过放样形成曲面。放样是CAD中的概念。

6. 偏移曲面

通过使某一曲面偏移一定的距离，从而形成新的曲面。

7. 抽取中面

此功能在固体有限元前处理中使用较多，如从薄壁实体几何创建板壳模型。在CFD前处理中使用较少。该功能涉及的参数较多，后面再进行详述。

8. 分割面

利用拓扑分割曲面。该功能应用比较多。主要有以下几种方式：使用曲线分割、使用平面分割、使用连接性分割、使用角度分割。

其中使用线分割与使用平面分割应用最多。

9. 合并面

将多个面合并成为一个面。该功能使用较少。

10. 去除面分割

对于被分割的面，使用此功能可以使分割去掉，还原分割前的面。

11. 映射面

由面外的曲线与其在选定的面上的投影之间创建曲面。

12. 延伸曲面

延伸选定的曲面。有三种延伸方式：延伸曲面至曲面、延伸所选择边上的曲面、封闭中面上的间隙。其中第一种功能在CFD中应用较多，第三种功能在固体有限元前处理中应用较多。

13. 几何简化

对于一些超级复杂的几何体，使用该功能有助于网格划分。

14. 标准几何

ICEM CFD中提供了一些基本几何，有助于提高建模速度，如图5-7所示。

图5-7 标准几何

5.2.4 Body创建

ICEM CFD中，Body是一个比较特别也比较重要的概念。其对应着流体计算中的计算域，主要应用于非块结构网格中。通常情况下，若没有显式地创建Body，则在网格划分中，ICEM会默认创建一个Body用于描述计算域。在创建非结构多域网格或混合网格时，Body的作用体现得更加明显。

在ICEM CFD中，Body的创建功能是通过Geometry标签页下的Create Body按钮来实现的。点击此按钮，会弹出图5-8所示的面板。ICEM CFD创建Body主要有两种方式：通过材料点创建及通过拓扑结构创建。

1. 通过材料点创建

最常用的Body创建方式，可利用两点的中心或利用已有的点创建。总之都是在几何模型中确定一个点。在划分非结构网格中，将会以此点为中心向外搜索一个封闭的区域作为一个计算域。

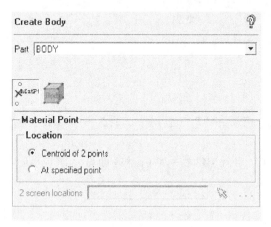

图5-8 使用材料点创建Body

图5-9 使用拓扑方式

2. 通过拓扑创建

如图5-9所示，可使用全部模型或使用选择的面进行创建。使用材料点的方式创建的材料点不一定能位于要创建的域中，而使用拓扑方法创建则不会存在如此问题。

5.3 几何修补

几何修改主要是针对ICEM CFD导入的外部CAD软件所创建的模型文件。由于ICEM CFD建模功能不强，因此，对于一些复杂结构模型，常需要在专业的CAD软件中进行创建。然而不同的软件间常常会存在软件接口兼容性问题，导致导入的模型出现如特征丢失、拓扑错误等问题，在这种情况下，需要对导入的模型进行修补。ICEM CFD提供了强大的几何修补能力。

另外，对于过于复杂的模型，常需要对模型进行简化，如圆角去除、空洞的填补等，ICEM CFD提供了如图5-10所示的几何修复工具。

这些工具包括诊断拓扑创建、几何检测、封闭孔洞、去除孔洞、匹配边、分割folder面、调整厚度、修改面法向、螺纹孔特征检测、button检测、倒角检测等。

图5-10　几何修复工具

5.3.1 几何拓扑构建

Build Topology（构建拓扑）功能通常用于对导入的第三方软件创建的几何模型进行处理，以确定几何中的间隙与孔洞、特征边界等信息。该功能的设置面板如图5-11所示。

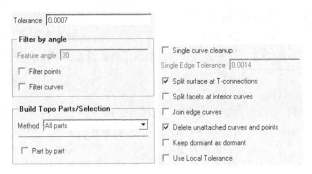

图5-11　拓扑构建面板

参数说明如下。

1. Tolerance（精度）

此精度为进行拓扑构建所使用的精度。ICEM CFD会对已存在的几何进行分析，给出一个相对比较合理的精度值。通常情况下不需要修改此参数。

在拓扑构建过程中，若几何间的间隙大于该参数，则在拓扑构建之后会留下这些间隙。此时应当适当的调整精度参数。

建议：精度值取为平均尺寸的1/10。

2. Filter by angle（利用角度过滤）

当两个相邻面之间的角度低于设定值时，拓扑构建后将作为一个面。否则将会析出两个面的交线或线的交点。该功能有两个选项：Filter points与Filter curvers。激活它们可以选择要过滤的对象是点还是曲线。

3. Build Topo Parts/Selection

设置Topo创建对象的选择方式有三种：全部part，只构建屏幕显示的part，构建选择的实体。默认情况下是构建所有的part。

4. Single curve cleanup

激活此项并设置相应的Single Edge Tolerance，在构建拓扑结构时将会合并距离尺寸小于该精度值的独立曲线。

📌 **注意** --

> 该功能对于一些具有小特征的确切几何来说非常有用。当拓扑构建精度小于这些特征时，利用本选项可以清除大的包含独立连线的间隙。本功能默认情况下是关闭的。

5. Split surface at T-conection

形成T连接的面将会在公共边位置被分割。当网格划分时，公共边位置的节点会保持一致。两个面相交的时候，若交线不是两个面的边界，则称为T连接。此选项默认是激活的。

6. Split facets at interior curves

对于内部没有形成封闭区域的曲线，faceted曲面将会被切割。当网格划分时，内部曲线上的网格会保持一致。此选项默认是不激活的。

7. Join edge curves

使用定义的角度将小的曲线连接成一条曲线。该选项对于Bspline与Faceted均有效。

8. Delete unattached curves and points

删除所有的绿色线条及未附着的点。在一些情况下可能需要保留这些特征作为构造线。

9. Keep dormant as dormant

在构建拓扑时，用户确定的dormant对象将保留为dormant。

10. Use Local Tolerance

激活此选项，在构建拓扑时将使用局部精度。由此将阻止合并那些尺寸小于全局拓扑精度的特征。

此选项对于尺度分布很广的且全局精度会导致一些重要特征损坏的情况非常有用。

5.3.2 几何检查

通过单击按钮📄进入几何模型检查面板，如图5-12所示。该面板主要检查几何的一些拓扑连接关系。Method下拉框中有4种模型选择方式：选择所有part、只选择显示的part、选取part、在屏幕上选择实体。

图5-12 几何模型检查面板

Results Placement：确定问题几何部分放置的位置。可有3种选择：只是显示、放入part中、放入subset中。

Check Surfaces：决定检查对象，可以是edge，也可以是curvature/area。

模型检查结果以线条颜色表示，见表5-1。

表5-1 各种颜色线条代表的含义

颜色	含义
黄色	单线或自由边线(只与唯一的面相邻接)。二维模型中应该为边界线，三维模型中通常意味着间隙，需要进行检查修补
红色	双边曲线（曲线与两个面相邻接）。通常为两个面的交线，在三维几何中为正确的拓扑
蓝色	多重边（曲线与三个或更多的面相连接）。这时候需要检查是否为T连接，有时候需要进行修补
绿色	通常为未与任何面关联的独立曲线。有时候是辅助几何，一般情况下不用处理，不会影响网格划分。可以在构建拓扑时去掉

5.3.3 封闭孔洞与去除孔洞

对于去除几何中的孔洞，ICEM CFD中提供了一些快速操作工具。通过封闭孔洞按钮 与去除孔洞按钮 可以快速地去除几何模型中的孔洞。

封闭孔洞时，需要选择形成孔洞的封闭曲线。该功能可以同时封闭多个孔洞。

> **注意**
>
> 封闭孔洞与去除孔洞的区别在于封闭孔洞在去除孔洞后会在原孔洞位置创建新的面，而去除孔洞则直接将孔洞填补，不会形成新的面。

5.3.4 边匹配

利用边线匹配功能 可以很方便地将多条边线匹配在一起。共有4个主要功能：匹配、延伸与修剪、填充、弯曲。图5-13中的几何边线通过延伸/修剪后形成的几何如图5-14所示。

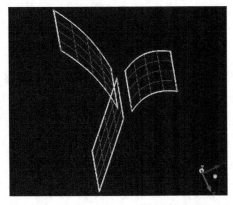 

图5-13 原始几何　　　　　　　　　图5-14 通过边延伸/修剪后的几何

5.3.5 特征检测

应用ICEM CFD可以批量检测如螺纹孔、突起、倒角等特征。并将检测到的特征放置于几何子集中。

如图5-15～图5-17所示为螺纹孔、突起、倒角检测的设置面板。通过设定合适的参数，ICEM CFD会自动对选定的曲面进行检测，找到满足符合条件的几何特征并将其放入至几何子集中，便于用户处理。

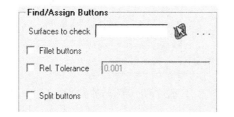

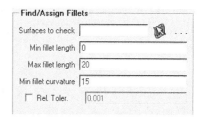

图5-15　螺纹孔检测　　　　　　　　图5-16　突起检测　　　　　　　　图5-17　倒角检测

5.4　辅助几何

辅助几何主要是为了网格划分方便而在ICEM CFD中人为添加的几何。辅助几何通常以绿色线条显示，在分块网格划分中常用于关联操作以控制块的正交性。ICEM CFD中辅助几何经常用于以下场合。

（1）几何体存在圆角。通常在2D圆角上创建中间点，在3D圆角上创建中间线。

（2）对于扫描特征构建的几何，通常需要创建扫描路径作为辅助几何。

（3）对于几何特征丢失的模型，除了前面所述利用拓扑构建的方式生成几何特征外，还可以构建辅助几何以方便进行关联。

辅助几何可以通过常规的几何创建功能建立。辅助几何并不会依赖已存在的几何模型，用户可以通过以下方式进行删除：选择【Geometry】标签页下删除对象功能按钮×，在数据输入窗口中勾选Delete unattached选项，如图5-18所示。

图5-18　删除辅助几何

5.5　几何操作实例

5.5.1　【实例5-1】快速流道抽取

ICEM CFD中没有实体的概念，其所谓的Body只是表示封闭的几何面。可以利用此特点实现几何流道的快速抽取。

主要思路：将创建流体域不需要的几何表面删除，剩下的表面围成的封闭几何体即为流体计算域。

一、内流计算域几何抽取

内流场计算域几何抽取在ICEM CFD中十分容易实现，所要进行的工作是创建进出口边界面、删除外部边界。下面以一个简单几何实例来描述这一过程。本例只用于演示，所选几何较为简单，复杂模型操作步骤完全相同。

Step 1：导入实体几何

本例几何为外部CAD软件创建的x_t格式文件，点选【File】>【Import】>【Parasolid】，选择几何文件。如图5-19所示，选择Millimeter为单位。

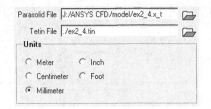

图5-19　导入几何

Step 2：拓扑构建

进行几何拓扑构建，此步的目的是进行几何检查，同时利用软件自动创建特征线。

选择Geometry标签页下工具按钮█，选择功能窗口中的功能按钮█，保持参数默认，单击Apply进行几何拓扑创建。以透明实体方式显示几何模型，如图5-20所示。

图5-20　几何模型

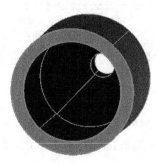

图5-21　选择内表面

Step 3：创建Part

对于图5-21所示的几何模型，其内流道几何为喷嘴的内表面，需要创建一个单独的part放置这些表面。

树形菜单【Parts】上右击，选择【Create Part】，命名Part为wall，选择喷嘴内表面。

Step 4：删除其他表面

在树形菜单中删除上一步创建的wall之外的所有part。

删除part后的几何模型如图5-22所示。

图5-22　几何

图5-23　最终计算域模型

Step 5：创建进出口边界面

进行拓扑构建，选择Geometry标签页下工具按钮█进行表面创建，本例使用█功能按钮。

选取几何两头的圆形曲线，分别创建两个曲面。为进出口边界面创建part，这里不再赘述。最终完成的计算域模型如图5-23所示。

二、外流场计算域创建

利用ICEM CFD的Body概念创建外流场计算域是一件非常容易的事情，在利用这一功能之前需要利用几何创建功能创建外部几何。

本例的几何模型如图5-24所示。下面创建该几何的外流场计算域模型。

图5-24　实体几何

Step 1：创建外部域

对于外流场区域，常见的形状包括方形（Box）、圆柱形（Cylinder）、球形等。本例使用方型计算域。

ICEM CFD提供了一系列常见实体几何直接创建方式，利用Geometry标签页下█按钮，选择█功能按钮。ICEM能直接创建的几何如图5-25所示。

图5-25　直接几何

选择█创建Box，输入参数如图5-26所示。

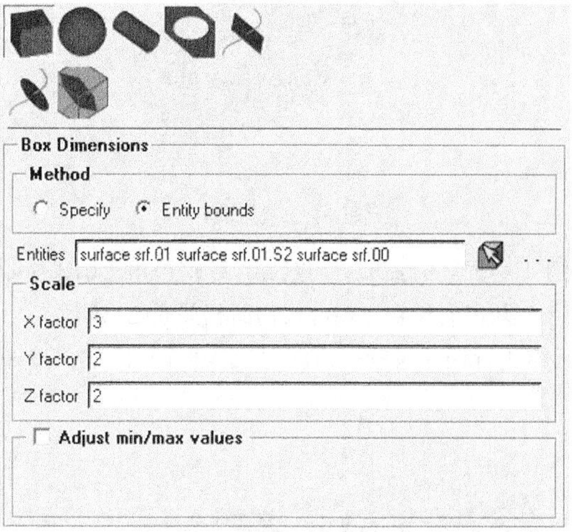

Box Dimensions

Method

○ Specify　⊙ Entity bounds

Entities | surface srf.01 surface srf.01.S2 surface srf.00

Scale

X factor | 3

Y factor | 2

Z factor | 2

☐ Adjust min/max values

图5-26　输入参数

这里选用Entity Bounds方式，选择需要包裹的几何体，然后设定X、Y、Z方向放大倍数。也可以勾选Adjust min/max values项，手动设置X、Y、Z最大最小值。形成的几何如图5-27所示。

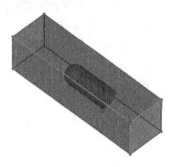

图5-27　形成几何

Step 2：创建Body

ICEM CFD中的Body是用于标志计算域的。一个Body是一个封闭的几何，在生成网格过程中，软件会搜索Body区域。利用材料点方式创建Body。

选择Geometry标签页下的工具按钮▥，进入Body创建面板，选择▥方式创建Body。设置Part名为Fluid，如图5-28所示。

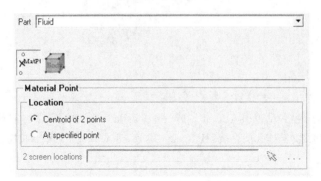

图5-28　Body创建

选择如图5-29所示的两个点，创建Body。

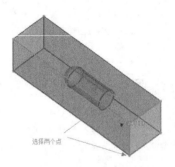

图5-29　选择点

至此计算域创建完毕，若要创建对称面则需要进行切割操作，这里由于篇幅所限，不再详细描述。

若采用分块划分网格方式，则创建块的时候将于内部几何面相关联的块删除。

若采用四面体划分方式，则无需进行任何设置，直接生成网格即可。从图5-30可以看出，中间部分并未生成网格，这正是我们需要的。

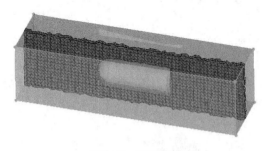

图5-30　网格切面

5.2.5　【实例5-2】几何建模

要创建的几何模型如图5-31所示。三通管成120°均匀分布，管径20mm，管长60mm。

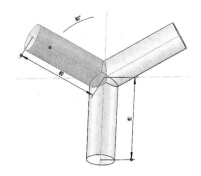

图5-31　最终几何模型

建模思路：ICEM CFD中提供了圆柱创建功能，同时提供了几何变换功能。本例即利用这两种功能实现。同时为了更多地演示ICEM CFD的建模功能，特意添加特征建模的步骤。

Step 1：创建草图

利用【Geometry】标签页下点创建按钮，在数据输入窗口进行如图5-32所示设置，设置 x、y、z 坐标为0，选择【Apply】按钮确认操作。

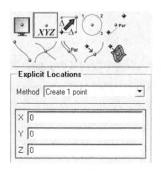

图5-32　创建点

利用点偏移功能创建另外两个点。单击按钮后，如图5-33所示，先在DX框中输入 X 方向偏移量10，Base Point选择前面创建的圆心点，单击中键实现点的创建。同样方式创建第三个点，如图5-34所示。

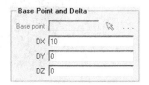

图5-33　第二个点创建

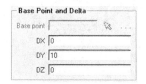

图5-34　第三个点创建

利用【Geometry】标签页下的曲线创建工具按钮，进入圆形创建面板，如图5-35所示。选择圆形创建工具按钮，设置圆半径为10mm，起始角度0°，终止角度360°，选择前面创建的三个点，注意先选择圆心点。单击【Apply】按钮即可创建圆。

图5-35　创建圆形

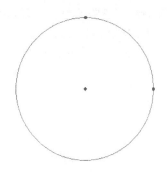

图5-36　创建的圆

Step 2: 创建拉伸曲面

ICEM CFD中需要利用向量作为扫描路径，向量定义需要两个点，这里可以利用的点包括圆心点，还需要创建坐标为（0，0，60）的点。利用点创建功能按钮实现。所需点创建完毕后利用曲线拉伸形成曲面。

进入【Geometry】下曲面创建功能按钮，在数据输入窗口中选择曲面扫描功能按钮，如图5-36和图5-37所示。选择Method为Vector。Through 2 points选择构成向量的两个点，如图5-38所示，选择pt1与pt2，注意选择顺序。选择完毕后单击中键确认。

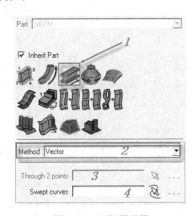

图5-37　面扫描设置　　　　　　　　　　　　图5-38　选择几何

图5-37中的Swept curves选择前面创建的圆，单击中键确认选择即可创建圆柱面。

在模型树菜单上Geometry节点上单击右键，勾选Solid及Transparent选项，如图5-39所示。观察创建的圆柱面如图5-40所示。

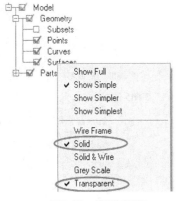

图5-39　模型树设置　　　　　　　　　　　　图5-40　圆柱面几何

Step 3: 创建另外两个圆柱面

虽然另外两个圆柱面也可以采用曲线扫描的方式创建，但这里有更为简单的创建方式。ICEM CFD提供了简单几何体直接创建的功能，可以很方便地直接创建圆柱几何。

建模思路：先直接创建两圆柱，然后通过几何变换功能对几何体进行旋转。

在创建圆柱之前，需要创建基准点。

创建两个点（-60，0，0）及（60，0，0），如图5-41所示。

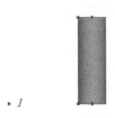

图5-41　创建几何点

选择Geometry标签页下曲面创建功能按钮，在数据输入窗口中进行如图5-42所示的设置：选择标准体创建按钮；选择圆柱几何创建按钮；输入radius1与radius2的值均为10。

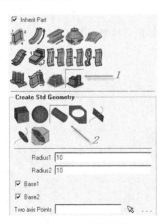

图5-42 圆柱创建

Two axis Points项中需要输入圆柱体两底面的圆心，选择图5-43、图5-44中标志1所示的两个点，单击鼠标中键确认操作并完成圆柱创建。

按相同的步骤，选择标志2所示的两个点创建另外一个圆柱体。

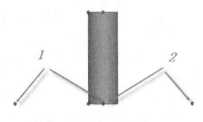

图5-43 圆心点

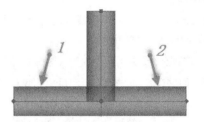

图5-44 创建的圆柱

完成的圆柱几何如图5-44所示。为叙述方便，将图中左侧圆柱命名为圆柱1，右侧圆柱命名为圆柱2。

Step 4：几何变换

对圆柱1与圆柱2进行旋转操作，将其分别旋转30°。

利用Geometry标签页下几何变换功能按钮，在如图5-45所示的数据输入窗口中进行如下设置。

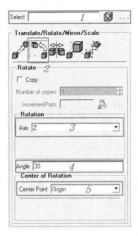

图5-45 几何变换

（1）选择需要进行变换的几何对象。这里选择圆柱1的圆柱面和外侧底面。相交内侧底面可以不用选择。

（2）选择几何旋转功能按钮。

（3）设置旋转轴为Z轴。按实际情况选择，本例中旋转轴为Z轴。

（4）旋转角度。注意此处旋转角度单位为度。要注意的是旋转方向满足右手定则，若方向错误可以将旋转角度换为负值。

（5）旋转中心。本例旋转中心为原点（0，0，0），在实际工作中按实际情况设置。

选择APPLY按钮进行几何旋转，圆柱1旋转后的模型如图5-46、图5-47所示。

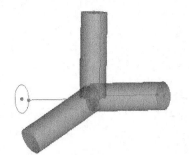

图5-46　圆柱1旋转

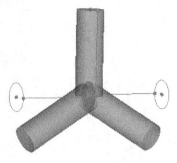

图5-47　最终模型

同理旋转圆柱2，最终几何模型如图5-47所示。

Step 5：几何拓扑构建

图5-47所示的几何模型中存在较多无效的曲线和点，可以将其删除。利用几何修补中的构建拓扑功能可以快速实现多余几何的删除。

【Geometry】标签页下几何修复功能按钮，在数据输入面板中选择子功能按钮，采用默认设置，单击【Apply】按钮即可删除无效几何。

Step 6：建立相贯线并切割曲面

三个圆柱面是彼此独立的，需要利用相贯线对其进行切割，以方便后面计算域的创建工作。

ICEM CFD提供了创建曲面相交生成交线的方式，同时还提供了利用曲线切割曲面的方式。

进入【Geometry】标签页，选择曲线创建功能按钮，数据输入窗口如图5-48、图5-49所示，选择面相交功能按钮，其他设置保持默认参数并选择三个圆柱面，单击鼠标中键完成相贯线构建。创建的相贯线如图5-49所示。

图5-48　面交线设置

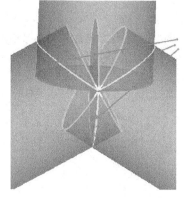

图5-49　生成的交线

Step 7：表面切割

利用相贯线切割曲面。ICEM CFD的曲线创建功能面板中提供了利用曲线分割表面的功能。本例即利用此功能对曲面进行分割。

单击【Geometry】标签页下的曲面创建功能按钮，在数据输入窗口中选择曲面分割功能按钮，如图5-50所示。

Method：选择By Curve。

Surface：选择需要被分割的表面。

Curves：选择上一步创建的三条交线。

单击鼠标中键确认操作并完成曲面切割。

图5-50 曲面分割

　　创建的相贯线为绿色线条，因此本处选曲线的时候要选择绿色的相贯线。由于面被切割后会自动生成红色的边界线，所以此处容易误选。需要重复选择几次。

Step 8：创建part

创建Part并选择构成计算的与几何表面。这里选择切割后的圆柱面及三个圆面。

在模型树Part节点上右击，选择Create Part子菜单进行Part创建，如图5-51、图5-52所示。

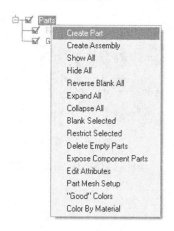

图5-51 创建Part

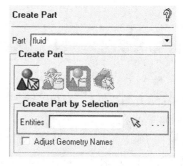

图5-52 选择几何

在如图5-52所示的数据输入窗口中，选择3个圆柱面及圆面。单击鼠标中键确认。

删除模型树菜单上Part节点下除fluid节点外的所有其他节点。此时模型显示如图5-53所示。

图5-53 模型显示

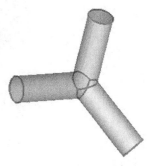

图5-54 最终几何模型

图中的几何模型缺少特征线，此时可以利用几何修复功能中的拓扑构建子功能完成特征线的构建。最终几何模型如图5-54所示。

5.5.3 【实例5-3】几何修补

本例演示利用ICEM CFD进行几何拓扑构建及修补。

Step 1: 导入几何

启动ICEM CFD，利用菜单【File】>【Geometry】>【Open Geometry】，选择几何文件EX3_3.tin，打开几何文件。以Solid及transparent方式显示几何实体，如图5-55所示。可以看到图中的几何不存在任何特征线。

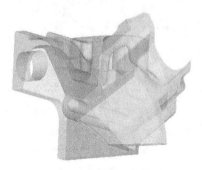

图5-55　初始的几何模型

Step 2: 构建几何拓扑

单击Geometry标签页下几何修复命令按钮，如图5-56所示。

从数据输入窗口中选择拓扑构建命令按钮，如图5-57所示。

图5-56　修复面功能按钮

图5-57　拓扑构建

以默认参数进行几何拓扑构建。拓扑构建完毕后几何如图5-58所示。从图中可以看出几何曲线以不同颜色进行显示。各种颜色表示的含义如下。

红色：表示两个面的交线。对于3D几何，通常只含有红色线条。

黄色：单面交线。在3D几何中，黄色线条通常表示面的缺失。

蓝色：多重边。通常表示超过2个面的交线。

绿色：自由曲线。

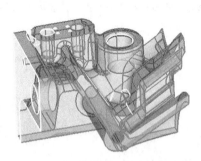

图5-58　构建拓扑后的几何模型

Step 3: 修补缺失平面

修补图5-59与图5-60所示的几何。该处位置需要先创建整体曲面，然后利用曲线进行切割，并删除多余的曲面。

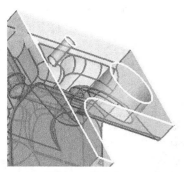

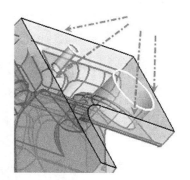

图5-59 修复的平面　　　　　　　　　　图5-60 选择曲线

采用如图5-61所示的操作顺序进行曲线创建。选择如图5-60所示曲线。

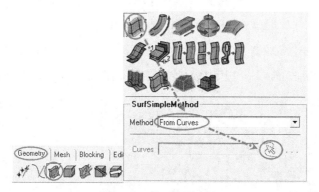

图5-61 利用曲线生成面

选择图5-62（a）所示顺序进行面切割操作，选择Step 2创建的表面为待切割表面选择图5-62（b）所示两个圆为切割曲线，单击Apply按钮实现对曲面的切割操作。

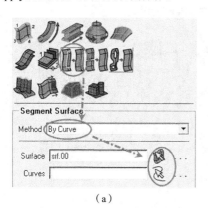

（a）　　　　　　　　　　　　　　（b）

图5-62 利用曲线切割表面

采用图5-63所示操作顺序删除多余的表面。

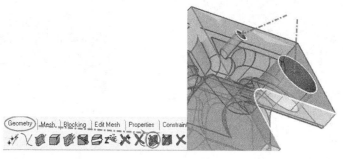

图5-63 删除多余的表面

重新构建几何拓扑，如图5-64所示，可以看到黄色线条变为红色，表示缺失的面已经被修补成功。

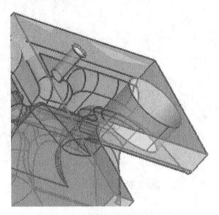

图5-64　重构拓扑后的几何

Step 4：修补缺失曲面

下面修补如图5-65所示的缺陷几何。从图中可以看出该处主要是面缺失，可以通过生成面的方式进行修补。

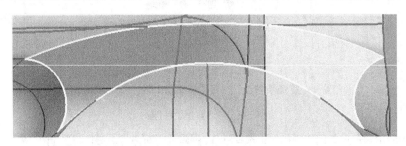

图5-65　缺失的曲面

采用图5-61所示操作顺序选择围成曲面的曲线，形成曲面，如图5-66所示。

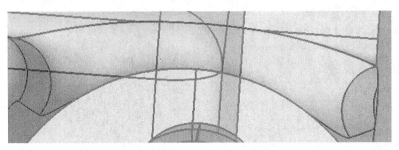

图5-66　生成的曲面

Step 5：移除孔

移除图5-67中所示的4个孔洞。

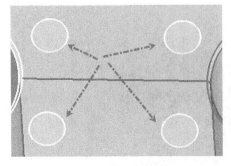

图5-67　将要移除的孔

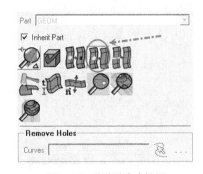

图5-68　孔移除命令按钮

选择曲面修补功能中的Remove hole功能按钮，如图5-68所示。选择如图5-67所示的4个圆进行圆孔去除（每选择一个圆后点选中间进行确认，则去除该孔）。

Step 6：其他修复

由于修复方法类似，其他曲面修复过程可看视频教程，受篇幅限制，本处不再叙述。

5.6 本章小结

本章主要介绍了在ICEM CFD中进行几何操作的工作。ICEM CFD的几何创建功能较弱，但是其具有强大的几何修复功能。对于复杂的几何模型，建议读者利用专业的CAD软件完成几何创建，再导入ICEM CFD中进行几何修复及网格创建工作。

第 6 章

ICEM CFD六面体网格划分

6.1 块基本概念

ICEM CFD中划分六面体网格，通常需要利用到块（Block）拓扑分块来实现。根据拓扑学中的概念，只有四边形或六面体才具有几何映射功能。ICEM CFD中的Block即利用了这一特点。软件使用者可以通过操作虚拟块进行拓扑构建，在生成计算网格时，通过将Block上的数据映射至真实的物理几何，完成贴体网格的划分。

6.1.1 块的层次结构

与几何层次中的点线面拓扑结构类似，块中也有对应的拓扑结构。Block中的组成结构包括以下内容。

（1）顶点：Vertices，组成块的最小单位，指平面块中的角点及3D块中的顶点。

（2）边：Edge，由两个顶点相连的线。

（3）面：Face，由4条边线围成的区域。

（4）块：Block，在2D中为Face，在3D中则为6个Face围成的空间区域。

6.1.2 初始块的创建

在对块进行操作之前，需要进行块的创建工作。ICEM CFD中的块有两类：2D块与3D块，其中2D块为四边形，3D块为六面体。ICEM CFD提供了灵活多样的块创建方式。

 注意 -

通过标签页【Blocking】中的Create Block按钮进入块创建面板

块创建面板如图6-1所示。

面板中各选项含义如下。

（1）Part：选择放置块的Part。默认为实体（Solid）。需要注意的是，在将网格导入至求解器后，能被求解器所识别的计算域名称即为此处所选择的Part。用户可以在下拉框直接输入名称。

（2）Inherit Part Name：选择是否继承选择的Part名称，该项只有在选择了2D Surface Blocking块类型时才会被激活。

（3）Type：选择所要创建的块的类型，一共有三种类型：3D Bounding Box、2D Surface Blocking及2D Planar。分别对应3D块、2D表面块以及2D平面块。

1. 3D Bounding Box

当选择不同的块类型后，创建面板上会出现相应的选项。用户选择3D Blocking Box类型时，程序界面多出如图6-2所示的额外选项。

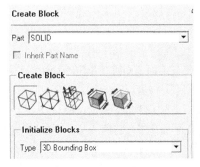

图6-1 块创建面板

图6-2 额外选项

各选项的含义如下。

（1）Entities：选择几何体。创建的块将会包裹此几何体。若不选择任何几何体，则会创建包裹所有几何体的块。

（2）Project vertices：若激活此项，则在创建块的同时将块的顶点映射至最近的几何上。

（3）Orient with geometry：激活此项，软件会尽最大努力搜索几何的各个方向，创建包含几何的最小块。

（4）2D Blocking：若勾选此项，则创建6个2D块。

（5）Initialize with settings：选择是否采用自定义设置。该设置项位于菜单【settings】>【Meshing Options】>【Hexa/Mixed】下。

2. 2D Surface Blocking

允许用户为面网格自动创建面块。该类型为每一表面创建2D块。选择Type为2D Surface Blocking后的对话框如图6-3所示。

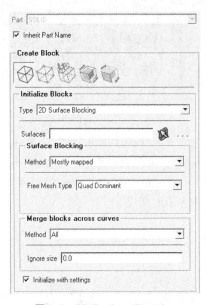

图6-3 2D Surface Blocking

> 📌 **注意**
>
> （1）此类Block可作为2D->3D块构建的前期工作。
>
> （2）若表面网格尺寸（最大尺寸、高度、比率）预先已经定义，则定义的尺寸会用于计算edge上的节点分布。
>
> （3）在建立块之间的连接时需要几何拓扑信息。用户可以在模型树上的Curve节点右击，选择Color by Count检查拓扑。确保连接的面之间是以红色线连接。若出现黄色线，则需要利用Build diagnostic topology进行拓扑构建。

面板上各参数含义如下。

（1）Inherit Part Name：选择是否继承Part的名称。由于2D Surface Blocking是在每一个surface上创建Part，因此选择此项会将相应的Part放置在几何Part中。此项默认为选中。

（2）Surfaces：选择要进行初始2D Surface块创建的表面。若不选择任何面，则所有的几何表面会被用于初始块的构建。

（3）Method：指定块生成方法。其包含块生成方法，主要包括以下一些方法。

①Free。选择此方法将会生成非结构2D块。非结构2D块能够在边上生成任意数目的节点，且对应边上的节点数可以不相等。Free块内部网格采用循环算法进行网格划分。网格形式可以是All quad（全四边形）、Quad with one tri（拥有一个三角形的四边形占优网格）、All tri（全三角形网格）

②Some mapped。产生部分映射块，剩下不能映射的部分以Free块的方式生成网格。

③Mostly mapped。尝试切割面尽可能的生成映射块。例如三角形表面被切分为Y型块，半圆形表面被切分为C型块。剩余不能切分部分以Free方式构建块。

以上三种初始块形成方式生成的网格区别如图6-4所示。

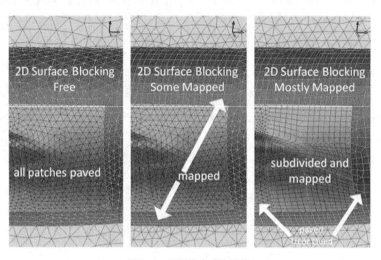

图6-4　不同块生成的网格

④Swept。以扫描的方式构建面块。主要是为后面的2D to 3D Fill > Swept操作而准备的。扫描块的源头面可以是free也可以是mapped，然后将其复制到目标面上。可以拥有多个源面及目标面。图6-5为扫描形成网格的示例。

（4）Swept Surfaces：只有在选择了Swept方法后才会激活。选择所有的源面及目标面。为了方便起见，可以选择所有的面。若不作任何选择，则会默认选择所有的面。

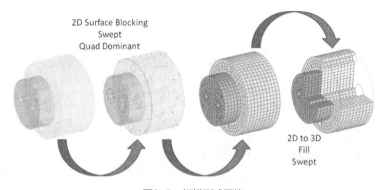

图6-5　扫描形成网格

 注意 ------------------------------

在使用Swept方法之前，要确保几何的连接性。因为几何的连接性直接影响到块的连接性。

（5）Merge blocks across curves：此选项控制在生成初始2D Surface块过程中块间的合并方式及参数。主要包括以下几种方法。

①All。若孤立表面及其相邻表面之间的间隙小于设定的精度时进行合并。

②Respect non-dormant。若曲面间的曲线不是主导曲线时则不执行合并操作。这并不意味着主导曲线就一定会执行合并，其是否合并取决于所设定的精度。

③None。不执行合并操作。

④Merge dormant。主导曲线执行合并，不管设置的精度。

💠 注意 --

要生成主导曲线，可以先删除该曲线（不要选择Delete Permanently），然后【Build Topology】>【Filter curves】将会给予指定的特征角构建主导曲线。若想要存储主导曲线，则可利用【Geometry】>【Restore dormant entities】选项。观察主导曲线，可以在模型树菜单上右击Curves节点，选择Show Dormant菜单。

（6）Ignore size：设置Merge blocks across curves的精度。间距小于此设定值则执行合并。

3. 2D Planar

选择该类型允许用户在XY平面上创建2D平面块。该类型块创建并没有其他需要设置的选项。ICEM CFD会自动在XY平面上创建包括几何的2D块。

6.1.3 块的关联操作

关联是块操作中经常需要进行的工作，其主要目的在于将虚拟Block上的数据映射至真实的物理几何上。关联操作也是ICEM CFD块网格划分中最重要的工作，网格生成失败基本上都与关联错误有关。

前面提到过，ICEM CFD中并没有几何体的概念，有的只是曲面、曲线以及点。而且Block也是一个虚拟的概念。在完成块的拓扑构建之后，如何将块上的信息映射至真实几何上，则是通过关联信息来实现的。ICEM CFD中的关联操作主要包括点关联、线关联及面关联。在实际应用中，并不需要完全进行关联，所要做的是确保计算机能够准确地将块上的信息映射至几何上。在发现映射信息不足的情况下，可以添加关联信息以加强生成块及网格的质量。

💠 说明 --

进入关联面板的操作为【Blocking】>【Associate】，标签页中的按钮为◎。

ICEM CFD关联面板中的功能按钮如图6-6所示。

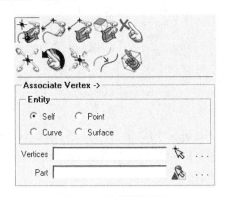

图6-6 关联操作面板

功能按钮的作用如下。

1. 顶点关联（Associate vertex）

将块上的顶点关联到几何点上。关联完毕后顶点会自动移动至与几何点重合。单击选择此按钮后出现图6-7所示的操作面板。

面板中提供了4种顶点关联方式，其中用的最多的是Point关联方式。选择块上的顶点与几何上的点相关联。

2. 线关联（Associate Edge to Curve）

关联块上的edge到几何曲线上。点选该功能按钮后会出现如图6-8所示的设置面板。

面板中的选项如下。

（1）Edges：选择需要关联的块上的边。

（2）Curves：选择与edge相对应的被关联的几何边线。

（3）Project vertices：是否映射顶点。若选择此项，则关联线的同时会自动将顶点关联到曲线上，且自动移动顶点。

（4）Project to Surface intersection：激活此项可以更好地捕捉曲面的交线，对于一些质量很差的几何模型，其交线不一定与曲面相交位置完全匹配。在这种情况下，若在进行线关联时选择激活此选项，则Edge会被标记为紫色。Edge会与Curve相关联，但是在生成网格时，网格节点先映射到曲线上，随后节点会映射至曲面上。

（5）Project ends to curve intersection：若激活此选项，则vertex会被强制映射到曲线的端点。

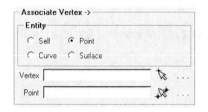

图6-7　顶点关联面板

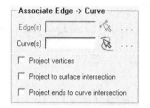

图6-8　线关联对话框

3. Associate Edge to Surface

此功能在实际工作中应用较少。其主要目的是将选择的Edge关联到距离最近的几何表面上。进行关联操作之后，所选择的Edge的颜色会变为白色/黑色。此功能主要是用于对块进行切分之后移动顶点操作之前。

4. Associate Face to Surface

单击选择此功能按钮可将选择的Face关联到选择的Surface上。在默认情况下，ICEM CFD会将Face关联到距离其最近的几何表面上。在一些情况下，默认的关联可能是错误的，这时就可以采用此功能重新进行关联。此功能按钮下可选项较多，如图6-9所示。

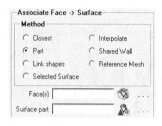

图6-9　面关联

其中的一些选项的意义如下。

（1）Closest：寻找最近的几何面进行映射。对于边界面，这一操作是默认进行的。

（2）Interpolate：从边界曲线形状向划分网格的面插值而不是将节点映射到几何表面。表面网格将会沿袭最近表面的Part名称。在低质量表面上可以应用此选项。

（3）Part：映射Face到所指定Part中的表面。这一选项对于由空间排列紧密的曲线构成的表面非常有用，比如说透平叶片，确保每一个Face被映射到正确的表面而不是最近的表面。

（4）Shared wall：允许用户设置两个指定体积Part间的映射规则，如图6-10所示。包含以下3个选项。

①Create：设置指定体Part间的Faces映射到指定的Surface表面。

②Remove Shared Wall：去除前面设定的体Part规则

③None：去除指定体之间的自动关联面规则。在两个体之间没有边界的情况下（如采用内部面连接时）非常有用。

（5）Link shapes：允许内部Face拥有和被链接的边界Face相同的网格形状。选择边界Face及与其关联的内部Face。

图6-10　Shared wall项

 注意

若关联的Part中没包含任何几何表面，则会使用Interpolate方式，且生成的网格会放置在指定的part中。

此功能在一些特殊的场合可能有用。例如下面的模型，由于材料差异被分成两个不同的体，Shared Wall选项被设置为No，意味着两个体之间没有边界面（共节点）。在图6-11中的模型，内部Face未链接至边界Face，则网格生成后期内部网格直接穿越。而在图6-12的模型中将内部Face与边界Face进行了链接，生成网格后内部网格线发生了弯曲，其弯曲形状与边界形状一致。

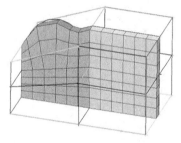
图6-11　未链接

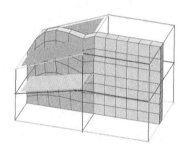
图6-12　进行了链接

（6）Reference Mesh：允许用户利用已存在的面网格作为种子去初始化非结构或扫描Face。这一选项能够用于获取高质量的网格，或者利用已存在的非结构网格为与其相接触的几何创建新的节点。

（7）Selected Surface：将选择的Face关联到选择的Surface。

5. Disassociate from Geometry

该选项用于取消关联。点、线、面关联可以分别进行取消，如图6-13所示。

在ICEM CFD中完全可以采用重复关联进行覆盖操作。如发现关联错误，可以直接将块关联到正确的地方而无需先取消关联。

6. Update Associations

此功能按钮用于块关联的更新。单击选择此按钮后，设置面板如图6-14所示。

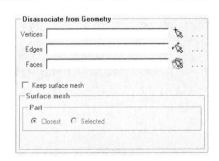
图6-13　取消关联面板

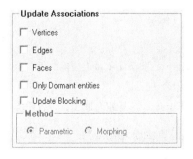
图6-14　更新块关联

该面板中的一些选项如下。

（1）Vertices：更新所有顶点关联。

（2）Edges：更新所有Edge的关联。

（3）Faces：更新所有Face关联。

（4）Update Blocking：将块更新到新的几何文件。在一些情况下，如已经创建好了块，然后更换了几何，这时就可以利用这一选项更新块使之与几何相匹配。该选项包括两个可选参数：Parametric及Morphing。

7. Reset Associations

重设块外部对象（Vertices、Edge、Face）与最近的几何对象相关联。其操作面板如图6-15所示。

8. Snap Project Vertices

将与Point、Curve、Surface相关联的顶点映射到几何上。操作面板如图6-16所示。

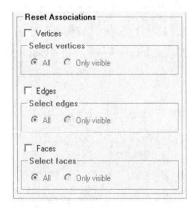

图6-15 重设关联   图6-16 对齐顶点

可以选择所有可见顶点，也可以手动选择需要对齐的顶点。

9. Group/Ungroup Curves

该功能选项可以将多条曲线组合成一条曲线，或将已组合的曲线分散为多条曲线。在将一条Edge关联到多条Curve的时候，需要将Curve进行组合。

实际上ICEM CFD会自动组合曲线。组合曲线可以通过以下方式进行查看：在模型树菜单上右击Curve节点，选择Show Composite菜单。

单击选择此按钮后弹出如图6-17所示设置面板。

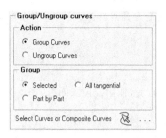

图6-17 组合/解组曲线

Group Curves：选择此项将进行曲线组合操作，可以有3种操作方式：直接选择曲线、所有相切的曲线、将Part中的所有曲线进行组合。

Ungroup Curves：选择组合曲线，进行解除组合操作。

10. Auto Associate

自动关联操作。实际应用较少。

6.2 自顶向下构建块

计算模型通常都比较复杂，初始块往往难以满足要求。在分块操作过程中，应当使建立的块拓扑结构尽可能的与几何结构相贴近。为了实现这一目的，往往需要对块进行切割、删除处理，也就是自顶向下构建块。

自定向下构建块的基本思路如下。

（1）创建初始块。初始块通常是包裹整个几何空间的六面体块或四边形块。

（2）对块进行切分，获得与实际几何拓扑相一致的块结构。

（3）对块进行关联操作。

注意

> 块切分操作面板进入方式为【Blocking】>【Split Block】。

块分割工具如图6-18所示。

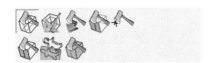

图6-18 块分割工具

6.2.1 常规切分

常规切分指的是利用切割Edge实现将一个块切割成多个块的目的。

单击块切分面板中的功能按钮 出现如图6-19所示的设置面板。利用该设置面板，可以实现块切分功能。

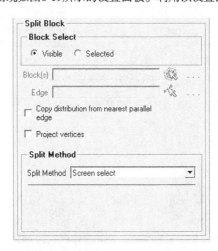

图6-19 切分块

面板中的一些选项如下。

（1）Visible：切分可见的与所选Edge相依附的块。通常可以配合index control进行操作。

（2）Selected：选择块进行切割。只切割被选择的块。

（3）Copy distribution from nearest parallel edge：复制最近的平行Edge上的节点分布到新创建的edge上。这一选项在切割已建立节点分布律的edge时非常有用。

（4）Project vertices：允许将新创建的顶点映射到几何上。

其中Split Method中包含以下一些分割方法。

①Screen select：可以在屏幕上选择切割的位置

②Prescribed point：通过选择点切割块。实际上是以edge为面法向，以点为原点构建的面分割块。

③Relative：偏离verities的比例。取值为0~1，默认值0.5表示为中点。

④Absolute：沿着Edge偏离的绝对距离进行切割。

⑤Curve parameter：通过选择曲线上的点来分割块。先选择要进行分割的Edge，然后选择curve及曲线上的参数。该功能为方法2与方法3的组合。

> **注意**
>
> 　块切分只会沿着映射的Face传播，终止于自由Face。所有与被切分的Edge有关的映射块都会被切分，但是切分传播会在自由块上终止。对于3D块，切分会沿着映射块及扫描块传播（若切割沿着扫描方向的话），若切分不是沿着扫描方向，块切分会在扫描块上终止。

6.2.2　O型切分

O型切分是一种非常重要的切分方式，也是ICEM CFD的一大特色功能之一。O型切分通常用于带有圆弧结构的几何中，如圆形、圆柱形、球形等。

1．映射网格

"一对一的关系"称为映射。在网格生成中，也需要进行映射。以规则的矩形为例。如图6-20（a）所示为一长20mm宽10mm的矩形。其中边1与边2相对，边3与边4相对。在划分网格中，如果1与2的节点数相等，3与4的节点数相等，则可形成结构网格如图6-20（b）所示。否则破坏了映射关系，是无法形成结构网格的。

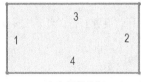

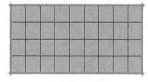

（a）原始几何　　　　　　　　　　　　　　（b）结构网格

图6-20　矩形网格

很多不是四边形结构的几何，只要人为规定它们的映射方式，也可以划分结构网格，只是很多时候网格的质量得不到保证。图6-21为一些非四边形几何的结构网格划分结果。

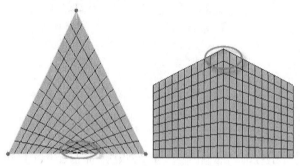

图6-21　非四边形的映射网格

图6-3所示为三角形结构网格，是人为地将一条边分为两部分，分别与其他两条边构成映射关系。而五边形则人为地将两条边当作一条边与对应的边构成映射关系。红色部位为易发生网格质量问题位置。随着几何体的变化，这些位置的网格质量可能发生急剧恶化。

2. 圆弧的映射

对于圆弧几何，以圆为例。圆是没有明显转折的一条边几何，因此在划分结构网格时，需要人为将其分为4段，并指定对应关系。将弧1与弧2对应，圆弧3与4对应，划分结构网格如图6-22所示。

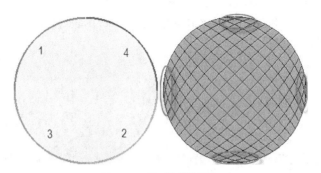

图6-22　圆形的结构网格

可以看到，图6-22中标记的4个位置网格质量是很差的，这主要是由于圆弧是相切连接的。在映射结构网格中，两条相邻边的角度在90°时网格质量最佳，随着偏离程度的增加，网格质量越来越差。对于圆面来讲，相邻圆弧的角度是大于90°的，随着曲率半径的增大，相邻圆弧间的角度越趋向于180°。因此，直接对圆弧进行结构网格划分难以获得高质量的网格。

3. 铜钱的启示

中国古代的铜钱给了圆形网格划分最大的启示。铜钱的形状为外圆内方，如图6-23（a）所示。由于方形的存在，可以将圆形面分割为5个四边形，如图6-23（b）所示。

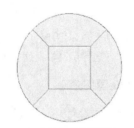
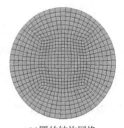

(a)古钱币　　　　　　　　（b）被方型分割的圆　　　　　　(c)圆的结构网格

图6-23　铜钱式剖分方式

利用图6-23（b）所示的块剖分方法，划分圆面网格，如图6-23（c）所示。

这种铜钱式剖分方式在ICEM CFD中称为O型块剖分。在Blocking标签页中选择按钮◎，进而在弹出的数据对象窗口中选择◎按钮，即可进行O型块剖分。

单击选择选该功能按钮，O型块切分设置面板如图6-24所示。

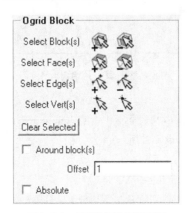

图6-24　O型块切分设置面板

图中的参数含义如下

（1）Select Blocks：选择要进行切分的块。

（2）Select Faces：选择要切分的面，在3D块中才需要选择，2D块中是不激活的。

（3）Select Edge：选择要切分的Edge。在3D块中，选择Edge，则与该Edge相连的Face及block会被自动选中。

（4）Select Vert：选择顶点。与Edge类似，与该顶点有联系的Face及Block都会被选中。

（5）Clear Selected：清除所有选择。

（6）Around blocks：勾选此项可创建外O型网格。

（7）Offset：设置O型网格层的高度。该值越大，O型块越小。

（8）Absolute：以绝对尺寸方式设定O型网格层的高度。

4．O型块及其变型

在ICEM CFD有专门的命令进行O型块剖分。根据剖分面选择的不同，剖分结果主要有3类：全O型块、L型块以及C型块，如图6-25所示。

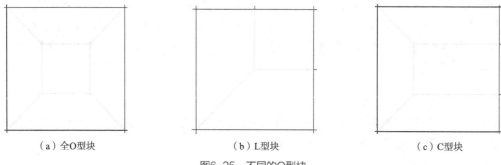

（a）全O型块　　　　　　（b）L型块　　　　　　（c）C型块

图6-25　不同的O型块

通过勾选O型块创建窗口中的Around Blocks选项，可以创建外O型块，这在一些外流场计算网格划分中特别有用。O型网格的另外一个优势在于可以很方便地施加边界层网格，这一内容将在后面进行详细讲述。

5．【O型切分实例1】：2D块O型/C型/L型切分

本例描述2D块如何进行O型、C型及L型切分。为演示方便，这里选取如图6-26所示的块作为原始块进行切分。为便于说明，为所有的Edge进行数字编号（1~4），为所有的Vertices进行字母编号（a~d）。

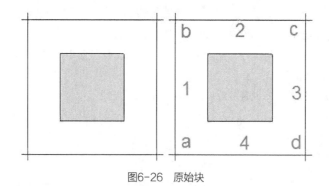

图6-26　原始块

（1）O型块切分

对图6-26所示的块进行O型切分，在图6-24的面板中，点选Select Blocks按钮选择整个块。其他参数如Edge、Vertices均无需选择。单击Apply按钮即可，如图6-27所示。

（2）C型块切分

C型块切分不仅要选择Block，还需要选择Edge或Vertices。

针对图6-26的原始块，利用图6-24所示的切分面板进行切分。

① Select Block：选择要切分的块。

② Select Edge：选择编号为3的Edge。

③ Select Verti：不选择

选择完毕后如图6-28(a)所示。设置offset参数为1，单击Apply按钮后切分的块如图6-28（b）所示。

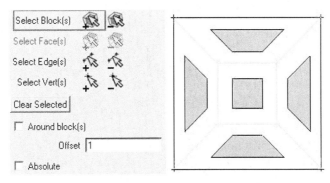

图6-27　O型块切分

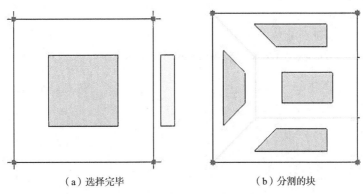

（a）选择完毕　　　　　　　　　　　（b）分割的块

图6-28　C型块切分

（3）L型块切分

与C型块切分类似，选择的Edge为两条：edge2与edge3。选择Edge后的图形如图6-29（a）所示。设置offset参数为1，单击Apply按钮后切分的块如图6-29（b）所示。

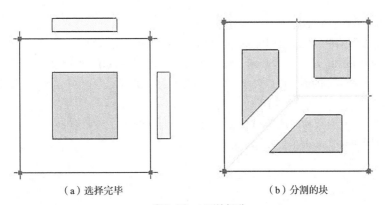

（a）选择完毕　　　　　　　　　　　（b）分割的块

图6-29　L型块切分

其实在选择的时候不选择edeg2与edge3，只选择右上角的顶点c，也可以达到相同的切分目的。

6.【O型切分实例2】：3D块O型/C型/L型切分

前面的例子讲到了对2D平面块进行O型/C型/L型切分，本次演示的是如何对3D块进行O型/C型/L型切分。与2D块操作相类似，所不同的是在3D块切分过程中，除了可以选择Edge与Vertices外，还可以选择Face。

用于分割的原始块如图6-30所示。

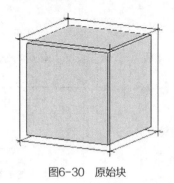

图6-30　原始块

（1）O型切分

进入如图6-24所示的O型剖分面板，并选择块。

Select Block：选择要切分的块。本例中选择所有块。

Select Face：本例不需要选择任何Face。

Select Edge：本例无需选择Edge。

Select Vert：本例无需选择Vertices。

设定Offset为1，单击Apply按钮即可进行O型切分。

选择了拓扑之后如图6-31（a）所示。切分之后的块如图6-31（b）所示。

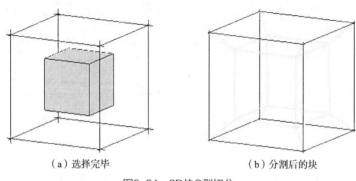

（a）选择完毕　　　　　　　　　　　（b）分割后的块

图6-31　3D块O型切分

（2）C型切分

与O型切分类似，不过需要选择Face。

如图6-32（a）所示，选择右侧的Face，即可形成如图6-32（b）所示的切割块。

还有一种C型块，选择Face如图6-33（a）所示，则形成如图6-33（b）所示的切割效果。

从上可以看出，对于选择不同的面，可以形成不同的切分效果。在实际工作中，需要灵活选择需要切割的Face，以切分出满足要求的块。

除了可以选择Face之外，还可以通过选择Edge。在选择了一条Edge之后，与该Edge相连的Face会被自动选中，读者可以自己去尝试一下。同样选择Vertices也能达到目的。

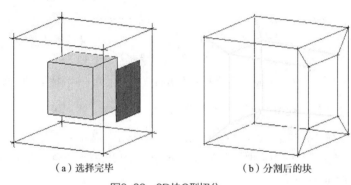

（a）选择完毕　　　　　　　　　　　（b）分割后的块

图6-32　3D块C型切分

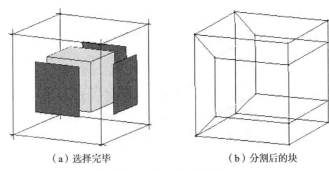

（a）选择完毕 （b）分割后的块

图6-33 3D块C型切分

（3）L型切分

L型切分与C型切分步骤完全相同，只是选择的Face不同。要想进行L型切分，需要选择如图6-34（a）所示的面，所形成的L型切分效果如图6-34（b）所示。

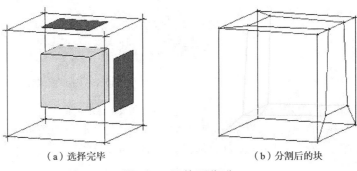

（a）选择完毕 （b）分割后的块

图6-34 3D块C型切分

7. 【O型切分实例3】：外O型块

利用O型切分面板不仅可以进行内O型块切分，还可以通过勾选Around block(s)选项实现外O型切分。外O型切分在一些外流计算域网格生成中应用较多。这里以一个简单的2D实例来说明外O型块的构建，更复杂的实例见于本章最后一节。

Step 1：模型准备

要进行网格划分的几何模型如图6-35所示。本实例模型利用Solidworks创建，读者可以使用任一款熟悉的软件进行类似模型的创建工作。创建的几何模型被保存为parasolid格式。

Step 2：打开ICEM CFD导入几何模型

进入ICEM CFD后，单击选择菜单【File】>【Import Geometry】>【Parasolid】，在弹出的文件选择对话框中选择创建的模型文件。单击选择打开按钮后弹出的设置面板如图6-36所示。由于parasolid文件格式并不会保存单位信息，因此在此处选择单位为millimeter（该模型建立时使用mm为单位）。单击【Apply】按钮导入几何模型。

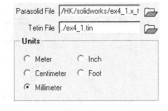

图6-35 几何模型 图6-36 模型设置

Step 3：创建初始块

进入初始块创建面板：Blocking标签页下选择，在弹出的设置面板中进行如图6-37所示的设置。

（1）修改Part名称：此处的Part对应着流体计算域的名称，默认值为Solid。将其修改为Fluid。这样导入到FLUENT中后会自动识别为流体域。如采用默认值会被识别为固体域。

（2）选择创建块按钮。

（3）选择块类型为2D Planar。

单击Apply按钮后创建初始平面块。

Step 4：初始块的切割及关联

虽然本例模型可以直接采用O型切分，但是此种方式形成的网格质量不高。这里先对初始块进行切割，随后进行外O型切分，以获得质量更高的块。将初始块以如图6-38所示的方式进行切割，然后将图中标记的6条Edge与几何内部的弧形线段进行关联。几何外边界Curve与相应位置的Edge进行关联。

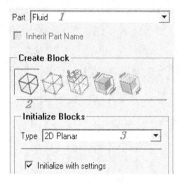

图6-37　创建初始块

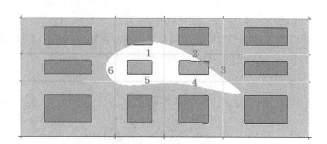

图6-38　初始块切割

Step 5：移动顶点并进行O型剖分

利用顶点移动功能移动块上的顶点，以使块与几何更贴合。移动后的块如图6-39所示。进入O型切分面板，选择图6-40中的块，不选择Edge及Vertices，勾选Around block项，设置Offset为1，如图6-41所示。

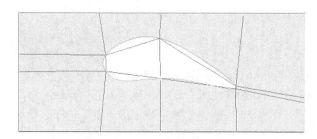

图6-39　移动顶点后的块

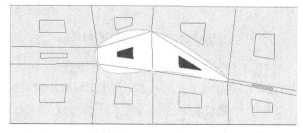

图6-40　选择块

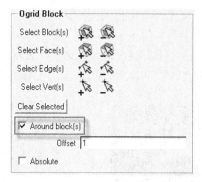

图6-41　O型切分面板设置

单击Apply按钮后即进行外O型切分。切分后的块如图6-42所示。从提高网格质量的角度来看，图6-42中的块上顶点需要移动以使其更适合几何形状。

移动顶点后的块如图6-43所示。

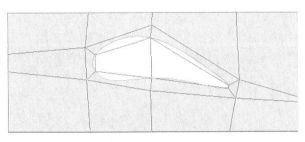
图6-42 切分后的块

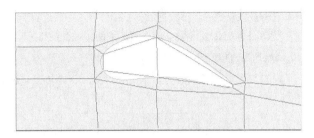
图6-43 顶点移动后的块

Step 6：删除多余的块

需要将多余的块进行删除，在这里需要删除图6-40所标记的块。进入标签页【Blocking】，单击选择删除块工具按钮，选择图6-40所标记的块，单击中键删除多余的块。

Step 7：设置网格参数

主要是设定网格尺寸、节点分布律等参数，后面会进行详述。生成的网格如图6-44所示。

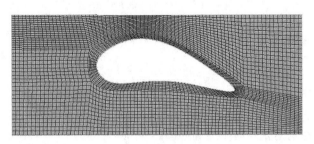
图6-44 最终网格

6.2.3 Y型切分

圆形是四边形的一种特例。而对于非四边形的块，往往需要将其切分为四边形以进行映射网格生成。最常见的非四边形的块为三角形块，其他超过四边的块都可以切割成四边形加三角形的形式，如图6-45所示的五边形、六边形、七边形均可分解为四边形与三角形组合。因此，熟练地将三角形块切割成四边形的形式，有助于生成映射网格。

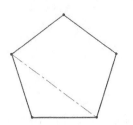
图6-45 多边形的分解

对于三角形来说，是否可以参照圆形的处理方案，人为地分割出一条边来形成四边形呢？原则上是可行的，不过ICEM CFD提供了更方便的工具，可以无需进行边的切割，而只是进行Edge的关联即可达到目的。

三角形的分块策略如图6-46所示，将三角形切分为三个四边形以实现结构网格划分。由于分割三角形块的Edge类似大写英文字母Y，故常称为"Y型切分"。

1. 2D块Y型切分的操作

在讲述自底向上构建块之前，这里先描述一种自顶向下构建Y型块的方式，但采用自底向上构建方式处理这种三角形几何效率更高。

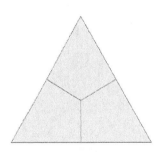
图6-46 三角形分块策略

Step1：导入三角形平面

导入外部CAD软件创建的三角形平面，如图6-47（a）所示。

Step 2：创建2D平面块

创建初始2D平面块，并显示vertex及curves的名称，如图6-47（b）所示。

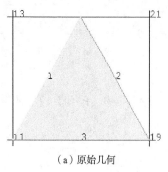
（a）原始几何

（b）初始2D块

图6-47　原始几何与初始分块

Step 3：边关联

要进行关联的edge及curves如下。

11-13=>1

13-21=>2

21-19-11=>3

关联后将vertex19与13的X坐标对齐。最终图形如图6-48（a）所示。

Step 4：O型切分

选择11-13及13-21这两条Edge进行O型切分，如图6-48（a）所示。最终的切分结果如图6-48（b）所示。

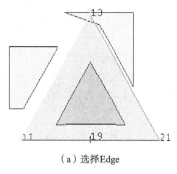
（a）选择Edge

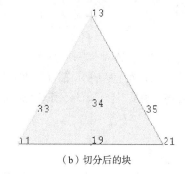
（b）切分后的块

图6-48　O型切分

Step 5：调整vertex

调整vertex33及35的位置，使块更利于进行四边形剖分。有时需要重新进行关联。调整后的块如图6-49（a）所示。

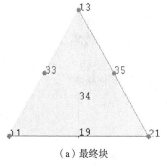
（a）最终块

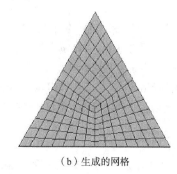
（b）生成的网格

图6-49　最终块及网格

Step 6：设定网格尺寸及预览网格

最终生成的网格如图6-49（b）所示。

 说明

合理利用O型切分配合移动节点，可以实现2D平面网格Y型切分的目的。

2. 3D块Y型切分操作

对于3D棱柱块的Y型切分，ICEM CFD提供了专门的命令实现。在Blocking标签页下单击Edit Block按钮，弹出设置面板如图6-50所示。选择图中红色框选功能按钮Covert Block Type。设置Type类型为Y-Block即可将三棱柱块转换为3个六面体块。

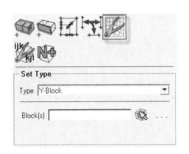

图6-50 设置块类型

3.【实例】：三棱柱网格划分

Step 1：导入几何

在ICEM CFD中导入三棱柱几何，如图6-51（a）所示。

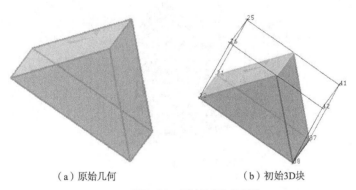

（a）原始几何　　　　　（b）初始3D块

图6-51 原始几何与初始块

Step 2：创建3D块

创建3D Bounding Box块，如图6-51（b）所示。

Step 3：进行顶点合并

为形成三棱柱块，需要进行顶点的合并。单击Blocking标签页中按钮，在弹出的数据对象窗口中选择按钮进行顶点合并。要合并的顶点对为26-42及25-41。合并顶点后的块如图6-52（a）所示。

Step 4：关联

利用vertex关联将三棱柱块与几何体关联，如图6-52（b）所示。

Step 5：设置Y型切分

选择Blocking标签页下按钮，在数据对象窗口中选择按钮，在类型设置下拉框中选择Y-Block，并选择需要进行Y型切分的块，如图6-53（a）所示。切分后的块如图6-53（b）所示。

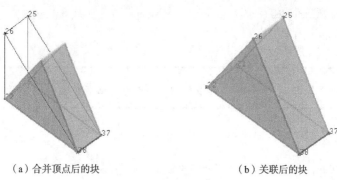

（a）合并顶点后的块　　　　　　　　　　（b）关联后的块

图6-52　合并顶点及关联

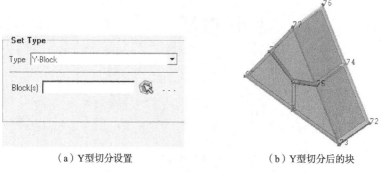

（a）Y型切分设置　　　　　　　　　　（b）Y型切分后的块

图6-53　Y型切分

Step 6：关联并预览网格

进行Edge关联，并设置网格尺寸，进行网格预览。最终网格如图6-54所示。

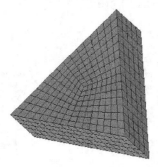

图6-54　最终网格

4．Y型切分的变种

Y型切分并不仅限于三角形和三棱柱几何。利用ICEM CFD进行网格块结构网格划分，重要的是块拓扑构建与关联，而非实在的几何实体。因此，在实际工程应用中，灵活使用Y型切分，能够为网格构建工作提供方便。

如图6-55中的一些图形均可利用类三角形Y型切分原理进行网格划分。

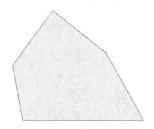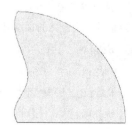

图6-55　类三角形结构

形成的网格如图6-56所示。

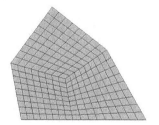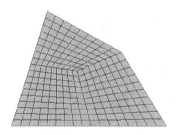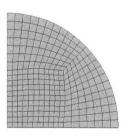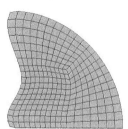

图6-56 类三角形结构网格生成

6.2.4 【实例6-1】2D块切割实例

本例选用ICEM CFD实例文档中的例子2D Car。主要原因在于该例具有相当的代表性。本例模型为2D汽车外流场计算域网格划分。主要涉及以下内容。

（1）基础块切分。

（2）外O型切分。

（3）Edge关联。

几何模型如图6-57所示。

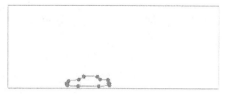

图6-57 几何模型

Step 1：导入几何模型并调整视图

导入实例几何模型，并在模型树上的Points节点上右击，选择Show Point Names子菜单，如图6-58所示。

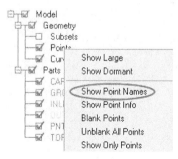

图6-58 显示点名称

将车身位置放大，显示几何点编号，如图6-59所示。

图6-59 显示的几何编号

Step 2：创建初始块

选择Blocking标签页下创建块功能按钮◈，创建2D Planar类型块。

Step 3：进行块切割

选择如图6-60所示操作顺序，进行块切分。

在选择切割方法选项中，选择使用Prescribed point（指定点）方式进行切割。

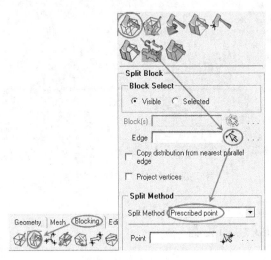

图6-60　进行块切割

先进行纵向切割，从左至右分别以点1、4、7、10进行切割，切割完毕后的块如图6-61所示（局部放大）。

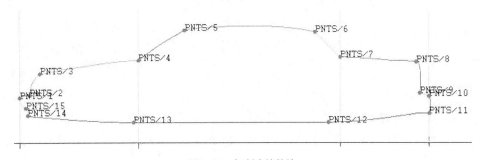

图6-61　切割完毕的块

再进行横向切割，从上至下分别以点5、4、1、13进行切割。

切割完毕后的块如图6-62所示。

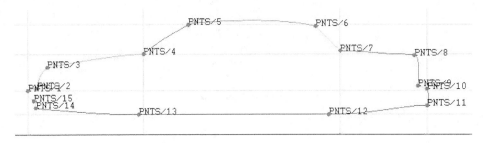

图6-62　切割完毕后的块

进行局部选取块进行切割，最终切割效果如图6-63所示。

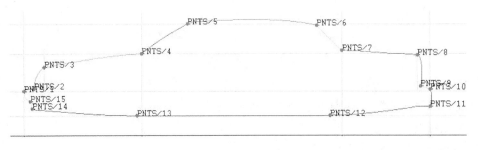

图6-63　最终切割效果

Step 4：删除多余的块

删除图6-64中高亮位置所示的块。这些块位于汽车内部，在生成网格过程中是不需要的，因此将其删除。

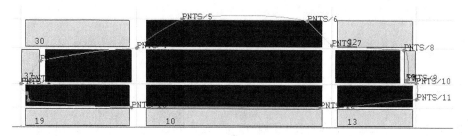

图6-64　删除块

Step 5：进行点关联

在模型树菜单Vertices节点上右击，选择Numbers，打开顶点编号显示。打开顶点编号显示后的块如图6-65所示。

> **注意**
>
> 　　不同的操作顺序，生成的vertices编号可能不同。下面的对应关系只是表示空间位置，读者在使用过程中可灵活选用。

捕捉几何特征点，采用点关联工具 按表6-1的对应关系进行关联。

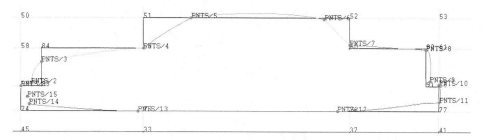

图6-65　打开顶点编号显示后的块

表6-1　点关联的对应关系

Vertices	Points
84	3
59	4
51	5
52	6
60	7
92	8
91	9
69	10
77	11
76	12
75	13
74	14
66	1
83	2

点关联完毕后的块如图6-66所示。

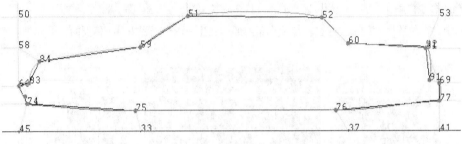

图6-66 点关联完毕后的块

在图6-66中，顶点45、33、37、41的位置发生了偏移，可以通过移动点方式进行调整。采用图6-67所示操作顺序进行点移动。

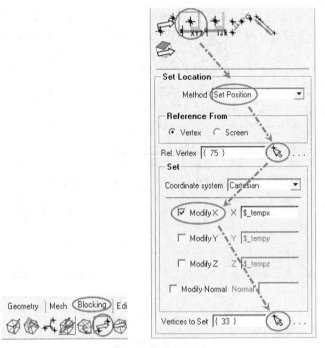

图6-67 移动顶点

Ref. Vertex：参照点，不会被移动。分别选取74、75、76、77。

Vertices to Set：被移动的点。分别选择45、33、37、41。

Modify：需要被移动的坐标系，调整被移动点的坐标与参照点相同。

调整完毕后的块如图6-68所示。

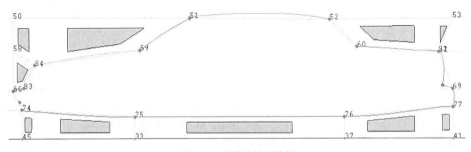

图6-68 调整完毕后的块

Step 6：进行Edge关联

将相应的Edge关联到Curve上。设置网格最大尺寸100×1000，如图6-69所示。

小提示

Scale factor表示放大因子，Max element为最大网格尺寸，实际最大网格尺寸为它们的乘积。

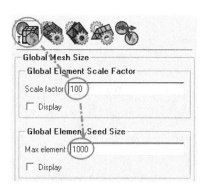

图6-69　设置网格尺寸

预览网格如图6-70所示。

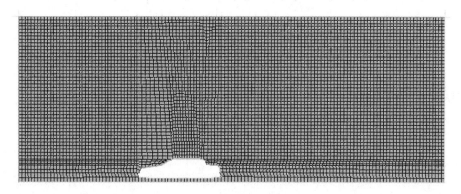

图6-70　预览网格

车身周围网格如图6-71所示。可以看出周围网格分布不均匀且贴体性不好。

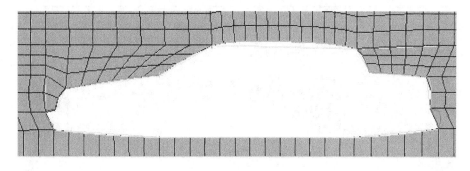

图6-71　车身周围网格

Step 7：外O型切分

由于删除了车身内部块，因此想要进行外O型切分，则需要将删除的块打开。

小技巧

块删除命令实际上是将网格块移放到模型树Part节点下的VORFN内。

在模型树上激活VORFN节点。激活VORFN节点后车身周围的块如图6-72所示。

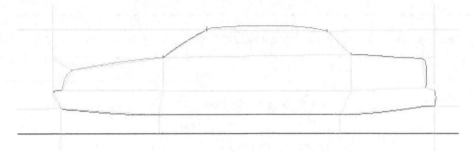

图6-72 激活车身周围的块

选择图6-73所示块进行外O型切分。

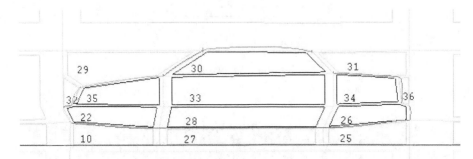

图6-73 外O型切分

切分后车身周围的块如图6-74所示。

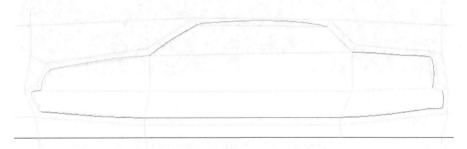

图6-74 外O型切分后的块

调整Edge上节点参数，最终形成的网格如图6-75所示。

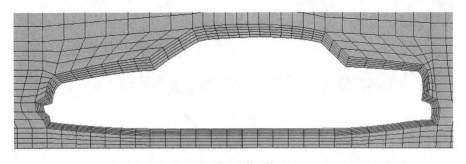

图6-75 最终网格

6.2.5 【实例6-2】3D块切割实例

本例的几何为三棱柱与六面体的组合体，主要训练的内容为块的切割、坍塌、O型切分等。

Step 1：导入几何并构建拓扑

打开ICEM CFD，打开File菜单Import Geometry子菜单中的ParaSolid，打开几何文件ex4_2.x_t，选择单位Milimeter，导入几何体。同时利用Geometry标签页下▣按钮建立几何拓扑。导入的几何体如图6-76所示。

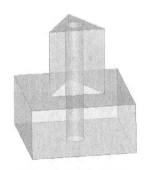

图6-76 导入的几何体

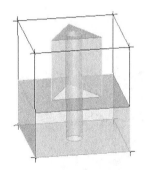

图6-77 构建初始块

Step 2：建立初始块

选择Blocking标签页下创建块按钮▣，选择初始块构建▣，在创建类型中选择3D Bounding Box，其他设置保持默认，单击Apply按钮构建初始块，如图6-77所示。

Step 3：进行块的切割

采用指定点方式进行块切割。先将树形菜单中Geometry子项中的Point打开，然后打开Blocking标签页下分割块按钮▣，选择弹出数据窗口中的分割块命令▣，在Split Method中，选择Prescribed Point。最终切割形成的块如图6-78所示。

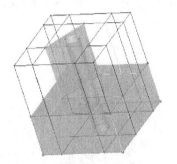

图6-78 切割形成的块

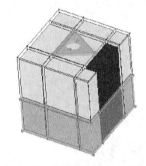

图6-79 块坍塌选择的边及块

Step 4：块的坍塌

几何中存在三棱柱，为获得三棱柱的块，需要进行块的坍塌。当然也可以采用顶点合并的方式获取。选择Blocking标签页下顶点合并命令▣，在弹出的数据窗口中选择▣，选取图6-79所示的edge及block进行块的坍塌，之后形成的块如图6-80所示。

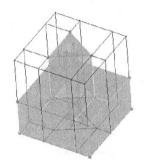

图6-80 坍塌后的块

图6-81 删除块

Step 5：删除多余的块

将多余的块删除，删除后的块如图6-81所示。

Step 6：Y型切分

对三棱柱块进行Y型切分。打开Blocking标签页下块编辑按钮，在弹出的数据窗口中选择块转化命令按钮，在类型中选择Y-Block，同时在图形窗口中选择两个三棱柱块，单击中键确认。Y型切分后的块如图6-82所示。

图6-82　Y型切分

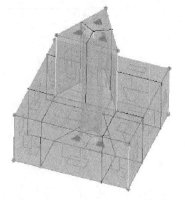

图6-83　O型切分所选择的Face

Step 7：O型切分并删除多余块

选择图6-83所示的6个Faces进行O型切分。在此步骤中无需额外选择块，程序会根据所选的Faces选择合适的Block。切分并删除多余块后的块如图6-84所示。

Step 8：网格预览

测量最小特征尺寸为4.5mm，设定最大单元尺寸为1mm，更新块并预览网格，最终网格如图6-85所示。

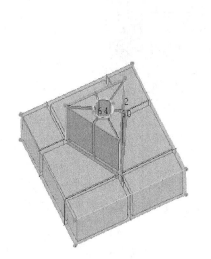

图6-84　最终形成的块

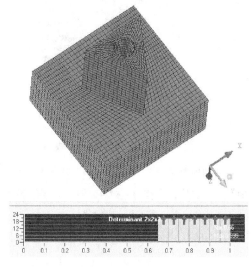

图6-85　最终网格

6.3　自底向上构建块

ICEM CFD中的块组成拓扑从低向高依次为顶点（Vertices）、边（Edge）、面（Face）、及体（Block）。这里所说的自底向上构建块是指由低级拓扑向高级拓扑的构建过程，如由顶点生成2D块、由面或顶点生成3D块等。

在一些复杂的几何中，利用自底向上构建块的生成方式，能够更容易地进行拓扑控制。利用自底向上构建块，主要是通过如图6-86所示的几个命令按钮实现。

在Blocking标签页下，单击Create Block按钮。

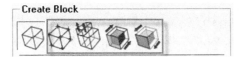

图6-86　创建块

自底向上构建块主要是利用图6-86中红色框选的4个工具按钮实现的。这4个按钮是在创建了初始块之后才会被激活的。它们分别为From Vertices/Faces、Extrude Faces、2D to 3D、3D to 2D。

6.3.1　From Vertices/Faces

利用顶点或面构建块◈。单击此面板后弹出如图6-87所示的块。可以选择创建块的类型是2D还是3D。其中图6-87（a）为选择创建2D块的面板，图6-87（b）为选择创建3D块的设置面板。

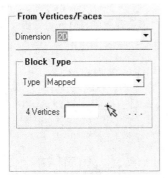
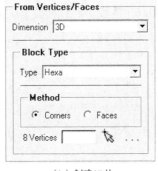

（a）创建2D块　　　　　　　　（b）创建3D块

图6-87　由点/面创建块

1. 构建2D块

对于图6-87（a）中的参数，可选的类型为Mapped及Free，通过4个点创建2D块。其实完全没必要使用4个点，可以是1个Vertices和3个Point，也可以是2个Vertices与2个Points，还可以是3个Vertices与1个Points。但是要注意的是必须有1个以上的Vertices，在选择完Vertices之后单击中键继续选择Point。若选择块类型是Mapped，则生成的块是映射块，否则是自由块。前面讲过这两种块的区别。

在进行2D块创建的选取点过程中，点的选择顺序会影响到点的创建。图6-88与图6-89描述了典型的选取顺序。

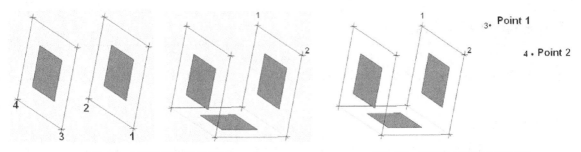

图6-88　利用4个顶点创建2D块　　　　　　图6-89　利用顶点和几何点创建块

由顶点形成块的构建块方式在实际操作中应用较多，尤其是2D块的构建。

2. 构建3D块

在Dimension中选择3D，如图6-87（b）所示。

在Block Type中选择块的类型。ICEM CFD提供了6种类型的块，包括Hexa、Swept、Quarter-O-Grid、Degenerate、Sheet、Free-Sheet。

（1）Hexa。用户可以指定8个vertices或2个Faces来构建块。顶点的指定必须满足一定的顺序，否则可能造成3D块的扭曲。图6-90（a）所示为一典型的3D块顶点选择顺序。采用Faces的方式构建3D块则只需要选择2个Face，程序会自动将这两个Face当作相对的两面进行块的构建。

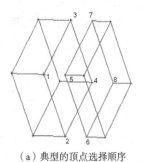 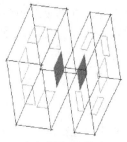 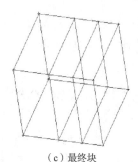

（a）典型的顶点选择顺序　　　　　（b）利用Faces构建　　　　　（c）最终块

图6-90　Hexa块构建

（2）Quarter-O-Grid。利用6个顶点创建类似Y型切分块。顶点的选择顺序具有一定要求。如图6-91（a）所示为典型顶点选择顺序。

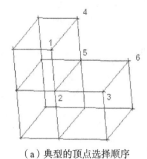 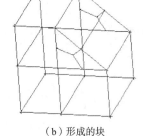

（a）典型的顶点选择顺序　　　　　　（b）形成的块

图6-91　Quarter O-Grid块构建

（3）Degenerate。利用6个顶点创建退化的块。顶点选择顺序与图6-91（a）相同，只是不进行Y型切分，形成的块为三棱柱块。

（4）Swept。利用6个顶点构建扫描块。选择顺序与图6-91（a）所示相同。Swept块所形成的为非结构网格，可能包含有三角形或四面体网格。

（5）Sheet、Free-Sheet。构建薄片块。这类块主要应用在模型内存在thin surface的情况下。一般应用较少。

6.3.2　Extrude Faces

这种情况只存在于3D块中。沿着某一路径拉伸Face形成3D块。共有3种拉伸方式：Interactive、Fixed distance以及Extrude Along Curve。这三种方式在实际应用中均有使用。

1. Interactive

这是最简单的一种拉伸方式，不需要输入任何参数，只需要选择要进行拉伸的Face，在图形显示窗口中间位置单击，即可进行块的拉伸。拉伸的长度即为Face到点的距离。由于ICEM CFD提供了关联机制，因此，拉伸的长度精确与否并不构成问题。这一方式是构建直六面体块的最常用方式之一。

2. Fixed distance

选择要进行拉伸的Face，并设定需要拉伸的距离，即可沿Face法向进行拉伸，形成3D块。这种方式与Interactive拉伸方式基本相同，所不同的是规定了拉伸的距离。

3. Extrude Along Curve

这一拉伸方式与前两种有所区别。前两种方式与CAD软件中的拉伸类似，而这种方式则类似于沿路径扫描，如图6-92所示。

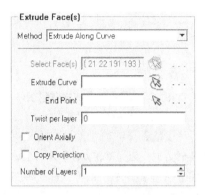

图6-92　沿曲线拉伸

（1）Extrude Curve。选择要拉伸的曲线。

（2）End Point。曲线的终点。

（3）Twist per layer。每一层缠绕数。在一些螺旋结构中可能需要设置，不过一般情况下保持默认为0即可。

（4）Orient Axially。激活此项，则所有拉伸的面均以轴线为法向。

（5）Copy Projection。若激活此项，则如果Face已关联到几何，则拉伸后的块也关联到几何。

（6）Number of Layers。此选项默认为1。在一些弯曲的几何中，合理设定此项，则可以达到很好的效果。

6.3.3　由2D块形成3D块

该命令按钮为 。此处的2D块通常是2D planar块，在新版本的ICEM CFD中，添加了MultiZone Fill方法，可以将2D surface块围成3D块。除了MultiZone Fill方法外，还有两种方法是Translate及Rotate，如图6-93所示。

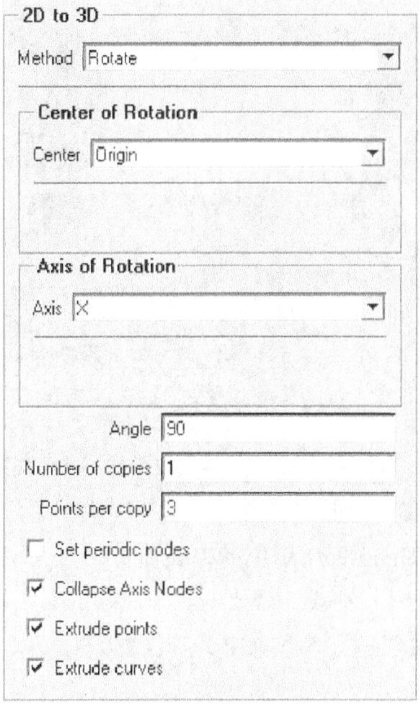

图6-93　拉伸面板

1. MultiZone Fill

此方法常常配合2D Surface Block进行操作，前面已经介绍过2D Surface Block，利用MultiZone Fill可以将2D块风和成3D块。。

2. Translate

Translate方法通常是将2D planar块沿X、Y、Z三个方向进行拉伸，用户设定拉伸距离。无需进行块的指定。拉伸距离可以为负值，表示拉伸的方向。

3. Rotate

2D块通过旋转，可以形成非常规则的3D块。其中需要指定的参数包括以下几个。

（1）Center。指定旋转中心点。可以是全局原点或用户自定义点。

（2）Axis of Rotation。指定旋转轴，可以是X、Y、Z轴，也可以是两点定义的向量。注意在定义向量时，指定点的顺序定义了向量的方向，会影响到后面旋转方向。因为旋转方向满足右手定则。

（3）Angle。旋转角度。注意此处的角度并非总旋转角度，而是一个块的旋转角度。

（4）Number of copies。旋转数量，即块的总数。此处的数量与上面的角度的乘积为总的旋转角度。

（5）Point per copy。每一个块的点数。此处的数据需要进行计算，直接影响后面网格的疏密。

其他的一些选项常常保持默认。

6.3.4 【实例6-3】弹簧网格划分

弹簧是机械行业中常见的零件，也是CAD中常用于演示扫描过程的几何体。在对弹簧进行网格划分中，也可以利用弹簧的生成思想，采用扫描的方式进行块的生成。

Step 1：导入几何体，并进行拓扑生成

启动ICEM CFD，File->Import Geometry->ParaSolid，导入几何文件ex4_1.x_t，弹出询问是否创建工程对话框，单击Yes进行创建。激活模型树中Geometry下Surface项，显示集合表面。同时单击Geometry标签页下▣按钮，采用默认对话框设置，单击Apply按钮，进行拓扑创建，创建拓扑后的几何如图6-94所示。

图6-94 导入的几何体　　　　　　　　　图6-95 创建的中心轴线（绿色）

Step 2：创建中心线

创建扫描轨迹线中心轴线。这一步骤并不是必须，但是为了提高扫描块的质量，进行辅助几何构建是值得的。选择Geometry标签页下线创建命令按钮▽，在弹出的数据窗口中选择中线创建命令按钮◢，同时在图形显示窗口中选择弹簧的两条母线，单击中键确认，最终创建如图6-95中绿色的中心轴线。

为了在后面的步骤中更好地利用这条中心轴线，需要构建该曲线的两头端点。利用Geometry标签页下点创建命令按钮◢，在弹出的数据窗口中选择▽命令按钮，在参数项中分别设置0和1（其中0表示曲线起点，1表示曲线终点），选择所创建的中心轴线进行端点创建。

Step 3：初始块的构建

利用Face沿曲线拉伸命令构建块。可以先构建一个2D Planar块，与弹簧端面的圆进行关联，然后进行简单拉伸，形成辅助块，对相应的Face进行沿曲线拉伸。因此，本步骤创建2D Planar块，与端面圆进行关联，如图6-96所示。

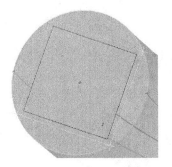

图6-96 创建2D块并与圆关联

图6-97 构建的辅助块

Step 4：辅助块创建

由于采用Face沿曲线拉伸，因此，需要先构建一个3D块，形成相应的Faces。单击Blocking标签页下块创建按钮⬚，选择弹出窗口中的2D to 3D按钮⬚，在创建方法中选择Translate，沿Z方向拉伸-4。拉伸后形成的块如图6-97所示。

Step 5：Face拉伸

单击Blocking标签页下块创建按钮⬚，选择弹出窗口中的Extrude Faces命令按钮⬚，拉伸方法选择Extrude Along Curve，选择图6-98所示的Face进行拉伸，拉伸曲线选择前面所创建的中心轴线，结束点选择曲线终点。设置Number of Layers为15。窗口设置如图6-99所示。

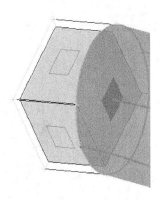

图6-98 选取Faces

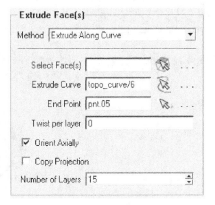

图6-99 窗口设置

拉伸后的块如图6-100所示。删除第4步创建的辅助块，并对需要关联的部分进行关联（主要是关联端面圆）。最终块如图6-101所示。

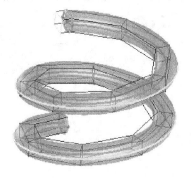

图6-100 拉伸后的块

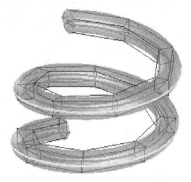

图6-101 最终块

Step 6：O型切分

选择所有的块，Face选择弹簧块端面的两Face，进行O型切分。

Step7：网格预览

测量端面圆直径为4，设置网格最大尺寸为0.5，更新块并预览网格，同时可以设置Edge参数，最终网格如图6-102所示。

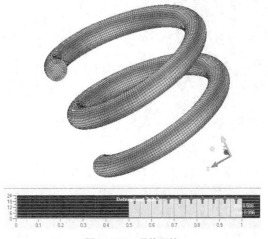

图6-102　最终网格

6.4　常见分块策略

ANSYS官方培训中提供了一些常见的网格分块策略，如图6-103～图6-113所示。

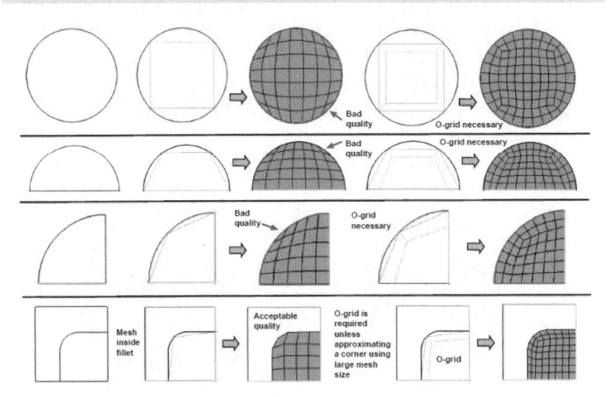

图6-103　分块策略1

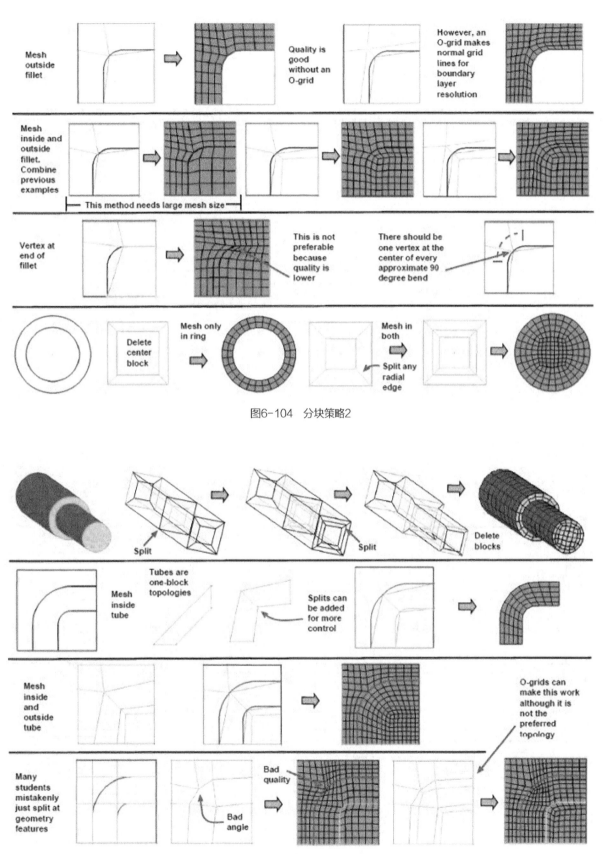

图6-104　分块策略2

图6-105　分块策略3

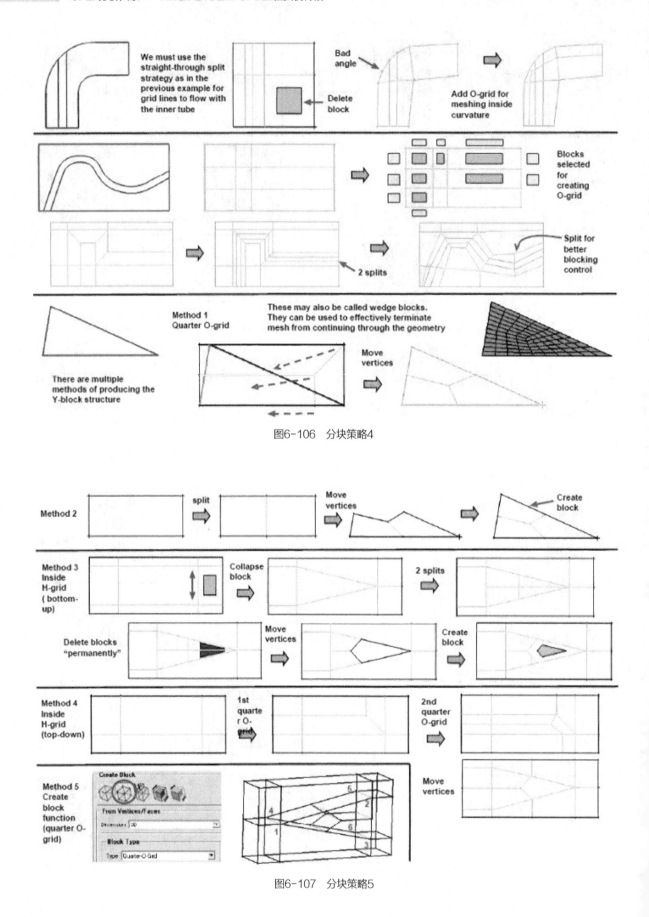

图6-106　分块策略4

图6-107　分块策略5

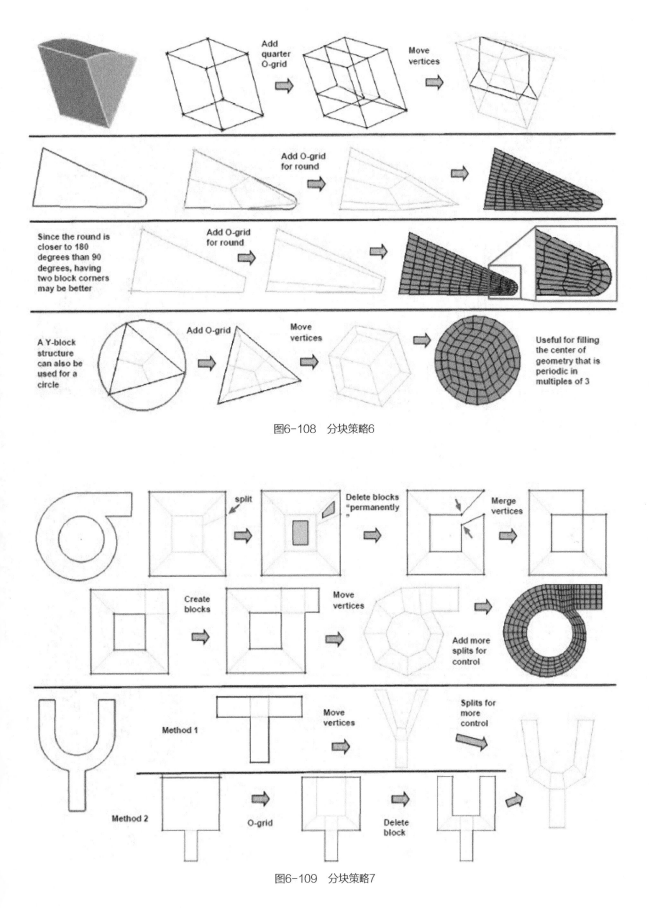

图6-108 分块策略6

图6-109 分块策略7

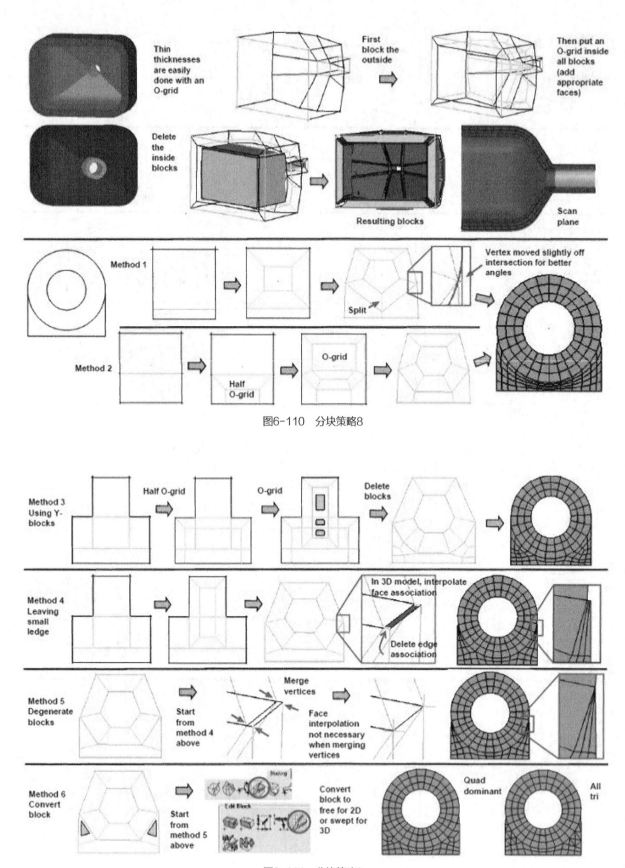

图6-110　分块策略8

图6-111　分块策略9

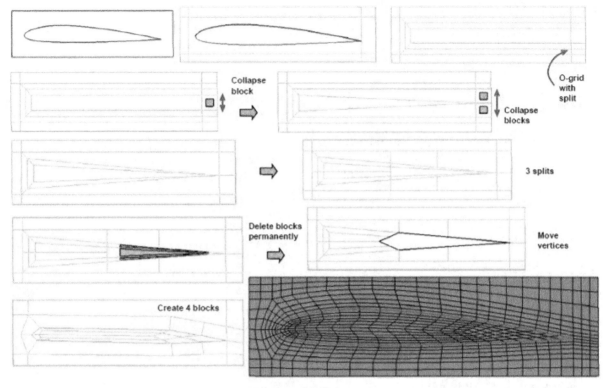

图6-112 分块策略10

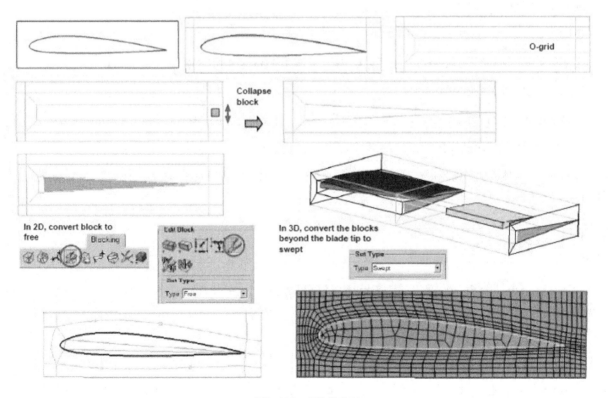

图6-113 分块策略11

6.5 块变换操作

块变换操作主要包括块平移、块旋转、块镜像、块缩放等。

6.5.1 块平移

在一些具有线性阵列的几何体中，采用块的平移 复制能大大加快工作进程。弹出的操作面板如图6-114所示。

图6-114 块平移操作面板

该操作命令的一些选项说明如下。

1. Select

选择要进行平移操作的块。

2. Copy

若激活此项，则保留原有块的位置，且可以设置需要平移块的数量。如图CAD软件中的线性阵列。

3. Transform geometry also

若激活此项，则会连同几何体一起平移。通常操作过程中不激活此项，在一些周期几何中可能用到此项。

4. Translation Method

平移方式有两种选择：Explicit及2 Points Vector。第一种方式是沿坐标轴方向平移；第二种方式为指定两点，沿着两点构造的向量进行平移。

6.5.2 块旋转

与块的平移类似，采用块的旋转 在一些环形阵列几何中应用较多。如图6-115所示为块旋转的操作面板。常用参数说明如下。

1. Rotation

设置旋转轴。可以是全局X、Y、Z轴，也可以是用户自定义向量。注意在利用向量定义旋转轴时，利用两点定义向量，第一个点为向量起点，第二个点为终点，方向为第一个点指向第二点。之所以详细说明，是因为在块的旋转中，旋转方向需要满足右手定则。

2. Angle

旋转角度。该选项配合Copy选项，可以实现圆形阵列。

3. Center of Rotation

旋转中心。默认为Origin，即全局(0，0，0)点，可以利用自定义点。

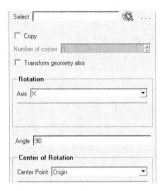

图6-115　块旋转操作面板

6.5.3　块镜像

块镜像功能在一些对称几何上应用非常广泛。镜像选项大多与旋转相同，不同之处在于需要指定一个镜像面。镜像面的指定是通过指定面法向向量来实现的。例如指定镜像面为X，则实际镜像面为YZ面。也可以通过自定义向量来指定镜像面。

6.5.4　块缩放

利用块缩放功能，可以对块进行三方向缩放。
需要指定的选项包括：X、Y、Z三方向的缩放系数，以及原点。

6.5.5　周期块复制

在一些周期几何中，在指定了周期块后，可以利用周期块复制。在模型为周期模型，而几何仅仅是一段的时候，采用此功能非常有用。周期模型的设置将在后续章节进行详细描述。常用参数说明如下。

1. Num. Copies

指定几何体复制的份数。

2. Increment parts

允许用户选择将增加的复制放入的Part。

6.5.6　【实例6-4】块平移操作

本例演示利用块平移操作构建块拓扑实现结构网格创建。实例模型如图6-116所示。

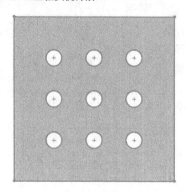

图6-116　实例几何模型

考虑几何模型的周期性，使用块平移操作实现整体块的创建。

Step 1：导入几何模型并构建拓扑

启动ICEM CFD，利用菜单【File】>【Import Geometry】，选择几何单位为millimeter，导入几何模型EX4-4.x_t，以默认参数构建几何拓扑。

Step 2：创建辅助点

按图6-117所示的操作顺序创建点。

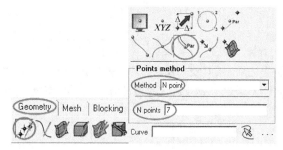

图6-117　创建辅助点

Curve选择模型的四周边线，创建的点如图6-118所示。

> **小提示**
>
> 在创建块之前创建一些辅助几何，有助于后面对块进行操作。

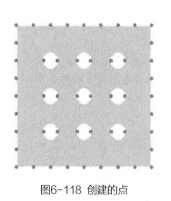

图6-118　创建的点

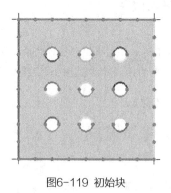

图6-119　初始块

Step 3：创建基础块

利用Blocking标签页下块创建功能命令创建2D Planar块。完成的块如图6-119所示。

Step 4：块切割

对块进行切割操作。利用指定点方式切割Edge。操作顺序如图6-120所示。

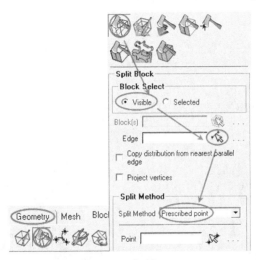

图6-120 切割Edge

切割后的块如图6-121、图6-122所示。本例为演示方便，删除多余的块。

注意

本例仅为了演示块平移操作。实际上我们直接进行切割块效率更高。

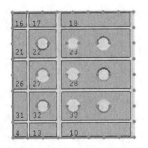

图6-121 切割块

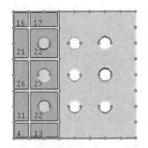

图6-122 删除块

删除图6-121和图6-122中编号为18、23、28、33、10的块。形成的块如图6-122所示。

Step 5：块平移操作

操作顺序如图6-123所示。选择图6-122中编号为17、22、27、32、13的块进行平移操作。勾选Copy按钮表示复制平移，同时设置X方向偏移量25mm。

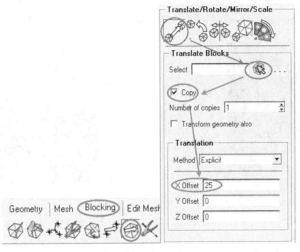

图6-123 平移复制块

小技巧

若是无法得知偏移量，可以使用ICEM CFD的几何测量功能。

一次平移完毕后的块如图6-124所示。

重复上述操作，选择图6-124中编号为12、13、14、15、11的块进行偏移，偏移量仍为X方向25。形成的块如图6-125所示。

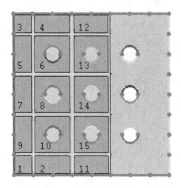

图6-124　平移一次

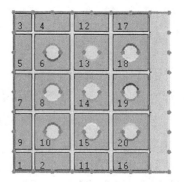

图6-125　两次平移后的块

对图6-125中编号为3、5、7、9、1的块执行平移操作，偏移量为X方向87.5mm。最终形成的块如图6-126、图6-127所示。

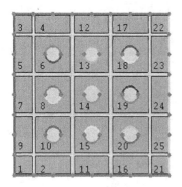

图6-126　最终块

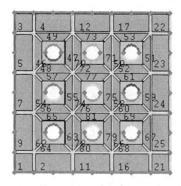

图6-127　O型切分

Step 6：执行O型切分

对圆形区域进行O型切分。并将O型切分的内部块删除，如图6-128所示。

Step 7：进行关联并生成网格

对相应的Edge进行关联，并设置网格最大尺寸为2，生成的初步网格如图6-129所示。

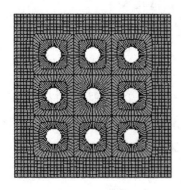

图6-128　网格

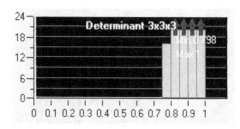

图6-129　网格质量检查

对几何块进行优化处理，并调整Edge上节点数量。最终生成网格如图6-130所示。

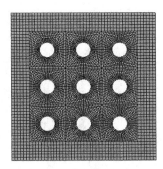

图6-130 最终网格

6.5.7 【实例6-5】块旋转操作

本实例模型如图6-131所示。其几何建模思路为圆面沿空间曲线扫描而成。划分网格时可以用4.3节的自底向上构建块方式创建全六面体网格。本例基于几何对称性采用块旋转方式构建整体块进行网格划分。

Step 1：导入几何模型并进行几何拓扑构建

导入几何模型ex4_5.x_t,并进行几何拓扑构建。构建完拓扑后的几何模型如图6-132所示。

图6-131 实例几何模型

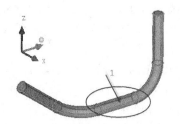

图6-132 构建完拓扑后的几何模型

Step 2：创建线上的中点

利用点与平面的方式切割几何表面。在如图6-132中标识1位置进行切割表面。首先创建线中点。按如图6-133所示操作顺序,选择如图6-134所示的线条创建线的中点。

 注意

> Parameter表示创建点的位置,0.5表示创建的为中点。该参数取值0~1。

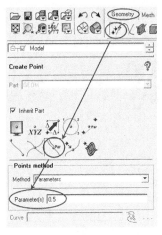

图6-133 创建中点操作步骤

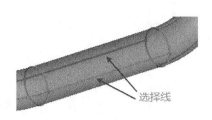

图6-134 选择线

Step 3：切割表面

选择图6-135所示操作顺序，以平面的方式切割几何表面。

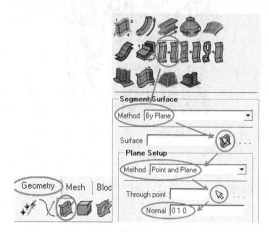

图6-135　切割几何操作步骤

参数含义如下。

（1）Method：切割方式。可选方式包括By Curve、By Plane、By Connectivity及By Angle。分别表示利用曲线分割面、利用平面分割面、以连接性进行分割、通过角度分割。

（2）Surface：选择需要分割的表面。本例选择图6-136（a）所示圆柱面。

（3）Method：由于本例采用By Plane的方式，因此需要指定Plane形成方式，可以是点与法平面的方式，也可以是三点确定平面。

（4）Through Point：选择平面的基准点。本例选择图6-136（a）所示点（即上一步创建的中点）。

（5）Normal：法平面向量。本例平面法向为y轴方向，因此设置法平面向量（0 1 0）。

切割之后的几何模型如图6-136（b）所示。

（a）　　　　　　　　　　　　　　　　　　（b）

图6-136　选择进行切分及切分后的几何

Step 4：创建Part

此处创建Part的目的在于取几何模型一半进行显示。这一步非必须。另外创建计算模型边界。

Step 5：创建几何轴线

采用图6-137所示操作顺序创建几何轴线。

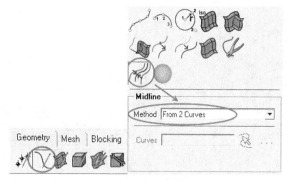

图6-137　几何轴线创建顺序

成对选择曲线创建中间线，最终创建的几何轴线如图6-138所示。

注意 -

在一些拉伸或扫描的几何模型中，创建其拉伸或扫描轴有利于提高块质量。

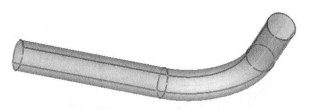

图6-138 几何轴线

Step 6：创建初始块

选择图6-138最左侧的圆柱面，创建3D Bounding Block。形成的块如图6-139所示。

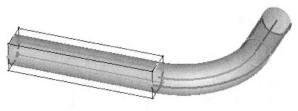

图6-139 初始块

Step 7：拉伸Face

以图6-140所示设置顺序进行块拉伸处理。

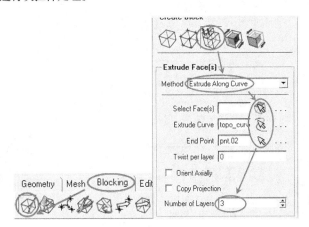

图6-140 拉伸块操作顺序

图6-140中的参数含义如下。

（1）Select Faces：选择进行拉伸的Face。选择图6-141中1所示的Face。

（2）Extrude Curve：选择拉伸曲线。选取图6-141中2所示曲线。

（3）End Point：选择图6-141中3所示位置的点。

（4）Number of Layers：设置为3。表示拉伸的块数量。

注意 -

可能在创建了中心线之后不会出现创建线的顶点，此时需要利用创建点菜单中的 ╲ 命令按钮创建线的顶点。

创建的块如图6-142所示。

图6-141 选取的几何

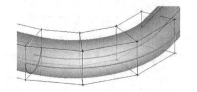

图6-142 拉伸后的块

继续拉伸形成完整的块。如图6-143所示。

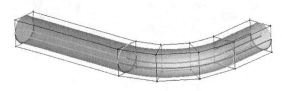

图6-143 半模块

Step 8：旋转复制块

按图6-144所示操作顺序进行块旋转操作。

设置参数如下。

（1）Select：选择需要进行旋转的块。本例选择前面步骤创建的所有块。

（2）Copy：勾选此项则会保留原始块。可以设置复制的数量。本例勾选此选项。

（3）Rotation：选择旋转轴。本例此处为X轴。

（4）Angle：旋转角度。符合右手定则，正负表示方向。本例旋转角度180°。

（5）Center Point：选择旋转中心点。选择图6-145所示的几何点。

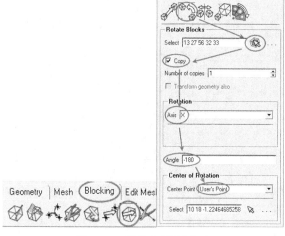

图6-144 旋转块的操作顺序

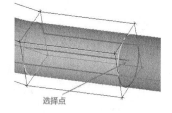

选择点

图6-145 选择点

复制旋转后的块如图6-146所示。

继续旋转，旋转对象为上一步旋转形成的块，旋转轴Y轴，旋转角度90°，旋转点不变。此时不勾选Copy选项。形成的块如图6-147所示。注意图中框选位置存在扭曲的块。

图6-146 复制旋转后的块

图6-147 扭曲的Block

Step 9：修复扭曲块

删除扭曲的块，并利用两头的Face重新构建块。修复后的块如图6-148所示。

Step 10：O型切分

选择块两头的Face，选择所有Block进行O型切分，如图6-149所示。

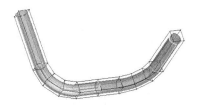

图6-148　修复后的块

图6-149　O型切分后的块

Step 11：关联及设置网格参数

进行线关联，设置最大网格尺寸0.5mm，更新预览网格并显示网格质量。最终生成的网格如图6-150所示，网格质量如图6-151所示。

图6-150　最终生成的网格

图6-151　网格质量

6.6　Edge网格参数设置

Edge参数（Edge Params）功能位于Blocking标签页的Pre-Mesh Params功能按钮下。单击此按钮后，在左下角显示的数据对象窗口中，可选择进行Edge参数设置。利用此功能，很容易设置边界层网格，控制第一层网格厚度。

6.6.1　参数设置对话框及各参数含义

Edge参数设置对话框如图6-152所示。

其中主要参数如下。

1. Edge

选择要进行参数设置的Edge，如图6-153所示。

2. Length

此参数不可设置，当选定了Edge之后，该参数框中数据无法修改。

3. Nodes

设置该Edge上的节点数。

4. Mesh law

节点分布律，稍后进行详细讲述。

5. Spacing 1

第一个节点距离边界的长度。

6. Sp1 Linked

可选项，用户参数复制。

7. Ratio 1

变化比率。

8. Spacing 2、Sp2 Linked、Ratio 2

与前面意义相同。

9. Max Space

最大节点间距。

10. Spacing Relative

激活此项，则Spacing 1及Spacing 2将会以Edge长度的百分比显示。

11. Needs Locate

锁定节点，当选择此项时，Nodes数被固定，Update All命令将不会覆盖参数，否则将会使用全局参数进行重新设定。

12. Parameters Locked

当选择此项时，该Edge上所有参数被固定，使用Update All命令不会覆盖参数，否则将会使用全局参数进行重新设定。

13. Copy Parameters

选择此项，将当前Edge上的设置信息复制至其他边。最常用的方法为复制至平行边。即在Method中选择To All Parallel Edges

Methods 中还有一些其他选项。如To Visible Parallel Edge，则将当前参数复制至与改变平行的且可见的Edge上。
To Selected Edges选项允许用户将当前参数复制至所选择的Edge上。
From Edge选项允许用户将一条Edge上的节点分布参数复制至当前所选择的edge上
Reverse选项允许在复制操作中将参数进行逆反处理。

14. Copy Absolute

若激活此选项，则从一条Edge上的精确间距将会被复制至指定的Edge上，而不会关注目标Edge的长度。

15. Linked bunching

用于调节两条边间的分布规律。使边的节点分布与参考边的节点分布保持一致。

16. Highlight dependent edges

与所选择的Edge相关的边将会以红色高亮形式显示。

17. Highlight attached faces

所选择Edge相关的面将会以黄色高亮形式显示。

18. Reverse parameters

允许用户将选择边的结束及起始位置进行倒置。

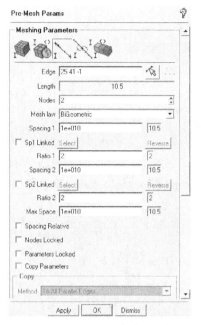

图6-152 Edge参数设置

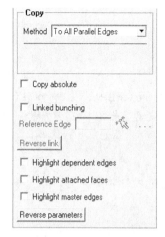

图6-153 Edge参数

6.6.2 节点分布律

Edge参数设置中一个重要概念为节点分布律。它是描述Edge上节点的分布规律，主要由spacing 1、ratio1、spacing 2、ratio2构成。ICEM CFD支持的节点分布律有：

1. BiGeometric

这是ICEM CFD默认的分布律。两个初始高度及比率定义了坐标系统中的抛物线。该坐标系统中，X轴为节点数，Y轴为沿着边累计的长度。当切线相同时，抛物线被截断，在这些节点间的间距呈线性分布。如果线性分割没有足够的长度，将会使用hyperbolic分布律，而且比率将会被忽略。

2. Uniform

节点沿边分布为均匀分布。

3. Hyperbolic

在边的首尾段间距定义了沿该边的节点双曲线分布规律。用户可以通过设置Spacing 1与Spacing 2的值进行设置。这两个值已经决定了比率，因此比率设置是无效的。

$$S_i = \frac{U_i}{2A + (1-A)U_i}$$

此处：

$$U_i = 1 + \frac{\tanh(bR_i)}{\tanh\left(\dfrac{b}{2}\right)}$$

$$R_i = \frac{i-1}{N-1} - \frac{1}{2}$$

$$A = \sqrt{\frac{Sp1}{Sp2}}$$

$$\sin b = \frac{b}{(N-1) \cdot \sqrt{Sp1 \cdot Sp2}}$$

参数限制：

$$0.000001 < Sp1 < 1$$

$$0.000001 < Sp2 < \min\left(\frac{0.999999}{(N-1)^2 Sp1}; 0.999999\right)$$

4. Poisson

Poisson分布的节点间距是根据Poisson分布律计算得到的。参数Spacing1及Spacing2被使用，Ratio1及Ratio2被忽略。映射函数的是通过求解以下微分方程获得的：

$$\frac{\mathrm{d}^2 x_0(t)}{\mathrm{d}t^2} + p(t)\frac{\mathrm{d}x_0(t)}{\mathrm{d}t} = 0$$

具有以下的边界条件：

$$x_0(1) = 0$$
$$x_0(2) = S_2 = Sp1$$
$$x_0(N-1) = S_{N-1} = 1 - Sp2$$
$$x_0(N) = S_N = 1$$

式中，$Sp1 = Spacing1$；$Sp2 = Spacing2$。

函数P要满足Neumann边界条件，通过迭代优化过程进行计算。设number为迭代次数，参数限制为

$$0 < Sp1 < 1$$
$$0 < Sp2 < 1 - Sp2$$
$$500 < number < 9999$$

5. Curvature

Curvature分布间隔根据定义的分布函数的曲率进行计算得到。

6. Geometric 1

Spacing 1用于设置第一个节点与边的起点间的距离。剩下的节点利用相同的增长率进行分布。只需要指定Spacing1与Ratio1。

该分布律利用以下方程进行节点间距计算：

$$S_i = \frac{R-1}{R^{N-1}-1}\sum_{j=2}^{i} R^{j-2}$$

式中，S_i 为从edge的起点到节点i的距离；R为比率；N为总节点数；比率的限制为0.25>R>4。

7. Geometric 2

与Geometric 1相同，但采用Spacing 2作为距离进行计算。

8. Exponential 1

本分布律由以下方程进行描述：

$$S_i = Sp1 e^{R(i-1)}$$

式中，S_i 为开始终点至节点i的距离；$Sp1$为$Spacing\ 1$；N为总节点数；R为比率，该分布律中，

$$R = \frac{-\log|(N-1)Sp1|}{N-2}$$

。

9. Exponential 2

与Exponential 1算法相同，不同之处在于采用Spacing 2及Ratio 2。

10. Biexponentia l

节点间距计算根据Expinential1与Exponential2，使用Spacing 1、Ratio 1、Spacing 2、Ratio 2定义分布。

这一分布律采用以下方程描述：$Si = \int_0^i Exp(a_0 + a_1x + a_2x^2 + a_3x^3 + a_4x^4)\mathrm{d}x$。

11. Linear

节点间距使用线性函数进行计算。

6.6.3 边界层网格

流体计算领域常说的边界层网格，实际上指的是沿壁面法向方向的节点分布律。在现实工程应用中，用户最需要关注的是第一层网格节点与壁面的距离，以及后续节点存在的分布规律。

对于湍流的发展，目前认为存在三层结构：黏性底层、核心层、过渡区，如图6-154所示。黏性底层区域为层流流动，在该区域，黏性力在动量、热量与质量的交换过程中占主导地位；在核心层区域，湍流占主导地位，而在过渡层区域，黏性力与湍流对流动影响作用相当。

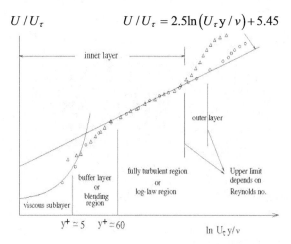

图6-154 近壁区域边界层结构

CFD求解器中的不同的湍流模型（如$k-\varepsilon$、$k-\omega$、RSM模型、Spalart-Allmaras模型等）对于黏性子层及过渡层区域的处理方式是不同的。主要存在以下两种处理方式：

（1）采用近壁面模型。这种处理方式需要在近壁面区域划分足够密的网格，要求第一层网格节点位于黏性子层区域内。通常低雷诺数湍流模型采用此种方式。

（2）壁面函数法。将近壁面第一层网格节点置于湍流核心区域内，在核心区域壁面之间采用经验函数进行处理。一般高雷诺数模型采用此种方式。

通常以$y+(\rho\mu_\nu y/\mu)$来表明第一层网格节点与壁面的无量纲距离。不同的模型和壁面处理方法对于壁面$y+$值要求不同。

①对于标准壁面函数，通常要求$y+$的范围为30~300，最好接近30。采用该壁面函数时没必要在近壁面使用过于细密的网格，因为此模型要求第一层网格节点位于湍流核心区内。

②对于增强壁面函数，用于求解粘性地层流动时，$y+$最好取1，且至少布置10层节点。

③对于Spalart-Allmaras模型，可以有两种选择，采用增强壁面函数要求，$y+=1$；采用壁面函数方法，$y+>30$。

④当使用$k-\omega$湍流模型时，其使用壁面模型法，要求$y+=1$。

⑤使用LES模型，其近壁面区域要求y+=1，且网格层数不低于15层。

上面描述了湍流模拟时的网格要求，而对于层流问题也需要在边界层内设定若干节点以捕捉边界层信息；只有当惯性力对流动影响远大于粘性力时（如高马赫数流动问题），才可以忽略边界层网格。

选择了y+之后，需要通过y+计算第一层网格节点高度。因为前处理器对于边界层的处理主要体现在第一层网格高度、膨胀率、网格层数、总边界层厚度等数值上。这4个值通常只需要3个就可以计算出第4个。

计算第一层网格高度最简单的方式是利用网络上已有的计算工具，这里有一个NASA提供的计算网页：http://geolab.larc.nasa.gov/APPS/YPlus/，可以计算第一层网格高度。其提供了以下3种计算方式。

（1）已知雷诺数、参考尺寸及y+值，计算第一层网格高度。其计算器界面如图6-155所示。

图6-155　y+计算器界面<1>

（2）利用马赫数、动压、温度、参考尺寸及y+值计算。其计算器界面如图6-156所示。

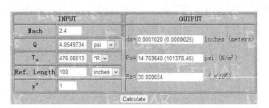

图6-156　y+计算器界面<2>

（3）利用总压、总温、马赫数、y+及参考尺寸计算，如图6-157所示。

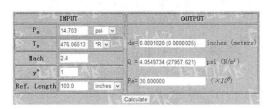

图6-157　y+计算器界面<3>

对于壁面传热、外流场计算等领域，边界层网格显得尤为重要。

6.6.3 【实例6-6】分叉管网格划分

该例为一分叉管，主要练习内容为O型切分边界层网格的建立。

Step 1：导入几何模型并建立几何拓扑

导入几何文件ex7_1.x_t至ICEM CFD，建立拓扑后如图6-158几何模型所示。

图6-158　几何模型

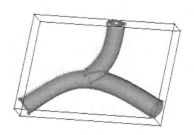

图6-159　基本块

Step 2：分块策略

对于本几何，很容易想到利用T型块，然而由于相贯线的存在，不能轻易采用直接切割的方式。若直接切割，则需要进行顶点的合并，相对较为繁琐。仔细观察相贯线部分，可以联想到使用C型切分。

Step 3：创建基本块

创建3D Bounding Box块，如图6-159所示。

Step 4：基本切割

由于相贯线的存在，所以在底部需要留下一个块，同时在中间部位需要进行一次切割。切割后的块如图6-160所示。

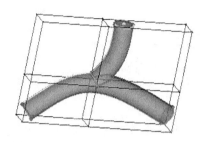

图6-160　基本切割

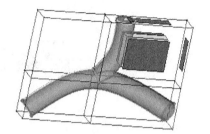

图6-161　O型切分选择的Face

Step 5：C型切割

选择如图6-161所示的face进行O型剖分（注意C型切割是O型剖分的一种）。确定后选择左边的块进行相同的操作。最终形成的块如图6-162所示。

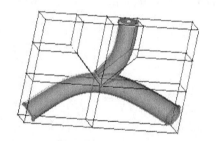

图6-162　C型切割后的块

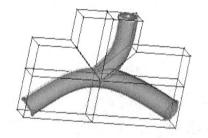

图6-163　删除多余块

Step 6：删除多余的块

将多余的块删除，最终的块如图6-163所示。

Step 7：进行Edge关联

进行Edge的关联。注意相贯线位置的关联。关联后进行对齐，最终块如图6-164所示。

Step 8：O型切分

选择图6-165所示的六个Face及所有的块，进行O型切分。

图6-164　关联后的最终块

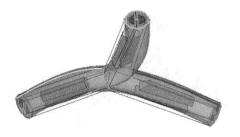

图6-165　选择6个Face进行O型切分

Step 9：设定网格参数

设定最大网格尺寸为0.5mm，进行块更新，并预览网格。所形成的网格如图6-166所示。

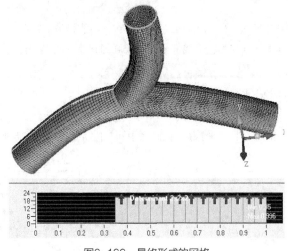

图6-166　最终形成的网格

由图6-166并未发现有负体积，因此，所划分的块并不存在问题，至于其中低质量的块，可以通过调整网格参数来进行改进。

> **Step 10：进行边界层网格处理**

图6-166的网格虽然不存在大的问题，然而对于计算来说，网格质量还是不够的。我们放大了图形可以看到边界层上只有三层网格，这显然是不够的。我们应用参数设置对话框来进行边界层网格设置。

选择Blocking标签页中的命令按钮 ，在弹出在数据窗口中选择edge参数设置按钮 ，选择图6-167箭头所示的Edge。

设置如图6-168所示的参数。

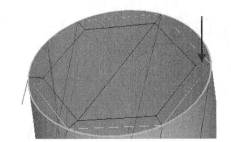

图6-167　选择Edge

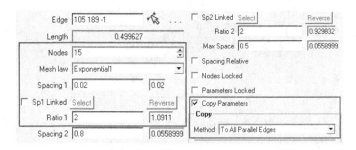

图6-168　Edge参数

网格分布律采用Exponential1，采用此分布律后，只有Spacing及Ratio 1有效，在实际应用中注意观察Edge上的箭头方向。

设定该Edge上节点数为15，第一层网格间距为0.02mm，比率为2。

勾选Copy Parameters并设置Method为To All Parallel Edge。单击Apply后预览网格。最终网格如图6-169和图6-170所示。

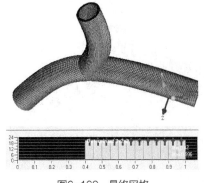

图6-169　最终网格

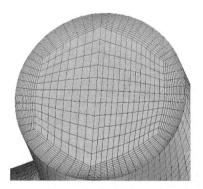

图6-170　边界位置网格分布

6.6.4 【实例6-7】外流场边界层网格

分叉管是典型的内流场计算实例。在本例中，我们关注外流场网格划分中的边界层处理方式。为方便起见，用一个较为简单的例子来进行说明。所要进行处理的几何模型为圆球绕流。为了减少计算工作量，采用了对称处理。其几何模型如图6-171所示。

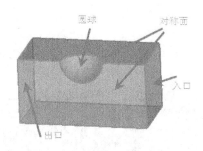

图6-171　几何模型

Step 1：导入几何文件

导入几何模型EX4_7.x_t，进行几何清理并构建拓扑。

Step 2：分块策略

本例中的几何分块方式有多种，如果为了使分块方式简便，完全可以只进行两次C型切分，然后将中间对应圆球的块删除。但是只进行O型切分的话，难以达到最好的网格质量。另外一种方式是进行直接切割，然后在局部进行O型切分。此方法能将网格质量提至最高，但是较为繁琐。本例采用折中的方式，既进行O型切分，也进行切割。

Step 3：创建基本块

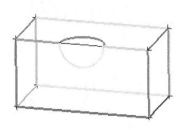

图6-172　创建基本块

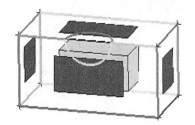

图6-173　选择Face

创建3D Bounding Box基本块，如图6-172所示。选择图6-173中的4个Face进行O型切分。切分后的块如图6-174所示。

Step 4：块切割

对所形成的块进行切割，主要目的是为了降低后续O型切分对网格质量的影响。切割后的块如图6-175所示。

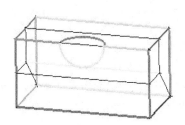

图6-174　O型切分后的块

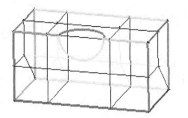

图6-175　切割后的块

Step 5：第2次O型切分

选择图6-176所示的两个Face进行O型切分。切分后删除多余的块。最终块如图6-177所示。

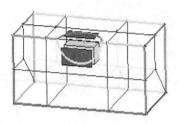

图6-176　选择Face

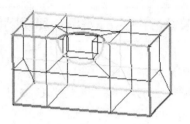

图6-177　最终块

Step 6：Edge关联并设置网格参数

进行Edge关联并对齐，设置最大网格尺寸为5mm，预览网格。最终网格如图6-178所示。

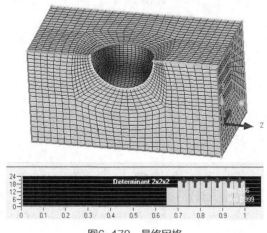

图6-178　最终网格

Step 7：边界层处理

选择如图6-179所示Edge进行参数设定。

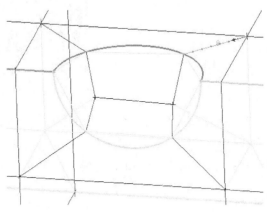

图6-179　选择Edge

需要设定的参数如图6-180所示。

设定Edge上节点数为21，采用网格分布律为BiGeometric，观察图形中边上的箭头方向是由指向壁面方向，因此调节spacing2与ratio2来控制边界层。设定第一层网格距离0.02mm，变化比率为2，同时勾选Copy Parameters，其他参数可以采用默认。

最终网格如图6-181所示。

图6-180 Edge参数设置

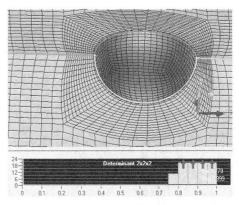

图6-181 最终网格

6.7 【实例6-8】排烟风道网格划分

Step 1：导入几何文件[1]

启动ICEM CFD，利用菜单【File】>【Import Geometry】>【Parasolid】打开实例几何文件ex4_8.x_t，单位选择Meter。在模型树Surface节点上右击，选择Solid与Transparent子菜单，以透明实体方式显示几何，如图6-182所示。

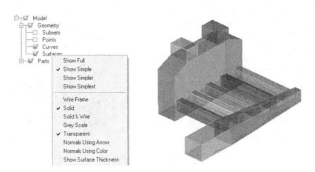

图6-182 模型几何

图6-182中的几何模型结构比较规则，采用块切分方式即可。

Step 2：几何清理

进行几何拓扑构建。利用图6-183所示操作顺序（Geometry>Repiar Geometry），利用默认参数进行几何拓扑构建。

图6-183 几何拓扑构建

Step 3：创建Part

创建进出口Part，如图6-184所示。由于出口边界条件相同，因此将两个出口面设置为一个outlet。其他默认面为wall类型。

🌐 注意 --
图中存在蓝线是由于创建几何过程中没有进行布尔操作，对于分块网格来说，这些重合面可以不用理会。

---

1 本例几何来源于网友提供，为避免不必要的麻烦，文中隐去所有与模型细节相关的数据，仅描述网格划分相关内容。

Step 4：创建基本块

利用图6-185所示操作顺序进行块构建。

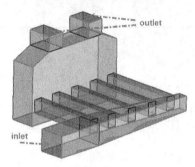

图6-184　原始几何

图6-185　生成块

选择块类型为3D Bounding Box，其他参数采用默认设置。

生成的原始块如图6-186所示。

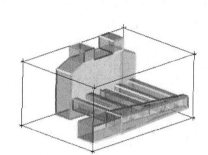

图6-186　初始块

Step 5：块切割（1）

利用图6-187所示操作顺序对原始块进行初步切割。

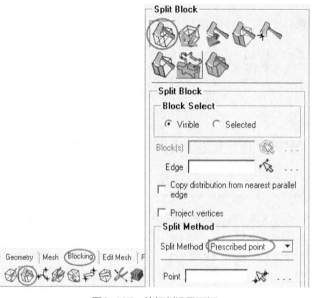

图6-187　块切割设置面板

初步切割后的块如图6-188所示。

Step 6：删除块（1）

利用Blocking标签页下删除块功能按钮✕，删除多余的块。删除后的块如图6-189所示。

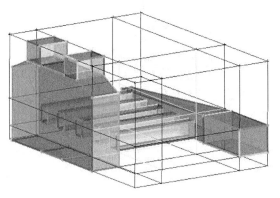

图6-188 初始切割后的块

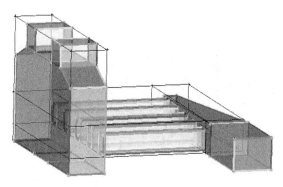

图6-189 删除多余块

Step 7：块切割（2）

切割如图6-190所示的块。

切割如图6-191所示的块。

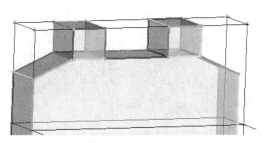

图6-190 切割位置

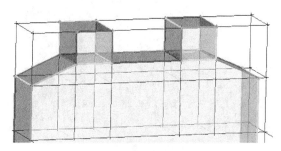

图6-191 切割块

Step 8：删除块（2）

删除多余的块。删除后的块如图6-192所示。

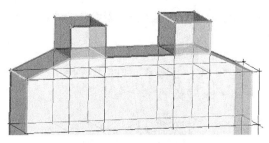

图6-192 删除多余块

Step 9：切割块（3）

切割通道位置的块，如图6-193所示。

切割完毕后形成的块如图6-194所示。

Step 10：删除块（3）

删除多余的块，最终形成的块如图6-195所示。

Step 11：进行关联操作并预览网格

对相应的线执行关联操作。设置最大网格尺寸0.5，预览生成网格如图6-196所示。

图6-193　切割位置

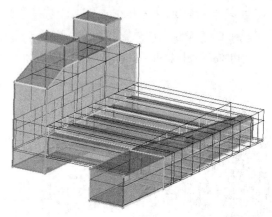

图6-194　切割后的块

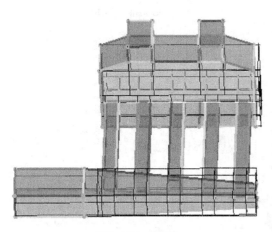

图6-195　最终块

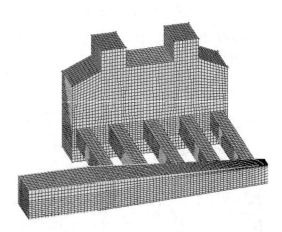

图6-196　最终形成网格

Step 12：生成并输出网格

选择菜单【File】>【Mesh】>【Load From Blocking】或在模型树菜单Pre Mesh上右击，选择Covert to unstruct mesh生成网格。

单击Output标签页下选择求解器功能按钮，设置输出求解器为ANSYS FLUENT，利用输出网格按钮输出网格。网格输出面板采用如图6-197所示设置。

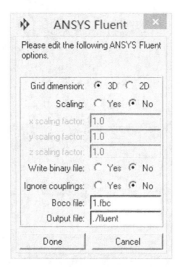

图6-197　输出网格

6.8 本章小结

ICEM CFD在六面体网格生成方面具有独特的优势，其主要思路如下。

（1）通过自顶向下（块切分）或自底向上（块组合）的方式构建原始块。

（2）通过关联操作将几何信息赋予生成的块。

（3）定义网格尺寸并生成网格。

在生成原始快的工程中，ICEM CFD提供了一些快捷的操作方式，如块旋转、块镜像、块缩放等，同时提供了Edge参数设置方法，利用该方式可以生成流体计算网格常使用的边界层网格。

第7章 ICEM CFD非结构网格划分

在网格生成过程中，若几何模型非常复杂，此时进行分块六面体网格划分则相对困难。在这种情况下，可以选择使用ICEM CFD非结构网格划分。ICEM CFD提供了一系列非结构网格划分工具，可以很高效地划分高质量的非结构网格，同时在非结构网格划分之后，还可以对生成的网格进行处理，进一步提高网格质量。

7.1 非结构网格生成

在ICEM CFD中划分非结构网格，通常可分为两个主要步骤：首先进行全局网格参数设置，包括全局网格尺寸、面网格全局设置、体网格全局设置、棱柱网格全局设置及周期网格全局设置等。其次设定part、面、线等网格尺寸，最后进行网格划分。

非结构网格划分功能位于Mesh选项卡下，如图7-1所示。从左至右依次如下。

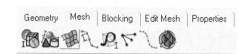

图7-1 非结构网格划分

（1）全局网格参数设定：设定网格类型及全局尺寸。

（2）part网格参数设定：按创建的part设定网格尺寸参数。

（3）面网格参数设定：设定曲面网格尺寸参数。

（4）边网格参数设定：设定选取的边上的网格尺寸参数。

（5）创建网格密度盒：通常用于网格局部加密。

（6）创建连接器：通常用于有限元网格中。在CFD模型中没有应用。

（7）网线网格划分：在指定的曲线上划分网格。

（8）网格划分：主要包括壳网格、体网格及边界层网格。

7.2 全局网格参数设置

全局网格参数设置如图7-2所示。主要包括全局网格尺寸设置、壳单元设置、体单元设置、边界层设置、周期网格设置等。

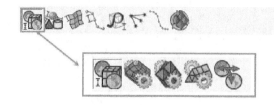

图7-2 全局参数设置

7.2.1 全局网格尺寸设置

全局网格参数设置面板如图7-3所示。通过单击mesh标签页下的全局网格设置按钮🔳，然后单击全局网格参数设置按钮🔳，可进入全局网格参数设定面板。

> 💿 说明 -----------
>
> 该面板设定的参数是针对整个几何的，优先级较低（优先级低于线面尺寸设定。如设定了全局网格尺寸为1mm，若又设置面网格为0.5mm，则划分网格时会优先使用面网格参数进行设定。未设置任何尺寸参数的几何，才会使用全局参数）。

图7-3 全局网格尺寸设置

从上至下，各参数的含义如下。

1. Global Element Scale Factor

该参数为尺寸缩放因子。通过将该参数与其他网格尺寸相乘，得到真实的网格尺寸。

例如：设定Max Element Size为4，且设定Global Element Factor为3.5，则实际最大网格单元尺寸为4×3.5=14。该参数可以是任意正数，使用该参数可以很方便地从全局角度控制网格尺寸，在做网格独立性验证时特别有用。

2. Display

若激活此选项，则会在屏幕上显示一个指定尺寸的参照网格单元。使用该选项可以使网格尺寸设置更直观，调整起来更方便。

3. Global Element Seed Size

Max element：该参数控制全局最大风格尺寸，即整个模型中网格尺寸不能超过此处的尺寸与scale factor的乘积。

建议将该尺寸设置为2的幂。因为在一些网格划分方法（如octree/patch independent）中，在网格生成时会将不是2的幂的参数圆整为最接近2的幂。

> 💿 注意 -----------
>
> 若Max Element值为0，则划分网格时会使用automatic sizing方法。该方法将使用一个默认尺寸，若没有给任何面或曲线设置比该值小的尺寸，则会在全局使用该统一网格尺寸。若设置尺寸的面少于22%，则automaticsizing方法将会设置全局最大尺寸为0.025与几何的对角线长度的乘积。若设置尺寸的面超过22%，则会将Max element设置为最大的面网格尺寸。

若Global Max Element尺寸过大（超过0.1×对角线长度），或者有面网格尺寸设置的值比该值大，则ICEM会提示用户是否使用autosizing方法进行全局网格尺寸设置。

4. Curvature/Proximity Based Refinement

当激活此选项时，网格划分时将会根据几何曲率及接近程度进行自动加密。该方法适用于平面上的大尺寸单元及高曲率的小尺寸单元。本方法是配合下方的Refinement及Element in Gap使用的，但是网格尺寸会受Min size limit限制。

注意 --

此方法只在Octree及Patch Independent划分方法中有效（体网格划分默认为octree方法）。

所有其他网格尺寸将会被圆整至2的min size limit值次幂。

5. Min size limit

指定最小网格尺寸。所有网格尺寸不能小于该尺寸。若要在屏幕上观察这一尺寸，用户可以激活Display选项。

6. Element in Gap

注意此方法只在Octree/Patch Independent划分方法中有效，用以指定间隙中的网格单元数量。若单元数量指定过多，则网格尺寸会受到min size limit值的限制。可以在此参数框中输入任何正整数值。

7. Refinement

本参数主要是用于定义沿曲率方向单元数量（实际上指定的角度，用360除以输入的值，即为每一单元的角度）。此方法在min size limit过小时，可以用于避免产生过多的网格。可以输入任意正整数值。

8. ignore Wall Thickness

激活此选项，可以避免由于Curvature/Proximity方法造成的薄壁面位置产生过多的网格。Element in Gap方法可能会导致模型网格在薄壁面位置过于加密，在这种情况下，这些区域使用相对统一且高密度的网格可能会显著的增加网格数量。激活Ignore Wall Thickness选项可以在薄壁区域使用相对较大尺寸的网格单元。使用大尺寸的单元将会使网格尺寸不再统一且可能产生低质量的网格，这些在薄壁位置出现的高长宽比的四面体网格也许会存在孔洞或不一致的角点，用户可以在Octree Tetra meshing中使用Define Thin Cuts进行处理。

7.2.2 壳网格参数

按如图7-4所示操作步骤进入壳网格参数设置。

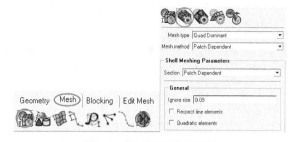

图7-4 进入壳网格参数设置

壳网格参数设置项较多，如图7-4、图7-5所示。在实际工程应用过程中灵活设置这些参数项，可以在一定程度上提高网格质量及网格生成效率。

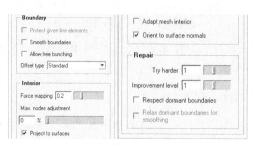

图7-5 其他壳网格参数

这些参数项的含义如下。

1. mesh type

设置全局壳网格生成类型。注意这里的网格类型指的是全局设置，若对某一单独部件进行网格类型指定，则网格生成时会以局部指定的类型优先。例如：全局指定了网格类型为四边形网格，但是对某一部件指定为三角形网格，则在最终生成网格时，该部件网格为三角形网格。网格类型主要包括以下几种。

（1）All Tri。表示生成网格为全三角形网格。

（2）Quad w/one Tri。表示每一个面均生成包含一个三角形的四边形网格。

（3）Quad Dominant。四边形占优网格。允许少量三角形出现，用于几何过渡。

（4）All Quad。生成完全四边形网格。

2. mesh method

指定全局壳网格生成算法。与mesh type类似，局部指定参数也会覆盖全局参数。主要包括以下几种网格生成方法。

（1）Autoblock。此方法主要用于映射网格或基于块的网格生成。该算法会自动计算出最适合的网格尺寸及正交性。

（2）Patch Dependent。该方法是一种针对封闭区域的自由网格生成方法。对于几何表面捕捉较好的面，此方法能够提供最好的四边形占优网格质量。

> **注意**
>
> 若选择All Tri网格类型且使用Patch Dependent网格生成算法时，曲线网格参数主要设置Height、Height Ratio及Number Layers。但是Quad网格则使用Offset Layers参数。

（3）Patch Independent。对于低质量的几何或连接性较差的表面模型，使用Patch Independent比较好。该方法使用八叉树方法创建表面网格。使用该方法不需要几何必须封闭。若网格类型使用Quad，则该方法先生成三角形网格，然后再转化为四边形网格。

> **注意**
>
> 使用Patch Independent划分网格时，其不一定遵守所设定的面网格参数。

（4）Shirinkwrap。该方法主要用于存在缝隙的STL模型文件中。其使用笛卡尔方法初始化生成所有四边形网格（包括四边形占优、三角形选项）获得最好的几何捕捉。若需要捕捉更多的细节，则可以使用Patch Independent八叉树四面体网格。

选择不同的Mesh Method，其下设置的参数存在差异。

1. 选择Autoblock

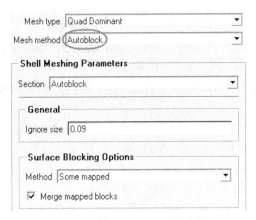

图7-6　选择Autoblock后的参数

Autoblock方法使用2D surface blocking方法划分2D壳网格，如图7-6所示。分块操作是在后台进行的。

主要设置参数包括以下内容。

（1）Ignore size。设置表面精度。若表面间距低于此值，则会对面执行合并操作。

（2）Surface Blocking Options。表面块选项，主要包括以下一些方法。

①Free。生成自由网格块。与Mesh Dependent方法相同。

②Some Mapped。生成部分映射的块。一些表面生成正交块，另一些表面采用自由块生成。

③Mostly mapped。大部分块以正交网格表面进行网格生成。该方法会对表面块进行切割，以最大可能生成正交块。

④Merge mapped blocks。尽量合并映射块以形成更大的网格划分区域。

2. 选择Patch Dependent

选择patch Dependent方法后的网格参数设置如图7-7所示。

（1）Ignore size：软件会自动计算最合适的尺寸，通常采用默认值。

（2）Respect line elements。该参数会强制在线上生成线网格，以保证节点与所设置的节点数一致。该选项在生成与已有网格连接的网格时非常有用。

（3）Quadratic element。激活该参数将会生成二次单元（即在两个节点间插入一个节点，三角形网格具有6个节点，四边形网格具有8个节点）。

 注意 ------------------------

通常只有在生成有限元网格时才会激活此选项，绝大多数CFD求解器不支持二次单元。

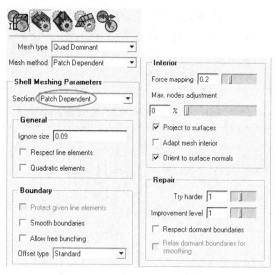

图7-7　Patch Dependent参数设置

①Protect given line elements：该项只有在设置了Ignore size参数及激活了Respect line elements选项之后才会被激活。激活该选项之后，能够保证低于Ignore size的线网格不会被移除。

②Smooth boundaries：在网格划分之后对网格边界进行光顺。该选项能够够提高网格质量，但是可能会破坏初始设定的节点间距。

③Allow free bouching：若激活该选项，则对于Patch Independent表面允许使用自由分配。

④Offset type：偏移方法。主要包括以下方法：Standard，采用沿边法向偏移，不包括角度。沿偏移方向的节点数量可能与初始边界节点数不相等；Simple，沿法向偏移，不包含角度。沿便宜方向的节点数与初始边界节点数保持一致；Forced Simple，与Simple相同，但是不包含冲突检测。

⑤Force Mapping：若面边界近似为四边形，网格生成器强制生成结构网格以达到指定的块质量。默认值为0，对于混合网格，最好指定其值为0.2。

⑥Max nodes adjustment：对于相对边节点数不同的情况下，此功能会计算节点数量百分比。对于比率低于此值的时候采用映射划分，高于此值的位置将不会使用映射划分。

⑦Project to surfaces：若激活此项，将会在生成网格后将网格映射至曲面上。若几何不包括表面，则不能激活此项。

⑧Adapt mesh interior：使用表面尺寸以粗化内部网格。例如，曲线尺寸设置为1，而表面网格尺寸设置为10，则网格将会从曲线位置以尺寸1开始，内部网格逐渐过渡到10。默认的增长率为1.5，增长率可以通过设置表面的Height Ratio参数（1~3）。低于1的值将会被取反值（如0.667会被取倒数值1.5）。高于3的值会被忽略而被默认值所取代。

⑨Orient to surface normals：壳法向与表面法向保持一致。此选项默认被激活。

⑩Try harder：共有4级，取值（0，1，2，3）。Level 0：若网格生成失败，不会进行任何修复，将会报告错误；Level 1：若网格生成失败，利用简单的三角网格划分以修复问题；Level 2：将会完成所有的level 1步骤，若可能的话，所有的level 1步骤将会被重试，但是不会合并主要曲线；Level 3：完成所有的Level 2操作，若可能的话，将会重试使用四面体划分。

⑪Improvement level：包括4级。Level 0：只进行简单的拉普拉斯光顺。保持网格拓扑不变，仅仅移动网格节点。Level 1：若网格类型为四边形占有或全三角形网格，则会对失败的网格进行STL重新划分。此项使网格生成更健壮，非常差的四边形网格会被分割为三角形。Level 2：与level 1操作相同，但是会合并三角网格为四边形以及分割四边形网格为三角形。Level 3：与level 2操作相同，但是还会将节点移出曲线以提高质量。

⑫Respect dormant boundaries：若激活此选项，所有的主导曲线及点将会被包含至网格边界定义中，该选项默认为关闭。

⑬Relax dormant boundaries for smoothing：若Mesh dormant被激活，此选项允许主导曲线及点上的节点被移动以提高网格质量。

7.2.3 体网格参数设置

体网格参数如图7-8所示。

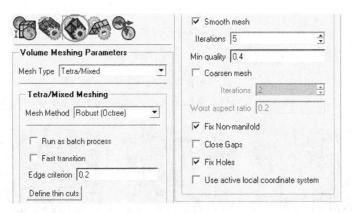

图7-8 体网格参数

Mesh Type：选择网格划分算法，主要包括3种算法：Tetra/Mixed、Hexa-Dominant、Cartesian。选择不同的网格生成算法，则具有不同的设置选项。

详细参数含义可参阅ICEM CFD User Guide。

7.2.4 棱柱网格设置

棱柱网格主要用于生成边界层网格，在生成体网格过程时，需要先设置棱柱网格参数。棱柱网格参数设置步骤如图7-9所示。

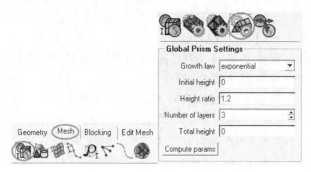

图7-9　棱柱网格参数设置

最主要的设置参数包括以下几种。

1. Growth law（增长率）

该参数用于决定计算网格层间高度所用的算法。基于初始高度、高度比及层数。主要包括以下几种方式。

（1）Linear（线性增长）。第n层网格高度以下式计算：

$$H_n = h[1+(n-1)(r-1)] \tag{7-1}$$

式中，h为初始高度；r为高度比；n为层数。

总网格高度：

$$H_{total} = nh[(n-1)(r-1)+2]/2 \tag{7-2}$$

（2）Exponential（幂律）。第n层网格高度如下。

$$H_n = hr^{n-1} \tag{7-3}$$

总网格高度如下。

$$H_{total} = h(1-r^n)/(1-r) \tag{7-4}$$

（3）WB-Exponetial。Workbench中使用的幂律格式，第n层网格高度如下。

$$H_n = \exp((r-1)(n-1)) \tag{7-5}$$

图7-10为初始高度0.05、r=1.5、n=5时，从左至右分别为线性、幂律、WB幂律格式所生成的棱柱层网格。

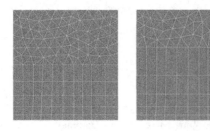

图7-10　不同幂格式形成的网格

2. Initial height

第一层网格高度。若该参数设置为0，则第一层网格高度会通过输入的网格自动计算。

> **小提示**
>
> 　　第一层网格高度非常重要，特别是涉及湍流边界层计算时。通常我们所常见的调整Y+值，实际上是调整第一层网格高度。不同的湍流模型要求不同的Y+值，即要求不同的第一层网格高度值。

3. Height ratio（高度比）

高度比亦称为膨胀率，用于通过前一层网格高度计算后一层网格高度。

4. Number of layers

棱柱网格的层数。

🔵 **小技巧**

> 对于不同的湍流模型，其对层数要求不同。通常高雷诺数湍流模型要求5~10层，而低雷诺数模型要求至少15层。

5. Total height（总高度）

棱柱网格总高度。

🔵 **注意**

> 如果初始网格高度及总高度均未设置，则棱柱层高度将会是浮动的，以生成较为光顺的体网格过渡。

其他棱柱层网格参数设置可参见ICEM CFD用户文档。

7.2.5 周期网格设置

ICEM CFD提供了周期网格设置面板，如图7-11所示。关于周期网格面板参数含义，后续章节将会详细描述。

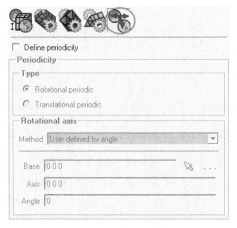

图7-11 周期指定设置界面

7.3 Part网格设置

在ICEM CFD中，可以针对不同的Part指定不同的网格设置参数。

利用Mesh标签页下功能按钮 即可进入Part网格参数设置对话框。如图7-12、图7-13所示。从Part网格参数对话框中可以对Part进行设置的网格参数包括prism、Hexa-core、max-size、Height、height ratio、num layers、tetra size ratio、tetra width、min size limit、max deviation、int wall、split wall。

Part网格参数级别低于几何对象参数设置，其参数会被更高级别的参数所覆盖。

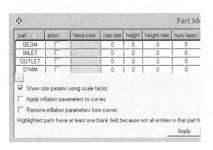

图7-12　Part网格参数

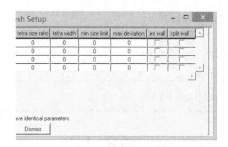

图7-13　Part网格参数

小技巧

在表头上单击，会弹出参数设置对话框，利用该对话框可以对所有part进行相同参数设置。

各参数含义如下。

1. Prism

勾选此复选框表示对该part生成棱柱层网格，用户可以随后设置Height、Height ratio及Num layers这些生成棱柱层所必须的参数。该参数可以应用于体、面以及曲线。当在ICME CFD中使用棱柱层生成器时，默认棱柱网格参数为全局棱柱网格参数（通过Mesh>Global Mesh Setup> Global Prism Settings设置），但是part参数级别高于全局参数设置，因此在Part网格参数面板中设置的参数会覆盖全局网格设置参数。设置为0表示采用全局网格参数。

2. Hexa-Core

激活此选项以六面体核心方式生成体网格。Hexa-Core网格生成参数可以通过下列操作进行：Mesh>Global Mesh Setup > Volume Meshing Parameters>Catesian Mesh Type>Hexa-Core Mesh Method。

3. Max size

指定最大网格尺寸。实际最大网格尺寸为此处设置值与Global Element Scale Factor参数的乘积。

注意

基于bodies的最大网格尺寸只能用于限制hexa-core方法的最大尺寸。对于其他方法生成网格（如BFCart、八叉树或Delaunay方法，则需要使用density region的方法设定局部最大尺寸。

4. Height

指定沿面或曲线法向的第一层网格高度。

5. Height ratio

指定网格膨胀率。该参数与前一层网格高度的乘积用于定义后一层网格高度。

该参数默认值为1.5，设置范围1.0~3.0，低于1的参数将会被取倒数（如0.667会被取倒数值1.5），高于3的参数被忽略而是用默认参数。

6. Num layers

定义从曲面或曲线增长的层数。

7. Tetra Size Ratio

控制四面体网格增长率。例如：若设置surface网格尺寸为2，设置volume网格尺寸为64，若设置ratio为1.5，则不同的算法其网格尺寸见表7-1。

表7-1 网格尺寸

Delaunay	2	3	4.5	6.75	10.13	15.19	22.78	34.17	51.26	76.89
Octree	2	2	4	4	8	8	16	32	32	64

八叉树算法会将网格尺寸以2的幂生成网格。

8. Tetra Width

以指定的max size尺寸生成指定四面体层数。

9. Min size limit

限定网格生成的最小尺寸。对于四面体网格生成，此处设置的值会覆盖通过Curvature/Proximity Based Refinement选项设置的值。实际尺寸值为设置值与Global Element Scale Factor的乘积。

此选项仅当Curvature/Proximity Based Refinement选项被激活时才有效。

10. Max Deviation

一种基于三角形或四边形面网格质心与真实几何逼近的细分方法。若距离值大于此处设置值，则网格单元会被切分且新的节点被映射到几何上。该值真实尺寸值为设置值与Global Element Scale Factor的乘积。

11. Int wall

若激活此选项，则被设置的part将会被作为内部面进行网格划分。此选项进用于Octree网格方法。若用户想要在体内部划分面网格时可以激活此选项。

12. Split Wall

若激活此选项，被设置的part会被划分为存在重叠单元及网格的分割壁面。因此壁面两侧会被当做有面网格进行处理。此选项只在Octree四面体网格时有效。

7.4 面网格参数设置

单击如图7-14所示面网格设置功能按钮![]可选定的面设置网格参数。

图7-14 进入面网格设置

🌐 **小技巧**

面网格设置级别高于Part网格参数，因此面设置的网格参数会覆盖相同位置Part网格参数。

单击选择功能按钮后会弹出如图7-15所示设置面板。

面板中绝大多数参数与Part网格参数意义相同。这里不再赘述。

图7-15　面网格设置面板

7.5　线网格参数设置

除了设置面网格参数外，用户还可以对线规定网格尺寸。单击图7-16所示功能按钮，可进入线网格参数设置。

图7-16　线网格参数设置

线网格设置参数较多，但是对于绝大多数网格划分，通常设定网格尺寸就已经足够。网格设置面板如图7-17所示。

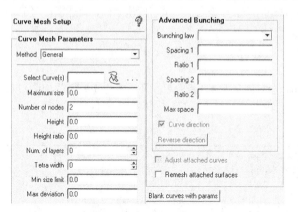

图7-17　线网格参数设置面板

详细参数含义可参见ICEM CFD用户文档。

7.6　密度盒

在CFD计算中，常常需要对流场变化剧烈区域或感兴趣区域进行网格加密处理，以提高这些区域的计算分辨率。ICEM CFD中提供了网格局部加密功能，能够很方便地实现网格局部加密。在ICEM CFD中，非结构网格划分中最主要的局部加密工具为密度盒（Density Box），其次还可以通过对低级拓扑设定较小网格尺寸来实现。而在结构网格划分中，局部加密功能则是通过调整Edge节点分布来实现。本节主要描述密度盒网格加密功能。

利用如图7-18所示功能面板进入密度盒设置。

密度盒设置面板如图7-19所示。

图7-19 密度盒设置

图7-18 Density Box按钮

面板中的一些参数含义如下。

（1）Name：指定密度盒的名称。该参数并不重要，只是用于区分多个密度盒。

（2）Size：指定最大网格尺寸。真实尺寸为输入值与Global Scale Factor的乘积。

（3）Ratio：指定远离密度区域的四面体网格增长率。

（4）Width：用于指定密度区域的影响范围。对于点或线类型密度区域，size与width的乘积即为密度区域影响半径。

（5）Density Location：用于定义密度区域，主要包括以下两种方式。

①Point。指定一个或多个点定义密度区的边界。

②Entity bounds。选择几何对象，利用该几何对象的边界作为密度区域边界。

> **注意**
>
> 密度盒并非几何的一部分，只是用于控制网格生成的区域，因此网格节点并不会严格约束于密度区域。密度盒只会影响到四面体、笛卡尔网格及Patch Independent面网格方法。

7.7 网格生成

当所有的网格参数设定完毕后，即可生成网格。利用图7-20所示方法生成网格。

图7-20 网格生成功能按钮

单击选择图7-20所示网格生成功能按钮后，弹出如图7-21所示的数据输入窗口。如图中所标志的位置可以看出，ICEM CFD根据所生成网格类型不同，分为面网格生成、体网格生成及棱柱网格生成3个不同的功能按钮。

图7-21 网格生成设置面板

7.8 【实例7-1】分支管非结构网格划分

Step 1：启动ICEM CFD

（1）启动ICEM CFD14.5，导入模型设置如图7-22所示。

（2）单击菜单【File】>【Import Geometry】>【Parasolid】，弹出文件选择对话框。

（3）选择文件ex5-1.x_t，单击打开按钮确认文件选择。

（4）在ICME CFD左下角数据窗口中，选择单位制为Millimeter。

（5）单击Apply或OK按钮确认操作。

（6）弹出Create new project确认对话框，单击Yes按钮创建工程。

（7）右击模型树节点Surface，以Solid方式显示几何。几何模型如图7-23所示。

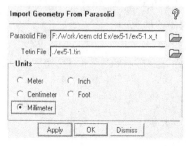

图7-22 导入模型设置

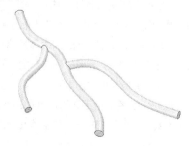

图7-23 几何模型

Step 2：构建几何拓扑

（1）选择Geometry标签页，选择Repair Geometry按钮 。

（2）在左下角操作窗口中选择Builid Diagnostic Topology工具按钮 。

（3）采用默认设置参数，单击Apply进行几何拓扑构建。

Step 3：创建Part

本例需要创建5个part，其中包含1个入口、3个出口以及壁面。

（1）删除多余的Part，模型树中PART_2、PART_3、PART_4是多余的Part。如图7-24所示操作删除Part。

（2）用鼠标右键单击模型树节点Parts，选择菜单Create Part，如图7-25所示。

（3）左下角设置窗口中，设置Part名称为velocity_inlet，选择面积最大的圆面，单击Apply创建Part。

（4）同样的步骤创建其他4个Part：Pressure_outlet_1、Pressure_outlet_2、Pressure_outlet_3、Walls。

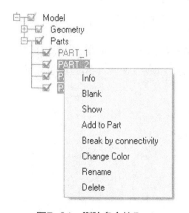

图7-24 删除多余的Part

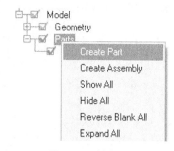

图7-25 创建Part

定义完毕后的模型树节点及几何如图7-26所示。图中除开指定面之外所有面为walls。

Step 4：定义网格尺寸

（1）单击Mesh标签页，选择Part Mesh Setup按钮 。

（2）在弹出的Part Mesh Setup对话框中进行如图7-27所示设置。

（3）单击Apply按钮确认操作。

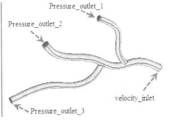

图7-26 模型树节点及Part定义

part	prism	hexa-core	max size	height	height ratio	num layers
CREATED_MATERIAL_8						
PART_1			1	0.1		
PRESSURE_OUTLET_1			1	0.1	0	0
PRESSURE_OUTLET_3			1	0.1	0	0
VELOCITY_INLET			1	0.1	0	0
WALLS	✔		1	0.1	1.25	3

图7-27 设置网格参数

Step 5：定义线网格尺寸

这一步并非必须，仅为了加密相贯线位置网格。

（1）进入Mesh标签页，选择按钮。

（2）在左侧设置面板中Select Curves选择4条相贯线。

（3）设置Maximum Size参数为0.1。

（4）单击Apply确认操作。

Step 6：生成网格

（1）进入Mesh标签页，选择按钮。

（2）在左下角设置面板中选择Volume Mesh按钮。

（3）激活选项Create Prism Layer。

（4）单击Apply按钮生成网格。

Step 7：光顺网格

（1）进入Edit Mesh标签页。

（2）选择Smooth Mesh Globally按钮。

（3）左下角设置面板中设置Smoothing iterations参数为5，设置Up to value参数值为0.4，其他参数保持默认。

（4）单击Apply按钮进行网格光顺。

最终生成网格如图7-28所示。

Step 8：输出网格

（1）进入Output标签页，选择Create Solver按钮。

（2）选择Output Solver为ANSYS FLUENT，单击Apply按钮确认。

（3）单击Output标签页下Write input按钮。

（4）按软件提示操作输出网格文件。

图7-28 最终网格

7.9 【实例7-2】活塞阀装配体网格划分

（1）启动ICEM CFD，单击菜单【File】>【Change Working Dir…】，设置工作路径。

（2）单击菜单【File】>【Geometry】>【Open Geometry】，在弹出的文件选择对话框中选择模型文件ex5-2.tin。

（3）右击树形菜单节点Surface，在弹出的菜单中选择Solid及Transparent，如图7-29所示。显示几何体如图7-30所示。

（4）选择标签页Geometry，单击按钮🖾，左下角设置面板中点击拓扑构建按钮🖾，激活选项Filter Curves及Filter Points，单击Apply按钮进行几何拓扑构建。

> **注意**
>
> 在划分非结构网格过程中，几何特征线非常重要。因此对于导入的几何体，通常需要进行拓扑构建工作。另外拓扑构建还用于几何面检测。

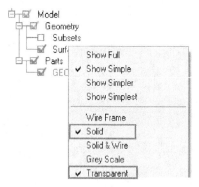

图7-29 设置面显示方式

图7-30 显示的几何体

（1）右击树形菜单节点Parts，在弹出的菜单中选择Create Part。

（2）创建如图7-31所示的Part。

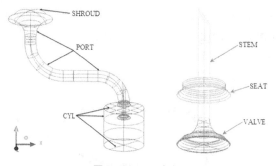

图7-31 Part命名

（1）进入Geometry标签页，选择Body创建工具按钮🖾。

（2）选择PORT上两点，创建Body，确保创建的Body位于PORT内部。

> **注意**
>
> Body对应于求解器中的计算域。若没有显式的定义Body，在划分网格过程中，软件会默认创建Body。

Step 4：设置全局网格尺寸

（1）进入Mesh标签页，选择Global Mesh Setup按钮🔧，在左下角设置面板中选择全局网格尺寸设置按钮🔧，如图7-32所示。

（2）设置Scale factor参数为0.6。

（3）设置Max element参数值为128。

（4）激活选项Curvature/Proximity Based Refinement，设置Min Size参数值为1。

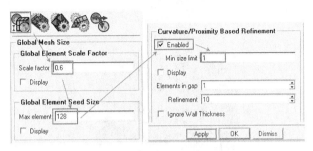

图7-32　设置全局网格尺寸

Step 5：定义体网格尺寸

（1）进入Mesh标签页，选择Gloabal Mesh Setup功能按钮🔧，在左下角设置面板中选择Volume Meshing Parameters功能按钮●。

（2）单击按钮Define thin cuts，弹出如图7-33所示对话框，单击Select按钮，在弹出的部件选择对话框中，选择部件PORT及STEM，如图7-34所示。选择完毕后的Thin cuts定义对话框如图7-35所示。单击Done按钮完成Thin cuts定义。

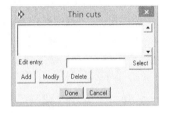

图7-33　定义Thin cuts

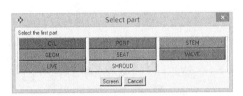

图7-34　选择部件

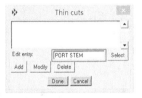

图7-35　定义Thin cuts

> 💬 **说明**
>
> Thin cuts主要用于部件间距小于定义的部件网格尺寸的情况下，有助于改善网格质量。

Step 6：定义面网格尺寸

（1）进入Mesh标签页，选择面网格尺寸设置按钮🔧。

（2）在左下角设置面板中，单击按钮🔧，选择图形显示窗口中的所有面，设置Maximum Size参数值为16。

（3）单击Apply按钮确认操作。

Step 7：定义边界层网格

进入Mesh标签页，选择部件网格参数设置按钮🔧，设置如图7-36所示设置面板。

part	prism △	hexa-core	max size
CYL	☑		16
GEOM	☑		0
LIVE	☐	☐	
PORT	☑		16
SEAT	☑		16
SHROUD	☐		16
STEM	☑		16
VALVE	☑		16

图7-36　部件参数设置

Step 8：生成网格

（1）进入Mesh标签页，选择Compute Mesh按钮🚸，在左下角设置面板中，确认激活选项Create Prism Layers。

（2）单击Compute按钮，生成最终网格，如图7-37所示。

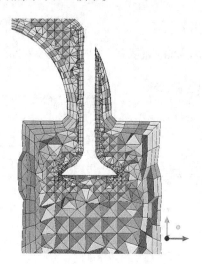

图7-37 最终生成网格

第 8 章

ICEM CFD常用技巧

8.1 ICEM CFD快捷键

ICEM CFD中存在诸多快捷键操作，熟练使用这些快捷键有利于提高工作效率。ICEM CFD中将快捷键按照标签页不同而进行分类，即在不同的标签页下存在不同的快捷键。灵活地运用这些快捷键，能大大地提高网格划分效率。需要注意的是，ICEM CFD中的快捷键是与相应的标签页有关的。如Geometry标签页下的快捷键只在该标签页激活的状态下才有效。快捷键主要集中在以下一些标签页下：Geometry、Edit Mesh、Blocking，还包括一些关于屏幕选择的快捷键。

8.1.1 Geometry快捷键

Geometry标签页下的快捷键如图8-1所示。

 注意

这些快捷键是在Grometry标签页被激活的状态下才有效的。

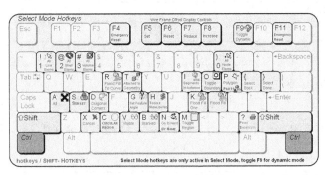

图8-1　Geometry快捷键

快捷键说明见表8-1。

表8-1　快捷键

快捷键	功能说明	备　　注
a	合并曲线	
b	创建拓扑	
d	删除对象	
g	连接曲线	将多条曲线连接在一起
h	Home position	实际上是以最合适的大小显示几何
j	以实体/线框的形式显示几何	一个切换按钮
p	投影点到曲线上	

快捷键	功能说明	备 注
s	分割曲线	
X	退出所有选择	
Z	放大区域	
Shift-c	创建曲面	
Shift-i	Isometric视图显示	
Shift-p	将点投影到曲面上	
Shift-r	反转视图	
Shift-x	YZ视图	
Shift-y	XZ视图	
Shift-z	XY视图	
Ctrl-c	从点创建曲线	
Ctrl-d	永久删除对象	
Ctrl-g	利用点分割曲线	
Ctrl-m	复制/移动对象	
Ctrl-p	将曲线投影至曲面上	
Ctrl-s	利用曲线分割曲面	
Ctrl-y	Redo	前进（对任何操作有效）
Ctrl-z	Undo	后退（对任何操作有效）
F11	紧急重置	操作太快导致键盘被锁定时很有用
F4	紧急重置	
F5	线框偏移显示	
F6	将线框偏移显示设置为0	将线框相对于面作一定的偏移，便于观察
F7	增加线框偏移显示	
F8	减小线框偏移显示	
Enter	确认	

8.1.2 Edit Mesh快捷键

ICEM CFD提供了相当多的Edit Mesh功能按钮，同时也提供了很多快捷键以提高网格编辑效率。如图8-2所示为网格编辑快捷键分布。

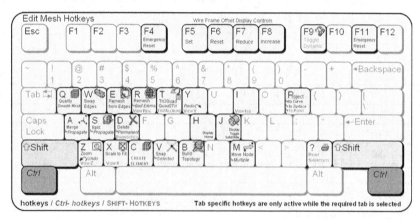

图8-2 网格编辑快捷键

关于快捷键的说明见表8-2。

表8-2 网格编辑快捷键

快捷键	功能说明	备 注
a	合并节点	
b	修补网格	
d	删除单元	删除选择的单元
e	从edge创建网格	
m	移动节点	
p	将节点投影至曲线上	该功能使用较多
q	网格质量度量	
r	单元重划分	对所选择的单元重新划分
s	分割edge	
t	转换网格类型	
v	捕捉投影节点	
w	交换edge	
z	缩放显示	
Shift-c	创建单元	
Shift-d	网格诊断	用于检测网格是否符合要求
Shift-p	将节点投影至点上	
Ctrl-a	合并节点	
Ctrl-m	移动多个节点	
Ctrl-p	投影节点到曲面上	
Ctrl-q	网格质量直方图	用得非常的多
Ctrl-r	重划分低质量单元	
Ctrl-t	将四边形网格转换为三角形	
F11	紧急重置	键盘被锁定时使用
F4	紧急重置	
F5	线框偏移显示	
F6	将线框偏移显示设置为0	
F7	增加线框偏移显示	
F8	减小线框偏移显示	
Enter	确认	

8.1.3 Blocking快捷键

Blocking主要用于块结构网格的创建。如图8-3所示为Blocking的快捷键分布。

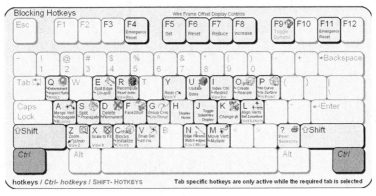

图8-3 Blocking快捷键分布

快捷键说明见表8-3。

表8-3 Blocking快捷键

快捷键	功能说明	备 注
a	合并顶点	此处的顶点指块的角点
e	编辑edge	
f	将face关联到曲面上	
g	群组或解除群组曲线	多条曲线可以组合在一起，曲线组合不同于曲线连接
i	索引控制	主要用于选择
l	对齐顶点	
m	移动顶点	
n	Pre-mesh参数	
O	O型剖分	
P	关联edge到curve	
Q	网格质量显示	
S	切分块	
U	更新尺寸	
V	Snap投影顶点	常说的对齐顶点
Shift-c	创建块	
Shift-i	Isometric视图	正等侧视图
Shift-l	设置edge长度	
Shift-n	缩放尺寸	
Shift-p	将顶点关联至点上	
Ctrl-a	合并节点	网格生成之后才有效
Ctrl-m	移动多个节点	网格生成之后才有效
Ctrl-p	投影节点到曲面上	网格生成之后才有效
Ctrl-q	网格质量直方图	网格生成之后才有效
Ctrl-r	重划分低质量单元	网格生成之后才有效
Ctrl-s	切分选择的edge	
F11	紧急重置	键盘被锁定时使用
F4	紧急重置	
F5	线框偏移显示	
F6	将线框偏移显示设置为0	
F7	增加线框偏移显示	
F8	减小线框偏移显示	
Enter	确认	

8.1.4 选择模式快捷键

在不同的时候，采用合适的对象选择模式，往往可以提高操作效率。ICEM CFD提供了如图8-4所示的选择模式快捷键。此快捷键可以应用于任何需要选择的时刻。

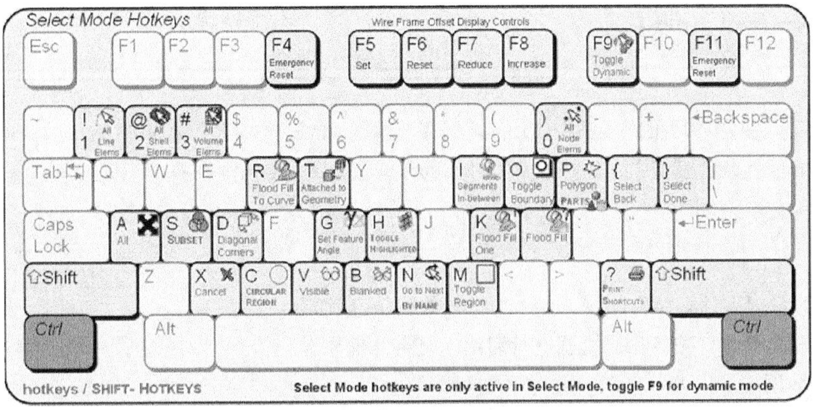

图8-4 选择模式快捷键

快捷键功能详细说明见表8-4。

表8-4 选择模式快捷键

快 捷 键	功能说明	备 注
0	选择所有的点单元	
1	选择所有的线单元	
2	选择所有的面单元	
3	选择所有的体单元	
a	选择所有对象	
b	选择所有空白对象	与反选功能相同
Shift-c	圆形区域选择	
d	矩形区域框选	
g	设置特征角	
h	高亮开关	
i	Segment in Between	
k	Flood Fill One (Select Attached Layer)	
l	Flood Fill	
m	Toggle Region	
n	Go to Next by Name	
o	Toggle Boundary	
p	以多边形方式选择	
r	Flood Fill to Curve (Select Attached until Curve)	
t	选择与几何相关联的对象	
v	选择所有可见	与需求的对象类型有关
x	退出选择模式	
[	后退选择	清除已选择的对象
]	接受选择对象	对于没有鼠标的笔记本电脑来说非常有用
F9	在选择与不选择之间切换	非常常用的功能。例如在选择时需要变换几何视图的时候
enter	Apply	

8.2 创建多区域网格

多区域网格在CFD计算中应用很广，例如使用多坐标系模型（如MRF、MP或滑移网格）时，常常需要创建多个计算域。在一些几何结构非常复杂的模型中，也常常使用多区域切割划分网格的方式以提高工作效率。稍微总结一下，多区域网格主要应用于以下一些场合。

（1）利用多参考系模型计算旋转问题，如水力机械效率仿真计算。

（2）网格划分效率考虑。先将几何模型进行切割，复杂几何用非结构网格划分，简单几何用结构网格划分，然后将部件网格组成成整体网格。

（3）计算模型的需要。有一些物理现象需要创建多个计算域，如共轭传热问题计算。

（4）后处理需要。有时候需要输出特定区域的物理量，此时利用多区域网格能够提高后处理效率。

（5）特殊前处理需要。有时候在前处理过程中，需要对某一特定区域进行初始化，此时可以考虑创建多区域网格。

在ICEM CFD中，创建多区域网格常常用到以下一些功能。

（1）创建Body进行计算区域标定。

（2）利用几何分割功能进行模型切分，通常利用的是面切割。

（3）网格模型组装。

而在将多区域网格输出至求解器中，则常常需要进行Interface指定。

8.2.1 Interface与Interior

在CFD计算过程中，常常会遇到Interface与Interior的问题。例如在FLUENT中，Interface与Interior都是边界类型，但它们存在以下一些差异。

（1）Interface是模型边界，换句话说是单面边界。而Interior实际上是控制体边界，通常存在于网格模型内部，为双面边界。严格意义上说，Interior不能算作几何上的边界。

（2）Interface只有在成功配对之后才会允许数据传递，未配对的地方会作为壁面处理。Interior本身是计算域内部边界，无需任何设置即可传递数据。

8.2.2 【实例8-1】非结构网格多计算域模型

本例原始几何如图8-5所示。本例要进行的工作：在ICEM CFD中切分出多区域计算中需要的交界面，并划分网格。

图8-5 原始几何模型

图8-6 分界面位置

分界面位置如图8-6所示。

Step 1：启动ICEM CFD并导入几何

（1）启动ICEM CFD14.5，设置工作路径。

（2）单击菜单【File】>【Import Geometry】>【Parasolid】，在弹出的文件选择对话框中选择模型文件ex6-1.x_t。

（3）在左下角设置窗口中选择units为Millimeter。

（4）单击Apply按钮确认导入几何。

（5）右击树形菜单，在弹出的上下文菜单中选择Solid及Transparent，以透明实体的方式显示几何模型，如图8-7所示。

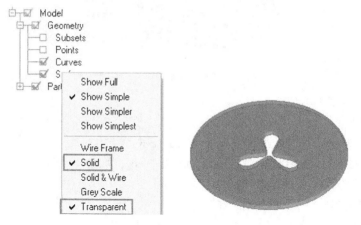

图8-7　显示原始几何模型

Step 2：创建切割圆弧

基本思路：创建圆切割平面，然后利用两条弧线构建切割圆柱面。

（1）选择标签页Geometry，选择点创建按钮，在左下角弹出的设置面板中选择圆心创建工具。

（2）分别在几何上下圆弧上选择三个点，软件会自动创建对应的圆弧圆心。若点无法显示，检查一下树形菜单节点Point是否已被勾选上。创建后的圆形如图8-8中箭头所指。

（3）以圆心为基准点，分别创建X、Y方向偏移60的两个点。

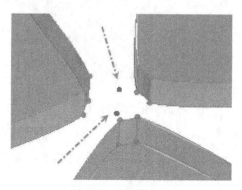

图8-8　创建圆心点

（4）选择Geometry标签页下的线创建按钮，在左下角设置面板中选择圆弧创建工具，选择圆心及创建的两个点，绘制圆。

（5）用同样的步骤创建第二个圆。

Step 3：切分面

（1）进入Geometry标签页，选择面创建按钮，在左下角设置面板中选择面分割功能按钮，确保切割方法Method选项为By Curve。

（2）选择要创建的圆面，单击鼠标中键，选择上一步创建的圆作为面分割线，单击中键切割面，如图8-9所示。

（3）用同样的步骤切割另一圆面。

Step 4：创建切割面

（1）进入Geometry标签页，选择面创建按钮，在左下角设置面板中选择曲面创建按钮。

（2）在图形显示窗口中选择两个圆线，创建圆柱面，如图8-10所示。

图8-9　切割面

该切割面将作为Interface交界面。

Step 5：创建Body及Part

本例以分界面为界，需要创建两个Body：inner_body及out_body。

（1）进入Geometry标签页，选择Body创建按钮▣，创建内外body，如图8-10所示。

（2）右击模型操作树节点Parts，创建相应的Part。

（3）确保前面创建的圆柱分界面添加至独立的Part中。

⊙ **注意** -

　　本步操作非常重要，Part定义对应着求解器中的边界命名，Body操作对应着求解器中的计算域。若未定义好，在后期求解器设置过程中会相当麻烦。将分界面置于独立的Part中，主要是为了网格划分方便。

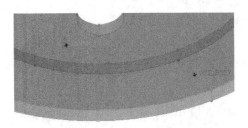

图8-10　创建的Body

Step 6：定义网格参数

本例的主要目的在于演示多区域网格创建方法，因此不详细描述网格参数设置方法。

（1）进入Mesh标签页，选择Part网格设置功能按钮▣。

（2）设置如图8-11所示网格参数（注意图中其他未显示参数为默认）。

（3）确保激活Interface的split wall选项被激活。

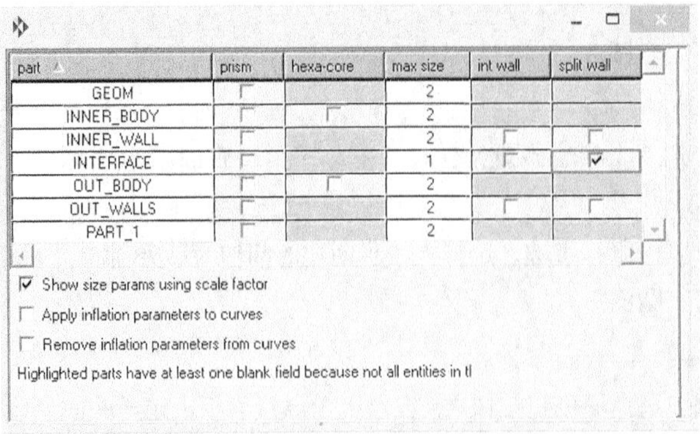

part	prism	hexa-core	max size	int wall	split wall
GEOM	☐		2		
INNER_BODY	☐	☐	2		
INNER_WALL	☐		2	☐	☐
INTERFACE	☐		1	☐	☑
OUT_BODY	☐	☐	2		
OUT_WALLS	☐		2	☐	☐
PART_1	☐		2		

☑ Show size params using scale factor

☐ Apply inflation parameters to curves

☐ Remove inflation parameters from curves

Highlighted parts have at least one blank field because not all entities in tl

图8-11　网格参数

Step 7：生成网格并进行网格光顺

（1）进入Mesh标签页，选择网格生成功能按钮，在左下角设置面板中选择体网格生成按钮。

（2）保持默认参数，选择Compute按钮生成网格。

（3）进入Edit Mesh标签页，选择网格光顺按钮，在左下角参数设置面板中设置Up to value值为0.5，单击Apply按钮进行网格光顺。

生成的网格如图8-12所示。

图8-12　生成的网格

Step 8：输出网格

（1）进入Output标签页，单击求解器选择功能按钮，设置output solver为ANSYS FLUENT。

（2）单击output标签页下write input按钮，输出计算网格fluent.msh。

Step 9：FLUENT中检查网格

这一步检查区域及边界条件是否合乎要求。

（1）以3D方式启动FLUENT14.5，导入网格文件fluent.msh。在网格导入过程中，文本窗口中出现如图8-13所示提示，表示FLUENT会创建新的交界面。

```
Building...
      mesh
Note: Separating interface zone 15 into zones 15 and 2.
      interface -> interface (15) and interface:002 (2)
      materials,
```

图8-13　网格提示

（2）进入模型操作树节点Cell Zone Conditions，检查右侧面板中的计算域列表，如图8-14所示。从图中可以看出，存在两个计算域inner_body及out_body，正是前面在ICEM CFD中创建的Body。

（3）进入模型操作树节点Boundary Conditions，查看边界列表，如图8-15所示。列表中存在两个interface边界：interface与interface:002。其中interface为前面ICEM CFD中创建的part，而interface:002为FLUENT所创建。

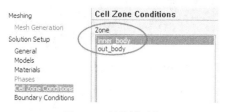

图8-14　计算域列表

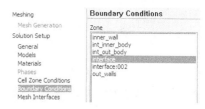

图8-15　边界列表

💠 注意 -

　　读者需要利用Mesh Interface节点创建interface及interface:002之间的分界面，否则无法通过网格检查，流体也不会连通。

8.2.3 【实例8-2】结构网格多计算域模型

本例演示多区域模型结构网格划分。采用ICEM CFD创建几何模型并进行网格划分。

Step 1：启动ICEM CFD

（1）启动ICEM CFD14.5。

（2）单击菜单【File】>【Change Working Directory】，设置工作路径。

📍注意 --

工作路径不能包含有中文字，否则可能会出错。

Step 2：创建几何模型

（1）进入Geometry标签页，选择创建面功能按钮，左下角设置面板中选择创建标准曲面创建功能按钮。

（2）创建Box，如图8-16所示，创建X，Y方向长度为1，Z方向长度为10的长方体。

图8-16　创建几何模型

Step 3：切分面

（1）进入Geometry标签页，选择创建点功能按钮，左下角设置面板中单击按钮，图形显示窗口中选择模型长边，在边上创建中点。

（2）单击面创建功能按钮，在左下角设置面板中选择面分割功能按钮，在参数设置面板中设置Method为By Plane，选择4个侧面，选择Plane Setup Method为Point and Plane，设置Normal为（1，0，0），表示该平面为yz平面，如图8-17所示。切割后的几何如图8-18所示。

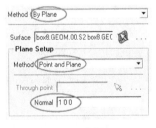

图8-17　切割表面

图8-18　切割后的几何

Step 4：创建分界面

利用切割线创建面，该面将作为分界面。

（1）单击面创建功能按钮，在左下角设置面板中选择创建面功能按钮。

（2）选择上一步操作形成的4条切割线创建面。

Step 5：Part创建

（1）右击树形菜单Parts，在弹出的上下文菜单中单击Create Part。

（2）创建相应的Part，注意将Step 4创建的面放入独立的Part中，命名为Interface。

Step 6：创建并切割块

（1）进入Blocking标签页，选择块创建功能按钮◈。

（2）左下角设置面板中，创建Part为DOMAIN的3D Bounding Box块。

（3）选择标签页功能按钮◈，在面切割位置进行块切割操作，切割后的块如图8-19所示。

图8-19　切割后的块

Step 7：添加块至Part中

（1）树形菜单上右击节点Parts。

（2）如图8-20所示，设置Part为UP_DOMAIN，单击图中所示按钮，选择相应的Block。

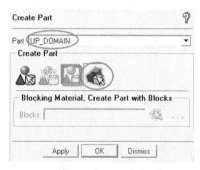

图8-20　添加Block至Part中

💠注意

此步操作非常重要，否则在求解器中无法识别多个计算域。

以相同的步骤，创建另一个Part，放置另一个Block。

Step 8：块的关联操作

（1）进入Blocking标签页，选择关联功能按钮◈。

（2）选择线关联按钮◈进行线关联操作，建议对所有的Edge进行关联。

（3）选择面关联按钮◈进行面关联操作。关联如图8-21中箭头所指Face至前面步骤所创建的Part Interface上。

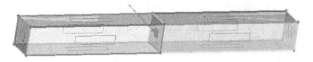

图8-21　面关联操作

💠注意

对本例来说，面关联操作非常重要，若不进行此步操作，在导出网格后会无法识别Interface边界。

Step 9：网格参数设置及更新

（1）选择Mesh标签页，选择全局网格设置功能按钮◈。

（2）选择Global Mesh Size设置按钮◈，设置Max element参数为0.1，单击Apply按钮确认操作。

（3）选择Blocking标签页，选择Pre-Mesh Params功能按钮，保持默认参数，单击Apply按钮进行网格更新。

（4）选择树形菜单节点Pre-Mesh前的小方块预览网格。

Step 10：生成网格并导出网格

（1）单击菜单【File】>【Mesh】>【Load from Blocking】，生成网格。

（2）单击Output标签页，选择求解器选择功能按钮，设置output Solver为ANSYS Fluent。

（3）单击Output标签页下的输出网格功能按钮，输出网格文件fluent.msh。

Step 11：FLUENT中查看生成的网格

（1）以3D方式启动FLUENT14.5，导入生成的网格文件。

（2）单击模型操作树节点Cell Zone Conditions，查看右侧设置面板中计算域列表，如图8-22所示。

（3）单击模型操作树节点Boundary Conditions，查看右侧面板中边界列表，如图8-23所示，列表框中只有interface边界，且其类型为interface，无法创建Mesh Interface。

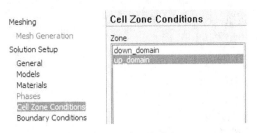
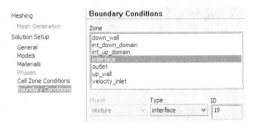

图8-22　计算域列表　　　　　　　　　　图8-23　边界列表

此时分为以下三种情况。

（1）若两个流体域介质均为流体，可将Type先改为wall，再改为interior。

（2）若两个计算域一个为固体域，一个为流体域，读者可将Type改为wall，此时FLUENT会创建影子壁面，默认为耦合壁面形式。

（3）若一定要创建mesh interface，则需要使用网格组装的方式进行。

8.2.4　【实例8-3】网格模型组装

网格模型组装主要是利用到uns文件，其主要思路为：在建模软件中分别导出计算域模型，利用ICEM CFD对各自计算域进行网格划分并生成uns网格文件，然后导入网格文件实现模型组装。本例采用实例8-1中的几何模型。

Step 1：切割并导出几何

本例几何切割工作在Workbench DM模块中进行切割，操作思路如下。

（1）启动DM模块，导入几何文件ex6-3.x_t。

（2）绘制切割圆草图，利用拉伸操作完成几何切割操作，如图8-24所示。

详细操作可参看随书视频。

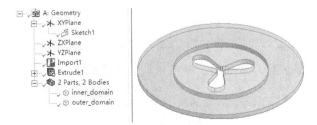

图8-24　切割后的几何模型

（1）在树形菜单上右击节点inner_domain，选择弹出菜单Suppress Body，如图8-25所示。

（2）单击菜单【File】>【Export…】，输出几何体outer_domain。

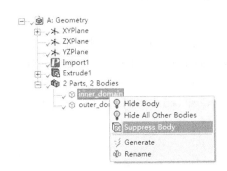

图8-25 抑制几何

（3）右击节点inner_domain，选择菜单UnSuppress Body，恢复几何体inner_domain，同时抑制outer_domain，单击菜单【File】>【Export…】输出几何体inner_domain。

Step 2：ICEM CFD划分网格

在ICEM CFD中分别划分inner_domain.x_t及outer_domain.x_t，采用四面体网格划分inner_domain，利用六面体网格划分outer_domain，具体划分方式从略，详细过程可见随书视频。网格划分过程中需要注意以下问题。

（1）创建Part过程中，注意创建交界面Part。

（2）分界面位置网格尺寸尽量保持接近，相差过大的网格尺寸在计算过程中可能会造成较大的数值误差。

操作步骤如下。

（1）导入outer_domain.x_t，进行Part创建、块切分、关联、网格尺寸参数设置，利用菜单【File】>【Mesh】>【Load from Blocking】生成网格文件；利用菜单【File】>【Mesh】>【Save mesh as…】保存网格文件outer_domain.uns。利用菜单【File】>【Close Project】关闭当前工程。

（2）导入几何inner_domain.x_t，创建Part、创建Body、设置网格尺寸，划分四面体网格，如图8-26所示。利用菜单【File】>【Mesh】>【Save mesh as…】保存网格文件inner_domain.uns。利用菜单【File】>【Close Project】关闭当前工程。

（3）利用菜单【File】>【Mesh】>【Open Mesh…】，在弹出的文件选择对话框中选择网格文件outer_domain.uns，同样的步骤打开inner_domain.uns文件，在提示对话框中选择Merge按钮，如图8-27所示。合并后的网格如图8-28所示。

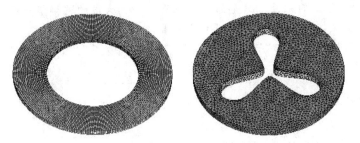

图8-26 导入的网格

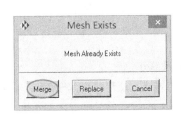

图8-27 警告对话框

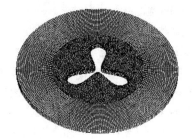

图8-28 合并后的网格

Step 3：输出网格

按一般的方法输出网格fluent.msh。

Step 4：FLUENT中检查网格

（1）以3D方式启动FLUENT14.5，导入前一步输出的网格文件fluent.msh。

（2）单击模型操作树节点Cell Zone Condtions，查看右侧计算域列表，如图8-29所示，从图中可以看出计算域列表中包含两个计算域：inner_domain及outer_domain。

（3）单击模型操作树节点Boundary Conditions，右侧面板中检查边界列表，如图8-30所示。图中包含两个interface边界：interface与interface:002。

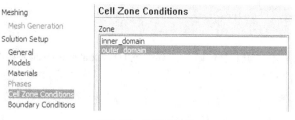

图8-29　计算域列表

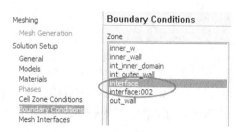

图8-30　边界列表

读者可以在mesh interface节点中创建interface对。

8.3　创建周期网格

在CFD领域常常会出现周期流动现象，对于此种现象的数值计算，通常要求创建周期网格。周期网格要求周期面上的网格节点一一对应。ICEM CFD中提供了专门的命令按钮进行周期网格创建。对于不同的网格划分方式（分块六面体网格或非结构网格），创建周期网格的步骤略有不同，其主要差别在于：划分非结构网格时，只需要对几何进行周期指定，而在分块划分六面网格过程中，除了需要对几何进行周期指定，还需要对block上的顶点指定周期性。

🌐 **注意** --

在ICEM CFD中指定周期性，只是为了保证周期面上生成的网格节点逐一对应，其无法将边界类型指定为Periodic，因此在计算求解器中还需要改变其边界类型。

8.3.1　指定几何周期

划分周期网格，首先需要定义周期性，操作顺序如图8-31所示。

（1）选择Mesh标签页。

（2）选择全局网格设置功能按钮🖫。

（3）选择周期网格创建功能按钮🖫。

（4）勾选Define periodicity复选框，激活周期定义设置。

激活周期定义设置后，弹出如图8-32所示的周期设置面板。

在周期设置面板中，可以定义以下两种周期类型（如图8-32中框选部分）。

（1）Rotational periodic（旋转周期）。定义旋转周期需要指定基准点、旋转轴及旋转角度，需要注意的是旋转方向满足右手定则。通常旋转轴利用三坐标分量来表示（如100表示x轴）。

（2）Translational periodic（平移周期）。平移周期只需要指定平移量。该平移量以x、y、z三方向的平移量进行定义。

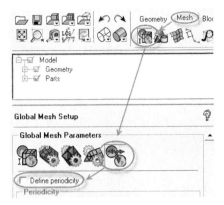

图8-31 添加周期性　　　　　　　　　　　　　图8-32 周期设置

 注意

> ICEM CFD中的周期定义均是针对整个几何。软件自动搜索对应的周期面。

8.3.2 周期顶点定义

若采用分块划分六面体周期网格，除了需要定义几何周期性外，还需要对顶点指定周期。采用如图8-33所示操作步骤。

（1）进入Blocking标签页。

（2）选择Edit Block功能按钮。

（3）选择顶点周期定义功能按钮。

如图8-34所示，设置面板中包括以下3个主要功能选项。

（1）Create。创建周期顶点，选择互为周期的顶点对。

（2）Remove。删除周期顶点对。

（3）Auto Create。对于较简单的分块，ICEM CFD能够自动进行顶点对的识别与创建。

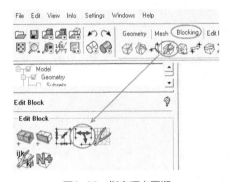

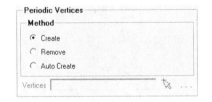

图8-33 指定顶点周期　　　　　　　　　　图8-34 顶点对创建功能面板

为进一步了解周期网格的定义及创建步骤，下面以4个具体实例对周期网格创建过程进行描述。

8.3.3 【实例8-4】2D旋转周期网格

本例主要演示在ICEM CFD中创建2D几何的旋转周期网格，采用两种方式：非结构三角形网格及分块四边形网格。

几何模型如图8-35所示，箭头所指两条边为周期边界。计算区域为60°平面圆环区域，其中水平向右为X轴方向，竖直向上为Y轴方向，垂直纸面向外为Z轴方向。创建该周期区域的网格。

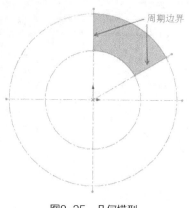

图8-35　几何模型

Step 1：导入计算模型

进入ICEM CFD，利用菜单【File】>【Import Geometry】>【Parasolid】，在打开的文件对话框中选择几何文件ex7_1.x_t，弹出的选项中选择单位Millimeter，如图8-36所示。

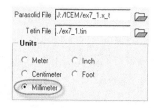

图8-36　导入几何文件

图8-37　确认创建工程

弹出询问是否创建项目工程，选择【Yes】按钮，如图8-37所示。

Step 2：调整显示选项

在模型树上右击节点Surface，在弹出的菜单中选择Solid及Transparent。勾选模型树中的Points节点，如图8-38所示。调整显示选项后图形显示窗口中几何模型如图8-39所示。

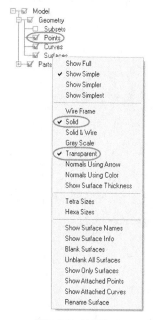

图8-38　显示选项

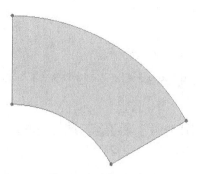

图8-39　模型显示

Step 3：创建圆心

由于建立几何周期性需要利用到旋转轴心，本例旋转轴心为同心圆的圆心位置。

进入【Blocking】标签页，单击创建功能按钮，在功能设置面板中选择圆心创建功能按钮，如图8-40所示。

在图形显示面板中任选圆弧上不重合的三点，右击确认选择，程序自动创建圆心。创建的圆心如图8-41所示。

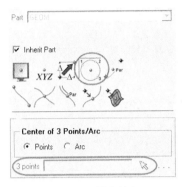

图8-40　圆心创建

图8-41　创建的圆心

Step 4：Part创建

构建拓扑并创建如图8-42所示的Part。

Step 5：创建几何旋转周期

进入几何周期创建设置面板，如图8-43所示。

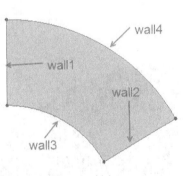

图8-42　创建Part

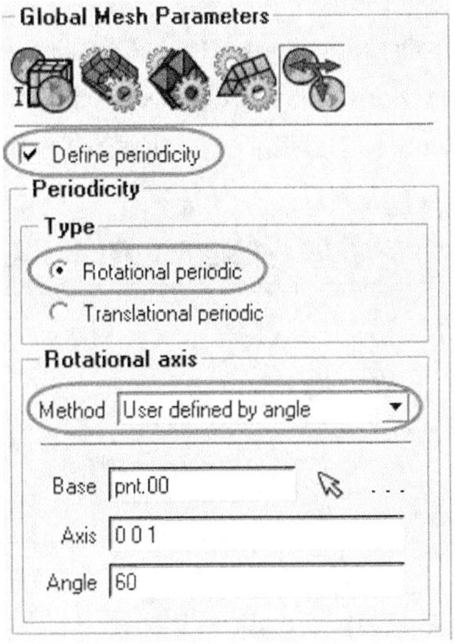

图8-43　周期创建

进行如下设置。

（1）勾选Define periodicity选项，激活周期定义。

（2）选择Rotational periodic创建旋转周期。

（3）旋转轴定义方法选择User defined by angle。

（4）Base：选择上一步创建的圆心，单击鼠标中键确认选择。

（5）Axis：设置为0 0 1，表示旋转轴为Z方向。

（6）Angel：周期角度为60°。

单击【Apply】按钮创建几何周期。

Step 6：设置全局网格参数

如图8-44所示顺序设置全局网格参数，设置最大网格尺寸为2mm。

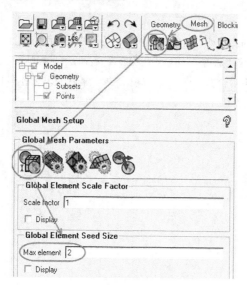

图8-44　全局网格参数设置

Step 7：创建非结构网格

本例几何可以很方便地划分四边形结构网格，不过这里为了演示，将其划分为全三角形网格。按如图8-45所示设置顺序进行面网格划分。

（1）进入【Mesh】标签页，选择网格生成功能按钮🔘。

（2）选择面网格生成按钮🔘。

（3）勾选Overwrite Surface Preset/Default Mesh type，设置Mesh type为All Tri。

（4）勾选Overwrite Surface Preset/Default Mesh Method，设置Mesh Method为Patch Dependent。

单击【Apply】进行网格生成。生成的网格如图8-46所示。

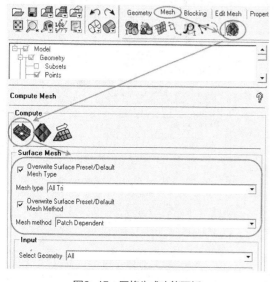

图8-45　网格生成功能面板

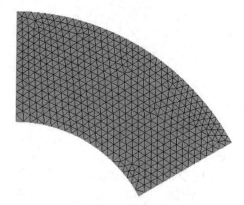

图8-46　非结构网格

Step 8：周期方式观察网格

选择菜单【View】>【Mirrors and Replicates】，数据输入窗口中按图8-47所示设置：激活Replicate by rotation with项，设置旋转中心坐标（0，0，0），旋转轴为z轴（0，0，1），设置旋转角度60°，复制次数为5，单击【Apply】确认操作。

显示网格如图8-48所示。

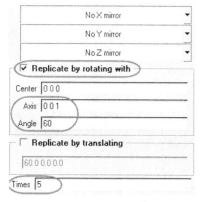

图8-47 周期网格查看

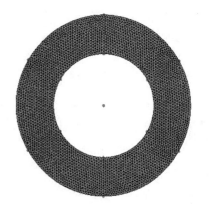

图8-48 复制5次后的网格

注意

利用此方法进行周期网格查看并不会复制网格，也就是说，将网格导出至求解器后仍是1/6圆环。若要复制网格，需要使用Edit Mesh标签页下相关命令按钮实现。

Step 9：输出网格

选择【Output】标签页下指定求解器功能按钮■，如图8-49所示。

图8-49 指定功能按钮

指定求解器类型为ANSYS FLUENT，如图8-50所示。

单击【Output】标签页下网格输出功能按钮■，在弹出的对话框中选择Yes，如图8-51所示。

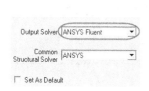

图8-50 设定输出求解器

图8-51 确认对话框

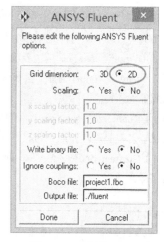

图8-52 网格输出设置

在随后弹出的选择网格文件对话框中选择生成的uns网格文件，选择打开按钮。在其后弹出的对话框（见图8-52）中选择Grid dimension为2D，单击Done按钮输出网格。

Step 10：在FLUENT中创建周期边界

ICEM CFD生成的网格文件导入到FLUENT中，其边界会被默认为wall类型，需要在FLUETN中利用TUI命令创建周期边界。需要注意的是，若没有在ICEM CFD中指定几何周期性，则生成的网格在周期边界上的节点可能不会一一对应，这样在利用TUI命令生成周期边界时会报错。换句话说，在ICEM CFD中设置几何周期性是为了保证周期边界上网格节点的一一对应。

打开FLUENT，选择2D求解器，如图8-53所示。

启动FLUENT之后，利用菜单【File】>【Read】>【Mesh】，在打开的文件选择对话框中选择前面生成的网格文件FLUENT.MSH。

利用图8-54所示操作顺序，查看wall1、wall2的ID分别为10与11。

图8-53　打开FLUENT　　　　　　　　　　　　　　　　图8-54　查看边界ID

用户也可以用TUI命令查看边界ID，TUI命令格式如下。

Mesh/modify-zones/list-zones

如图8-55所示，很容易查看出wall1与wall2的边界ID分别为10和11。

利用TUI命令：mesh/modify-zones/make-periodic创建周期网格，如图8-56所示。

```
> mesh/modify-zones/list-zones
 id  name              type           material         kind
---- -------           ---------      ----------       ----
  8  part_1            fluid          air              cell
  9  int_part_1        interior                        face
 10  wall1             wall           aluminum         face
 11  wall2             wall           aluminum         face
 12  wall3             wall           aluminum         face
 13  wall4             wall           aluminum         face
```

```
> mesh/modify-zones/make-periodic
Periodic zone [()] 10
Shadow zone [()] 11
Rotational periodic? (if no, translational) [yes] yes
Create periodic zones? [yes] yes

   all 15 faces matched for zones 10 and 11.

   zone 11 deleted

   created periodic zones.
```

图8-55　TUI命令查看边界ID　　　　　　　　　　　图8-56　创建周期网格

该TUI命令采用询问式交互的方式进行输入，以下是各询问项的含义。

（1）Periodic zone：周期边界ID，本例中可以输入10或11。

（2）shadow zone：与前面输入的周期边界相对应的另一周期边界。若前面输入10，这里需要输入11，若前面输入11，则此处输入10。

（3）Rotational periodic?：询问是否创建的旋转周期，若为旋转周期，则可以直接按回车键确认，也可输入yes后回车确认。若不是旋转周期，则需要输入no后确认，则创建平移周期。

（4）Create periodic Zones?：询问是否创建周期边界，默认值为yes，直接回车确认即可。当然若不想创建周期边界，可以输入no。

注意

在成功创建周期边界后，shadow zone会被删除。

此时再查看boundary condition中的边界信息，可以看到wall2被删除，且wall1的边界类型被修改为periodic周期边界。此时可以通过图8-57下方按钮Periodic Conditions设置周期边界条件。关于周期边界条件的设置问题，后续章节进行详细介绍。

非结构周期边界网格创建到此完毕，下面叙述的是创建分块结构网格周期边界的步骤，Step 1~Step 6与非结构周期边界创建相同，下面从Step 7开始介绍。

Step 11：创建基础块

按图8-58所示步骤创建初始2D Planar块。

图8-57 边界条件面板

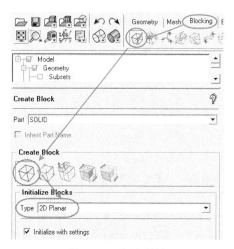

图8-58 创建初始块

初始块如图8-59所示，为讲述方便，将vertices编号显示在屏幕上，如左上角顶点编号为13、右上角顶点为21、左下角顶点编号为11、右下角顶点编号为19。

Step 12：指定顶点周期

按图8-60所示步骤设置顶点周期。

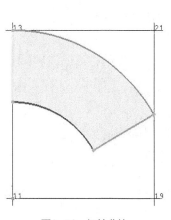

图8-59 初始分块

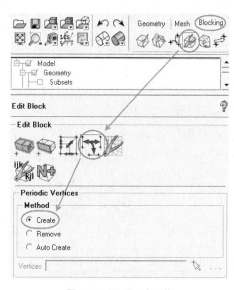

图8-60 设置顶点周期

在选择vertices时，成对选择，其中13与21组成一个周期对，11与19成对。注意在选择vertices时，先选择的vertices在配对之后不会移动，如图8-61及图8-62所示，vertices点击顺序为21、13、19、11。

💭说明

在一些复杂的几何中，为了防止vertices移动导致关联困难，可以先对点进行关联。当然，之前关联还是之后关联都不会对网格产生影响。

Step 13：关联设置

建立如图8-63和图8-64所示的关联关系。ICEM CFD中2D网格需要每一特征几何边完全关联，若存在关联不全的情况，则生成的几何导入到求解器中会报错。

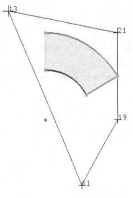

图8-61 设置周期后的顶点

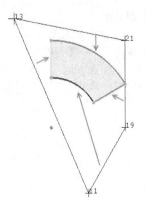

图8-62 关联关系

说明 ----

在对周期块进行关联时，可以先进行点关联。

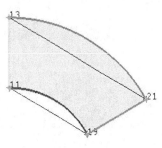

图8-63 点关联

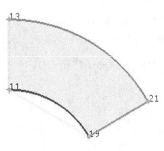

图8-64 线关联

关联完毕后几何模型如图8-64所示。

Step 14：更新块

按图8-65所示操作顺序，对创建的几何块进行更新。

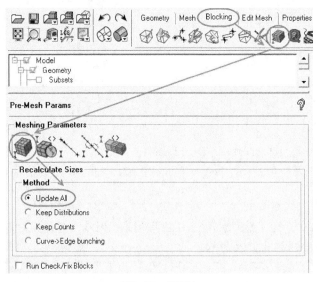

图8-65 更新块

Step 15：查看网格

勾选模型树菜单中Blocking节点下的Pre-Mesh子节点进行网格预览。生成的网格如图8-66所示。

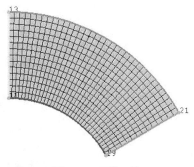

图8-66 预览网格

在模型树Pre-mesh节点上右击，选择Convert to unstruct Mesh，或使用菜单【File】>【Mesh】>【Load From Blocking】生成uns网格文件。

之后的步骤与三角形非结构网格步骤完全相同，这里不再赘述。

8.3.4 【实例8-5】2D平移周期网格

本例的几何模型如图8-67所示。箭头所指边界为周期边界。该几何模型为平移周期边界，平移尺寸为60mm。本例只讲述分块四边形周期网格划分方法。

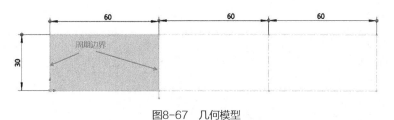

图8-67 几何模型

启动ICEM CFD，导入几何模型文件EX7_2.x_t，选择单位Millimeter。

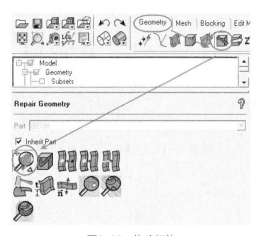

图8-68 构建拓扑

按图8-68所示操作步骤，进行几何拓扑构造。拓扑构建面板中采用默认参数设置。拓扑构造完毕后，创建名称如图8-69所示的Part。

Step 2：设置几何周期性

按图8-70所示操作顺序进行几何周期性设置。

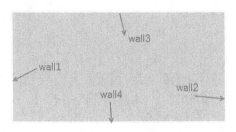

图8-69　Part名称

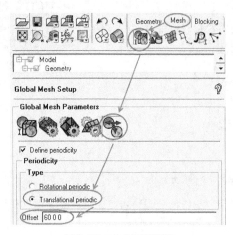

图8-70　几何周期设置

（1）选择Mesh标签页下全局网格设置功能按钮🔧。

（2）在数据输入窗口中，选择定义几何周期性功能按钮🔧。

（3）激活Define periodicity选项，选择Translational periodic类型。

（4）设置偏移向量（6 0 0）。

单击【Apply】按钮创建几何周期性。

Step 3：创建基本块

按图8-71所示顺序，创建2D Planar块。

创建的初始块如图8-72所示。

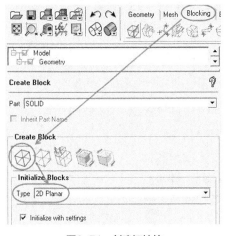

图8-71　创建初始块

图8-72　初始块

Step 4：定义vertices周期

按图8-73所示操作顺序定义块上顶点的周期性。顶点周期对为：vertices13与vertices21，vertices11与vertices19。

Step 5：进行关联

采用Edge关联功能定义所有edge与相应的curve关联。

Step 6：全局网格尺寸定义

设置全局网格尺寸为2。

Step 7：更新block及预览网格

预览的网格如图8-74所示。

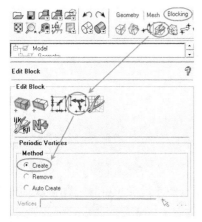

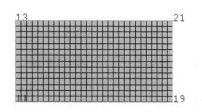

图8-73　定义顶点周期性　　　　　　　　　　　　　　图8-74　网格

Step 8：观察周期网格

选择菜单【View】>【Mirrors and Replicates】，数据输入窗口中进行操作。所示设置：激活Replicate by translating项，设置平移量(60 0 0)，复制次数为2，单击【Apply】确认操作，如图8-75所示。

显示网格如图8-76所示。

图8-75　周期网格查看　　　　　　　　　　　　　　　　图8-76　显示的网格

🔘 注意

> 使用此方法只是显示周期网格，并不会真的生成网格。若要真正复制网格，则需要利用Edit Mesh标签页下相关功能按钮实现。

Step 9：输出网格

通过在模型树节点Pre-mesh上右击选择Convert to Unstruct Mesh生成网格。

利用output标签页下输出网格功能按钮🖲输出求解器所接受的网格类型。

利用FLUENT进行周期边界类型转换与之前的例子中步骤完全相同，这里不再赘述。

8.3.5 【实例8-6】3D旋转周期网格

3D几何周期网格划分步骤与2D几何完全相同，唯一的差异在于进行顶点周期设置时需要注意对周期面上相应顶点进行设置。因此这里简要描述其设置步骤。本例几何模型如图8-77所示，为六分之一圆环体，两个矩形面为周期面。

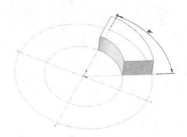

图8-77　几何模型

（1）启动ICEM CFD，利用菜单【File】>【Import Geometry】>【ParaSolid】菜单项，在弹出的文件选择框中选择几何文件EX6_6.x_t。

（2）单击选择Geometry标签页下几何修复功能按钮■。

（3）在数据输入窗口中选择构建几何拓扑功能按钮，采用默认参数设置，构建几何拓扑。以Solid及Transparent方式显示几何模型。

如图8-78所示，wall1与wall2为周期面，旋转轴为Z轴，旋转角度为60°。新建Part，将对应的面放置在part中（Z轴最大圆环面wall3，Z轴下方圆环面wall4，内圆柱面cylinder1，外圆柱面cylinder2）。建立part之后的模型树如图8-79所示。

图8-78　几何模型

图8-79　模型树

按图8-80所示操作顺序建立几何模型的周期性。

（1）选择Mesh标签页下全局网格参数设置功能按钮■。

（2）激活Define periodicity选项，在类型选择框中选择Rotational periodic。

（3）设置旋转轴方法为User defined by angle。

（4）设置Base坐标为（0 0 0），旋转轴为Z轴（0 0 1），旋转角度60°。

单击Apply按钮确认选择。

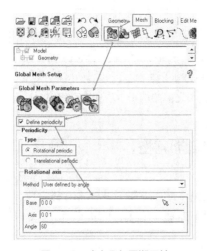

图8-80　建立几何周期属性

Step 3：创建3D基本块

创建3D Bounding Box块，构建的基本块如图8-81所示。

Step 4：建立顶点周期对

按图8-82所示操作顺序创建顶点周期对。

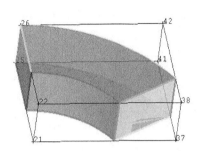

图8-81 3D基本块

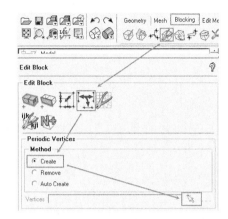

图8-82 创建顶点周期对

操作步骤如下。

（1）选择Blocking标签页下编辑块功能按钮🗖。

（2）选择数据输入框中的Periodic vertices功能按钮🗖。

（3）选择Create方法进行周期顶点创建。

对于图8-81所示的基本块，周期顶点对分别为26-42，25-41，22-38，21-37。周期点创建完毕后的块如图8-83所示（不动顶点选择25，26，21，22）。

Step 5：进行Edge关联

将相应的Edge与几何Curve进行关联。

Step 6：进行块更新及网格预览

设置全局网格尺寸为2，更新块，并预览网格。预览网格如图8-84所示。

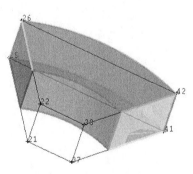

图8-83 周期顶点创建完毕后的块

图8-84 预览网格

Step 7：生成并输出网格

在模型树pre-mesh节点上右击选择Convert to unstruct mesh生成网格，并输出网格。

第三部分

求解器

第 9 章 FLUENT用户界面

9.1 FLUENT的启动

9.1.1 启动方式

完全安装ANSYS之后，有以下两种方式启动FLUENT。

1. 从开始菜单启动FLUENT

如图9-1所示，在开始菜单ANSYS 14.5 >Fluid Dynamics > Fluent 14.5，可以启动FLUENT软件。

图9-1　开始菜单

图9-2　启动FLUENT

2. 从workbench中以模块的方式启动

在14.5版本的Workbench中，启动FLUENT主要有以下三种方式。

（1）FLUENT仅作为求解器启动，如图9-2中①所示。其组件位于Component Systems，如图9-3（a）所示。

（2）带有TGrid前处理模块的FLUENT，如图9-2中②所示。其组件位于Component Systems，如图9-3（b）所示。

（3）完整CFD模块，包括DM、Mesh、CFD-POST模块。图9-2中③所示。其组件位于Analysis Systems下，如图9-4所示。

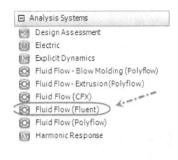

图9-3　启动FLUENT方式（一）　　　　　　　　　　　图9-4　启动FLUENT方式（二）

9.1.2　FLUENT启动界面

如图9-5所示为FLUENT14.5启动界面。界面上各参数含义如下。

1．Dimension

设置求解器维度。FLUENT既可以求解2D模型也可以求解3D模型。用户需要根据自己模型的维度选择2D或3D。

> **注意**
>
> 　　2D模型仅指几何为平面的模型。对于非平面的3D曲面几何模型，仍然需要选择3D模型。只有在选择了3D情况下，才可以进入Meshing模块。

2．Display Options

显示选项。主要包括以下选项。

（1）Display Mesh After Reading。若激活此项，则在读入网格模型后自动显示网格。此选项默认不激活，主要是考虑计算机内存。

（2）Embed Graphics Windows。选择是否集成图形窗口。默认该项为选取。若不选择该项，则无法进行后处理数据查看。

（3）Workbench Color Scheme。激活此项以Workbench颜色显示，否则以黑色背景显示图形窗口。该项默认激活。

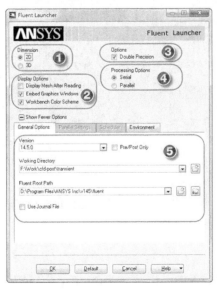

图9-5　FLUENT 14.5启动界面

3. Option

Double Precision：激活此项则以精度求解，否则采用默认的单精度求解。该项默认不激活。即FLUENT默认采用单精度求解器。

说明

双精度与单精度的区别在于数值圆整上。由于计算机字长有限制，超过字长的数字位会被截断抛弃。对于当前的计算机性能来讲，对于一般的问题，采用单精度求解器已能满足要求。只有在流场变化非常微小、对精度要求非常高的场合才需要使用双精度求解器。选择双精度求解器会增大内存开销。

4. Processing Options

设置求解选项，主要用于设置串行计算和并行计算。

Serial：默认选项，采用串行计算。

Parallel：并行计算选项，勾选此项后会出现并行设置，如图9-6所示。此时可以通过Parallel（Local Machine）Number of Processes设置CPU个数。

5. General Options

其他设置，包括以下内容。

Version：选择软件版本。若安装了多个版本的FLUENT的话，则可以选择。

Working Directory：设置FLUENT工作路径。前一次成功启动FLUENT的工作路径会被保存到下一次启动。

Fluent Root Path：FLUENT路径，一般不需要更改。

Use Journal File：使用脚本文件，勾选此项可以录制脚本文件。

6. Parallel Settings标签页

只有在设置了并行计算后，此标签页才会被激活。该标签页设置内容如图9-7所示。该面板需要设置的内容主要为Run Type。

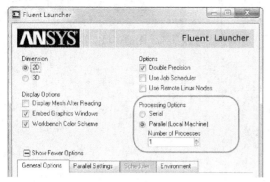

图9-6　并行设置

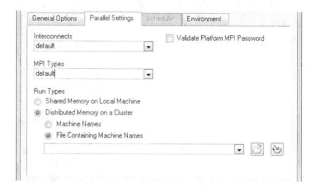

图9-7　Parallel settings标签页

有两种并行运行方式：本机共享内存方式及分布式内存方式。其中本机共享内存主要为单机多核计算机并行，而分布式内存并行则为多机并行。

设置分布内存并行时，需要指定计算机名称，可以直接通过Machine Name指定，也可以利用File Contaaining Machine Name通过包含计算机名称的文本文件指定。

7. Environment标签页

该标签页主要设置UDF编译环境，如图9-8所示。对于编译环境配置，在后续章节将会详细讲述。

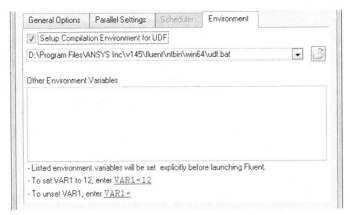

图9-8　Environment标签页

9.2　软件界面

9.2.1　Meshing模式界面

如图9-9所示，在FLUENT启动对话框中选择3D求解器，并选择Meshing Mode前方的复选框，单击选择OK按钮，进入FLUENT Meshing模块。

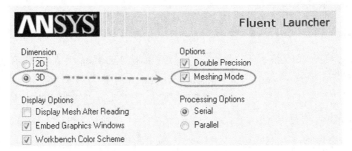

图9-9　FLUENT启动对话框

注意

　　Meshing模块只能用于3D模式。

在导入几何或网格数据之前，Meshing模块均为非激活状态。

导入文件后的FLUENT Meshing程序界面如图9-10所示。

图形界面除菜单栏与工具栏外，分为以下几个部分。

（1）模型操作树。如图9-10中的①所示。按仿真流程设计，但是对于Meshing模块来说，只有Mesh Generation是激活的。只有切换到求解模式，其他节点才会被激活。

（2）参数设置面板。如图9-10中的②所示。对应模型操作树节点的设置面板。

（3）图形显示窗口。如图9-10中的③所示。显示模型几何、网格以及后处理图形。

（4）TUI窗口。如图9-10中的④所示。显示TUI操作及输出的数据。

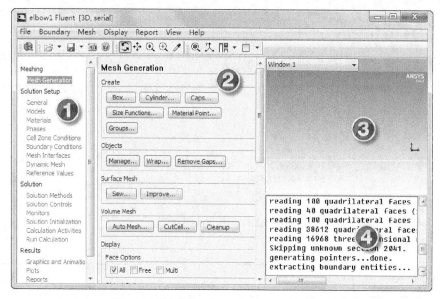

图9-10　导入文件后的FLUENT Meshing界面

9.2.2　Solution模式界面

求解模块界面与Meshing模块界面相同，所不同的是Mesh Generation节点为非激活状态。通过单击Meshing模块工具栏按钮 😊 可以从网格模块切换至求解模块。

💡说明 ----------

> 当从网格模式切换至求解模式后，无法通过GUI返回至网格模式。只有当求解模式中没有导入任何文件时，采用TUI命令：switch-to-meshing-mode切换至网格模式。

求解模式的FLUENT如图9-11所示。

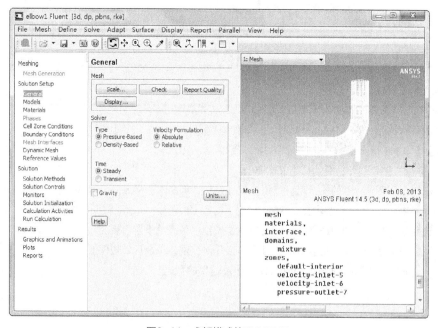

图9-11　求解模式的FLUENT

1. 菜单栏

FLUENT菜单栏如图9-12所示。

各部分菜单如图9-13 ~ 图9-22所示。

模型操作树面板如图9-23所示。

图9-12 FLUENT菜单栏

图9-13 File菜单

图9-14 Mesh菜单

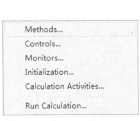

图9-15 Solve菜单

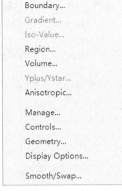

图9-16 Adapt菜单

图9-17 Define菜单

图9-18 Display菜单

图9-19 Surface菜单

图9-20 Report菜单

图9-21 Parallel菜单

图9-22 View菜单

图9-23 模型操作树

2. General（通用设置）

单击Geneal节点，弹出如图9-24所示设置面板。

在General设置面板中，主要包括网格设置、求解器设置。各按钮及选项含义如下。

①Scale：用于缩放模型，可以设置沿x、y、z三方向缩放因子。

②Check：检查网格信息，如网格数量、最小网格体积等。

③Report Quality：输出网格质量信息。

④Display：设置网格显示。

Solver中主要设置于求解有关的选项，包括以下内容。

①Type：求解类型，包括Pressure-Based（压力基求解器）与Density-Based（密度基求解器），对于低速流动之类密度变化不大的流场计算，多选用压力基求解器，而对于高速流动问题，常采用密度基求解器。

②Velocity Formulation：速度格式。默认为Absolute。只有在多参考系问题时才会关注速度格式。

③Time：设置求解类型，分为Steady（稳态）与Transient（瞬态）。

3. Models（物理模型）

模型设置面板如图9-25所示。

图9-24　General设置面板

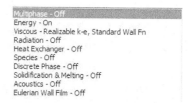

图9-25　模型设置面板

包括以下一些模型。

Multiphase：多相流模型。若要进行多相流计算，可双击此选项进行设置。FLUENT主要包括三种多相流模型：VOF、Mixture与Eulerian。

Energy：能量模型。若激活此模型，则在求解过程中计算能量方程。

Viscous：湍流模型。双击此选项可以选择设置湍流模型与壁面函数。

Radiation：辐射模型。若要计算辐射，可以激活此模型。

Heat Exchanger：热交换模型，实际上是一个集总模型，对于物理模型有特殊要求。可以很方便地计算换热。

Species：组分输运模型。计算组分传输及化学反应时需要激活此模型。

Discrete Phase：离散相模型。用于计算连续相中的粒子轨迹，当固体颗粒的体积较少时可以使用此模型。若体积含量较大，则只能使用多相流模型。

Solidfication & Melting：凝固与熔化模型。可用于凝固与熔化等相变问题。

Acoustics：声学模型，可以用于计算气动声学问题。

Eulerian Wall Film：欧拉壁面薄膜模型，可以用于计算液膜问题。

4. Materials（材料设置）

FLUENT拥有一个常用材料数据库，用户也可以自己新建材料。单击Materials节点后弹出如图9-26所示材料设置对话框。

单击Create/Edit可以弹出如图9-27所示材料创建或修改对话框，用户通过Fluent Database按钮打开材料数据库选取已有的材料，也可以直接修改材料属性创建材料。

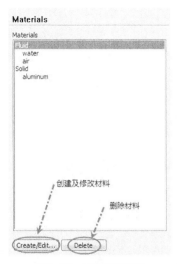

图9-26 材料设置面板

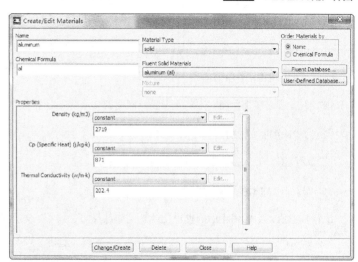

图9-27 材料创建对话框

用户在材料创建/修改对话框中创建的材料只是保存在CAS文件中，并不会永久保存在FLUENT数据库中。

5. Phase（相设置）

只有在激活了多相流模型后此节点才会被激活。该节点主要用于指定多相流中的主相与次相。同时还用于设置相间模型，如表面张力系数、空化模型等，如图9-28所示。

6. Cell Zone Conditions（计算域条件）

Cell Zone Conditions主要用于设置计算域条件，如选择工作介质、计算域运动情况、操作条件设置等，如图9-29所示。

图9-28 设置相

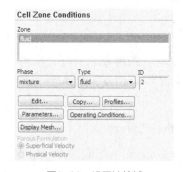

图9-29 设置计算域

对话框参数如下。

Phase：设置计算域中每一相及混合相的条件。若为单相流动计算，需要指定计算域介质材料。可以设置计算域属性。

Type：可以指定计算域为Fluid或Solid。

Edit：单击此按钮打开对话框设置计算域属性。

Copy：可以将一个计算域属性复制至另一个计算域。

Profiles：创建Profile。

Parameters：参数化处理。

Operating Conditions：打开操作条件设置面板。

7. Boundary Conditions

Boundary Conditions节点用于设置边界条件。边界条件设置面板与计算域设置面板相同。这里不再赘述。

8. Mesh Interfaces

该节点设置网格交界面，主要用于混合网格及多坐标系计算域中。

9. Dynamic Mesh

设置动网格参数。参数设置面板如图9-30所示。

10. Reference Values

设置参考值，主要用于后处理量化计算（如计算力、力矩、升阻力、升阻系数、压力系数等），如图9-31所示。

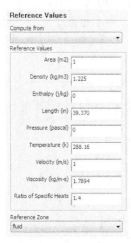

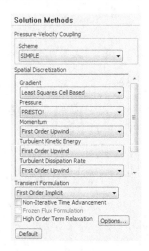

图9-30　动网格参数设置面板　　　图9-31　参考值设置面板　　　图9-32　求解方法设置

11. Solution Methods

Solution Methods用于设置求解方法，如图9-32所示。主要设置计算格式、求解算法等。这些算法直接影响计算精度与收敛性。

 说明

　　一般来说，高阶格式拥有更高的精度，但是收敛也更困难。在实际工程应用中，常常先采用低阶格式计算结果作为初始值进行计算。

12. Solution Controls

求解控制参数主要用于提高计算收敛速度，最常见操作为设置亚松弛因子，如图9-33所示。注意：在Solution Methods中所进行的设置会影响到Solution Controls设置面板中的参数设置选项。

 小提示

　　亚松弛因子主要用于控制两次迭代间物理量的变化。通常增大亚松弛因子会提高收敛速度，但是会降低收敛性。换句话说：增加亚松弛因子会增大发散的概率，但是会增提高收敛速度。亚松弛因子越小，计算越稳定，但是收敛越慢。

Equations：可以选择要求解的控制方程。

Limits：物理量限制。如限制温度范围为1~5000K，用户可以修改这些限制参数，如最常见的修改湍流黏度比。

Advanced：一些高级选项，如设置多重网格求解参数。

13. Monitors

主要用于定义监视器，包括残差、物理量监视等，如图9-34所示。

图9-33　求解控制

图9-34　监视器设置面板

对于FLUENT中收敛性的判断，主要采用以下几种方法。

（1）监视残差。对于稳态计算，要求所有控制变量的残差低于所设定的残差标准。对于瞬态计算，则要求每一个时间步内计算残差低于收敛残差标准。对于残差曲线呈现水平的情况，单从残差角度判断，是为不收敛情况。

（2）监视物理量变化。通常检测感兴趣的物理量，若计算过程中所监测的物理量变化不明显，则基本可认为计算达到收敛。

（3）查看物理量平衡。最常见的操作是查看进出口物质是否守恒。

说明 ------------------------------------

在很多情况下只依据监视残差判断收敛几乎是不可能的，此时需要综合判断。

14. Solution Initialization

在进行计算之前需要进行初始化，初始化面板如图9-35所示。

图9-35　初始化面板

FLUENT提供了两种初始化方式：Hybrid Initialization与Standard Initialization。对于复杂的模型，常采用混合初始化方式，而简单的模型常采用标准初始化方法。

面板中的Patch按钮常用于补充初始化。如规定计算域中某一指定区域的物理属性等。

注意 ------------------------------------

对于稳态计算来说，初始值不会影响最终结果，但是会影响到收敛过程。好的初始值可以加快收敛速度，不好的初始值会减缓收敛速度，甚至导致发散。而对于瞬态计算，初始值直接影响计算结果。

15. Calculation Activities

在初始化完毕之后，可以利用Calculation Activities面板定义计算过程中自动保存、自动输出、自动执行命令、自动初始化及修改模型、定义动画等功能。参数设置面板如图9-36所示。

16. Run Calculation

计算求解面板。稳态计算需要设置迭代步数，瞬态计算需要设置时间步长、时间步数以及内迭代次数。设置面板如图9-37所示。

图9-36　计算中激活面板

图9-37　求解面板

17. Graphic and Animations

该设置面板用于后处理图形及动画查看，如图9-38所示。

18. Plot

主要用于后处理图形、图表的创建，如图9-39所示。

19. Report

主要用于后处理量化物理量，如图9-40所示。

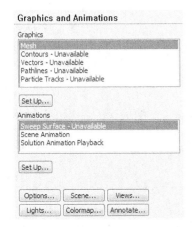

图9-38　图形及动画显示面板

图9-39　曲线绘制设置面板

图9-40　报告输出面板

9.3 FLUENT操作流程

通常按照FLUENT模型树顺序从上至下进行设置即可完成模型定义、求解参数设置、计算以及后处理操作。最典型的设置流程如下。

（1）利用菜单【File】>【Read】导入计算网格。

（2）查看网格信息及检查网格质量，对模型进行缩放处理。

（3）选择求解器类型，如选择压力基或密度基求解器，稳态计算或瞬态计算，对于2D模型，需要选择是平面模型还是轴对称模型。

（4）选择物理模型。通常需要设置粘性模型。若存在其他的模型也要进行响应的设置。

（5）设置材料。对于单相流计算，可以从材料库加载或直接创建材料。若涉及组分传输或化学反应，还需要定义混合物属性。

（6）若定义了多相流模型，还需要设置相间作用。

（7）定义计算域及边界条件。

（8）若计算域存在交界面，则需要定义网格交界面。

（9）若存在动网格计算，还需要定义动网格参数。

（10）设置求解方法及求解控制参数。

（11）定义物理量监测。

（12）初始化及Patch。

（13）定义自动保存及动画设置（若需要的话）。

（14）进行计算。

（15）进行计算后处理。

第10章 FLUENT Meshing模式

FLUENT源于网格处理器TGrid。ANSYS 14.5中取消了TGrid模块，转而将其集成在FLUENT中，因此FLUENT14.5的Meshing模式具备了网格生成及修复修改功能。本章以几个典型的网格处理实例演示FLUENT Meshing模式的使用。

10.1 【实例10-1】Tet网格划分

Step 1：启动FLUENT Meshing模块

（1）从开始菜单或桌面快捷方式启动FLUENT14.5，如图10-1所示。

（2）激活Dimension选项3D。

（3）选择Options选项Meshing Mode。

（4）单击OK按钮启动FLUENT。

图10-1 启动FLUENT Meshing

Step 2：读入并显示网格

（1）单击菜单【File】>【Read】>【Boundary Mesh…】，在弹出的网格文件选择对话框中，选择网格文件ex2-1.msh，单击OK按钮确认文件选择。

（2）单击菜单【Display】>【Grid】，在弹出的对话框中选择Faces标签页，选择Face Zones列表框中的所有列表项，如图10-2所示；切换至Attributes标签页，激活选项Filled及Lights。

图10-2 显示网格

Step 3：创建组

（1）选择菜单【Boundary】>【Zone】>【Group…】，弹出组定义对话框，如图10-3所示。

（2）在Face Zones列表框中选择列表项Car、symmetry、Wheel-front及wheel-rear，单击Create按钮。

（3）在弹出的Group Name对话框中为group命名为_sedan，如图10-4所示。

（4）单击Close按钮关闭User Defined Group对话框。

图10-3　Group定义对话框　　　　　　　　图10-4　命名Group

Step 4：Skewness-Based Refinement方法生成网格

1．指定网格参数

（1）单击菜单【Mesh】>【Tet..】，弹出如图10-5所示对话框。

（2）保持Initialization标签页下参数为默认。

（3）切换至Refinement标签页，设置Refine Method下拉列表项为Skewness。

（4）设置Cell Size Function下拉框中选项为none。

（5）设置Max Cell Volume参数为2.57e-4。

（6）单击Apply及Init&Refine按钮，关闭Tet对话框。

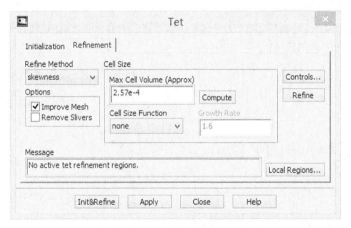

图10-5　网格参数设置对话框

2．检查网格

（1）单击菜单【Display】>【Grid…】，打开网格显示对话框。

（2）单击Bounds标签页，激活选项Limit by Z，设置Minimum及Maximum参数值为0.38，如图10-6所示

（3）切换至Cells标签页，选择Cell Zones列表框中列表项fluid-14，激活options下选项All，单击Display按钮显示网格，如图10-7所示。

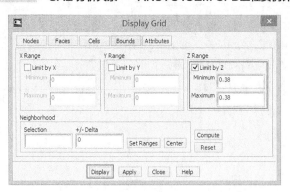

图10-6 设置边界

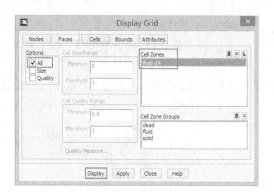

图10-7 Cell设置

用户可以改变Bounds中的参数值，实现不同位置网格显示，如图10-8所示。

图10-8 显示的切面网格

3．检查网格数量及质量信息

（1）利用菜单【Report】>【Mesh Size…】，在弹出的对话框中单击update按钮。

（2）对话框中显示生产的网格信息，如图10-9所示。

（3）单击Close关闭对话框。

（4）选择菜单【Report】>【Cell Limits…】，在弹出的对话框中选择Cell Zones列表框中的列表项fluid-14，单击按钮Compute，对话框左侧显示网格质量信息，如图10-10所示。

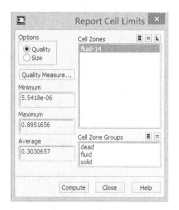

图10-9 报告网格数量　　　　　　　　图10-10 显示网格质量

网格生成完毕，可以单击Switch to Solution按钮切换至求解器模式。下面采用其他方式生成网格。

Step 5：采用Skewness-Base Refinement及Size Function方式生成网格

（1）选择菜单【Mesh】>【Clear】清除前面创建的体网格。

（2）选择菜单【Mesh】>【Tet…】，弹出如图10-11所示网格参数设置对话框，保持Initialization标签页下参数不变，切换至Refinement标签页。

（3）设置Cell Size Function下拉框选项为geometry，设置Growth Rate参数为1.3。

（4）单击按钮Apply按钮确认参数设置，单击Init&Refine按钮生成网格。

读者可用step 4的方式检查网格。

Step 6：利用Advancing Front Refinement方法生成网格

（1）选择菜单【Mesh】>【Clear】清除前面创建的体网格。

（2）选择菜单【Mesh】>【Tet…】，弹出如图10-12所示网格参数设置对话框，保持Initialization标签页下参数不变，切换至Refinement标签页。

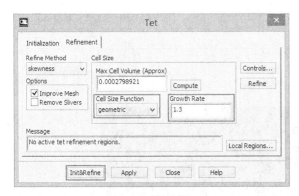

图10-11　网格参数设置

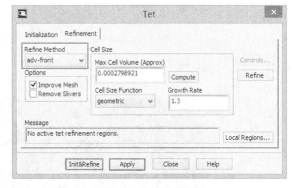

图10-12　网格参数设置

（3）设置Cell Size Function下拉框选项为geometry，设置Growth Rate参数为1.3。

（4）单击Apply按钮确认参数设置，单击Init&Refine按钮生成网格。

读者可以用Step 4的方式检查网格。

💿 **说明**

对于Tet网格划分，Meshing模式提供了两种Refine方法：Skewness及Adv-front。就生成的网格数量而言，对于严格的体积标准，ADV方法生成更多的网格，但是对于不严格的最大网格标准，skewness方法将会产生更多的网格。

Step 7：局部加密汽车尾部网格

（1）单击菜单【Mesh】>【Clear】清除前面创建的体网格。

（2）单击选择菜单【Mesh】>【Tet…】，弹出如图10-12所示网格参数设置对话框，保持Initialization标签页下参数不变，切换至Refinement标签页。

（3）单击按钮Local Regions…，弹出Tet Refinement Region对话框，如图10-13所示。

（4）设置Name参数为Wake，几何尺寸参数如图10-13所示。

（5）单击Draw按钮观察定义区域所在位置。

（6）单击Define完成加密区域定义，单击Activate按钮激活加密区域。

（7）单击Close按钮关闭区域定义对话框，返回至网格设置对话框，如图10-14所示。

（8）设置Refine Method参数为adv-front。

（9）设置Max Cell Volume参数为2e-2。

（10）单击Apply按钮。

（11）单击按钮Init&Refine生成网格。

（12）利用【Report】>【Mesh Size…】及【Report】>【Cell Limits…】查看网格质量

查看网格如图10-15所示。

Step 8：检查并输出网格

（1）利用菜单【Mesh】>【Check】检查网格，确保最小网格体积为正值。

（2）利用菜单【File】>【Write】>【Mesh…】输出网格。

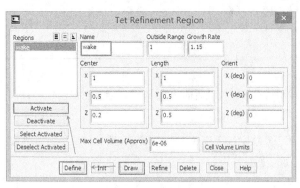

图10-13　局部加密区域定义

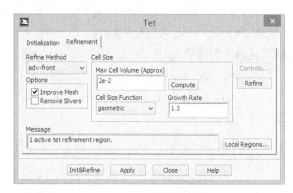

图10-14　参数设置

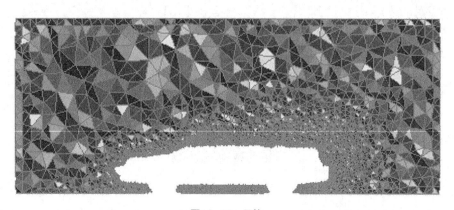

图10-15　网格

10.2　【实例10-2】分区混合网格划分

Step 1：启动FLUENT Meshing模块

（1）从开始菜单或桌面快捷方式启动FLUENT14.5。

（2）激活Dimension选项3D。

（3）选择Options选项Meshing Mode。

（4）单击OK按钮启动FLUENT。

Step 2：读入并显示网格

（1）单击菜单【File】>【Read】>【Mesh…】，在弹出的网格文件选择对话框中，选择网格文件hex-vol.msh及tri-srf.msh，单击OK按钮确认文件选择。

💿说明 ---

ANSYS FLUENT会读入所有选择的网格文件并显示在图形窗口。但是读者需要合并重合区域的节点。

（2）单击菜单【Display】>【Grid…】，弹出如图10-16所示对话框，在Faces标签页中，选择Face Zone Groups列表框中的boundary列表项，同时确保Option选项中的Free被激活。

（3）单击Attributes标签页，取消Filled选项的激活。

（4）单击Display按钮显示网格，如图10-17所示。

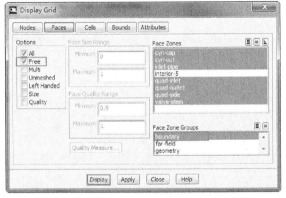

图10-16 显示网格

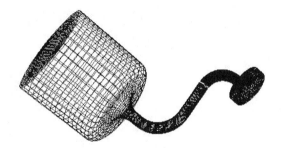

图10-17 网格

Step 3：合并自由节点

（1）选择菜单【Boundary】>【Merge Nodes】，弹出边界节点合并对话框，如图10-18所示。

（2）在左侧的Boundary Face Zones列表框中选择列表项inlet-pipe，在右侧的Boundary Face Zones中选择quad-side，取消右侧only Free Nodes的选择。

（3）单击按钮Count Free Nodes，单击Merge按钮进行自由节点的合并。

（4）在此单击按钮Count Free Nodes，若还存在未合并的自由节点，则可以通过增大容差值Tolerance，本例将其增大至默认值的10倍，即0.003，单击Merge继续合并，直至所有的自由节点均被合并。

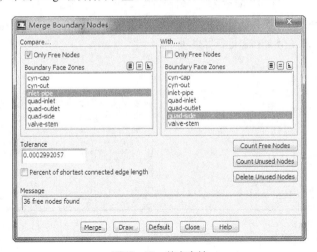

图10-18 节点合并

Step 4：生成体网格

1. 改变边界quad-outlet类型

（1）单击菜单【Boundary】>【Manage…】，弹出如图10-19所示对话框。

（2）在Face Zones列表框中选择列表项quad-inlet。

（3）设置Type选项为internal。

（4）保持Options设置为Change Type。

（5）单击Apply按钮确认操作。

🌐 **小提示**

> internal及interior均为内部边界。它们的不同之处在于，当清除网格时，所有的interior区域将会被删除，但是internal区域会被保留。在将最终的网格传递至求解器后，所有的internal区域会自动被转换为interior类型。

2. 设置网格参数

（1）单击菜单【Mesh】>【Auto Mesh…】，弹出如图10-20所示对话框。

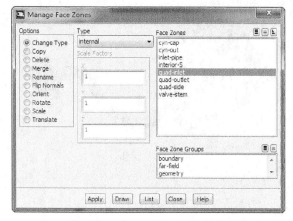

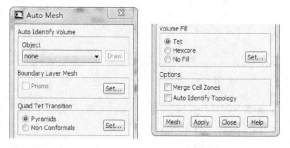

图10-19　修改边界类型　　　　　　　　　　　　　　　　　　图10-20　网格参数设置

（1）保持Quad Tet Transition下的选项Pyramids选项被选中，单击右侧按钮Set…，弹出如图10-21所示参数设置对话框。选择Boundary Zone列表框中列表项quad-outlet，其他参数保持默认设置，单击Apply按钮确认设置。单击Close按钮关闭对话框。

（2）保持Volume Fill设置项下的选项Tet被选中，单击右侧按钮Set…，弹出如图10-22所示对话框，激活选项Delete Dead Zones，保持Refinement标签页下参数默认。单击Apply按钮确认参数设置，单击Close按钮关闭Tet对话框。

（3）单击Auto Mesh对话框中Mesh按钮进行网格划分。

图10-21　金字塔网格参数设置　　　　　　　　　　　　　　　图10-22　设置Tet参数

3. 显示交界面位置网格

（1）单击菜单【Display】>【Grid…】，在弹出的对话框中选择显示quad-outlet及quad-outlet_pyramid-cap-#。

（2）单击Display按钮显示网格，交界面位置网格如图10-23所示。

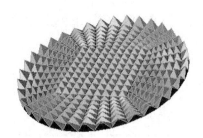

图10-23　交界面位置金字塔网格

体网格生成完毕，可以输出网格或切换至Solution模式。

第11章

FLUENT前处理基础

本章主要讲述利用FLUENT进行流体流动及传热计算的基本操作步骤。对于特定的物理模型模拟，则在后续相应章节进行详细描述。

11.1 FLUENT前处理流程

在FLUENT软件中进行计算前处理，通常可以依照模型树排列顺序自上至下进行。FLUENT操作模型树如图11-1所示。

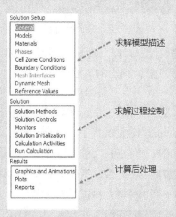

图11-1 FLUENT模型操作树

（1）General节点：主要设置计算模型总体参数，如选择瞬态或稳态计算、压力基或密度基求解器等。

（2）Models节点：选择计算模型中所涉及的物理模型，并设置模型参数。

（3）Materials节点：选择并设置材料参数。

（4）Phase节点：若涉及多相流模型，则需要在该节点下设置主相和次相，并设置相间作用模型。

（5）Cell Zone Conditions节点：设置计算域属性，包括计算域工作介质、计算域运动状态等。

（6）Boundary Conditions节点：设置计算域边界条件。

（7）Mesh Interface节点：在涉及多计算域问题时，需利用此节点进行计算域连接。

（8）Dynamic Mesh节点：若涉及动网格问题，需要在此节点下进行设置。

（9）Reference Value节点：设置参考值。

（10）Solution Methods节点：选择并设置求解算法。

（11）Solution Controls节点：设置求解控制参数，如设置亚松弛因子等。

（12）Monitor节点：设置定义监视器。

（13）Solution Initialization节点：进行初始化。

（14）Calculation Activities节点：定义求解过程中的行为，如自动保存、动画定义等。

（15）Run Calculation节点：求解设置。

（16）Graphics and Animations节点：设置后处理图形设置，如云图、矢量图等。

（17）Plots节点：后处理曲线定义。

（18）Reports节点：量化后处理结果。

11.2 网格控制

11.2.1 网格缩放

FLUENT Solution模式在读取网格文件后，通常需要检查网格模型尺度，若与实际尺度存在差异，需要对模型进行缩放。FLUENT中模型缩放是通过Scale功能实现的。

导入网格文件或CAS文件后，自动激活General面板中的Mesh项，如图11-2所示。

图11-2　General面板

单击面板上按钮 Scale...，可打开模型缩放设置面板，如图11-3所示。该面板中各参数含义如下。

（1）Domain Extents：描述了模型在三坐标方向上的尺寸分布。如图11-3中X方向尺寸为-8 ~ 8in，则模型沿X方向长度为16in。

（2）Scaling：指定缩放方法及缩放参数。Convert Units为采用单位进行缩放。如由单位m缩放为cm，则缩放因子为100。用户可以通过选择Specify Scaling Factors指定缩放因子。

（3）View Length Unit In：指定在FLUENT软件中长度单位显示。

（4）Scale：选择此按钮进行缩放（模型缩放方式为：当前模型实际长度与缩放因子的乘积）。

（5）Unscale：取消缩放（缩放方式为：当前实际长度除以缩放因子）。

注意 --

模型缩放操作非常重要，由于一些前处理软件为无量纲化操作，因此生成的网格模型很可能不满足实际的尺寸要求。

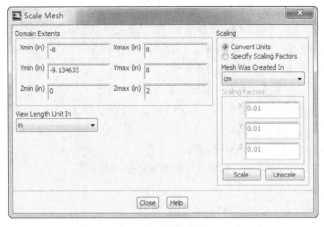

图11-3　Scale面板

11.2.2 网格检查

利用图11-2中的Check及Report Quality按钮，可以对读取的网格模型进行检查。如图11-4所示，利用Check功能主要检测网格模型的几何尺寸、体积统计及网格面面积统计。对于网格模型几何尺寸输出报告与Scale中显示的数据保持一致。

```
Domain Extents:
  x-coordinate: min (m) = -2.032000e-01, max (m) = 2.032000e-01
  y-coordinate: min (m) = -2.320197e-01, max (m) = 2.032000e-01
  z-coordinate: min (m) = 0.000000e+00, max (m) = 5.080000e-02
Volume statistics:
  minimum volume (m3): 8.354563e-09
  maximum volume (m3): 3.819391e-07
    total volume (m3): 2.633654e-03
Face area statistics:
  minimum face area (m2): 3.139274e-06
  maximum face area (m2): 6.567239e-05
```

图11-4 网格检查

注意

对于Check输出的报告，用户最需要关注的参数为最小体积（minimum volume），必须确保其值为正值。

在进行网格检查时，有时会出现如图11-5所示的网格检测警告信息。

```
WARNING: Unassigned interface zone detected for interface 6
 Checking storage.
Done.

WARNING: Mesh check failed.
```

图11-5 警告信息

出现这一警告信息的原因在于：网格模型中存在Interface类型边界，在尚未创建mesh Interface之前进行了网格检测。如果在创建Interface对之后再检测的话，该警告信息会消除。

在单击图11-2中的Report Quality按钮后，FLUENT会自动对导入的网格文件进行治疗检测，并输出网格质量信息，如图11-6所示。

```
Mesh Quality:
 Orthogonal Quality ranges from 0 to 1, where values close to
 0 correspond to low quality.

 Minimum Orthogonal Quality = 6.07958e-01
 Maximum Aspect Ratio = 5.42664e+00
```

图11-6 网格质量检查

说明

对于模型中存在的不同网格类型，FLUENT网格质量检测标准是不同的，对于六面体或四边形网格，通常检测其正交性；而对于四面体或三角形网格，则检测其扭曲度。

11.2.3 网格显示

选择图11-2中Display按钮，可进入网格显示参数设置对话框，如图11-7所示。

对于图中的设置参数，在工程应用过程中采用默认参数即可。单击Display按钮即可在图形显示窗口中显示网格模型。

图形显示窗中的视图操作方法如下。

（1）按住鼠标左键左右移动：旋转视图。

（2）按下鼠标中键从左上至右下框选模型：局部放大。

（3）按下鼠标中键从右下至左上框选模型：局部缩小。

（4）鼠标右键：获取所选择对象的信息。

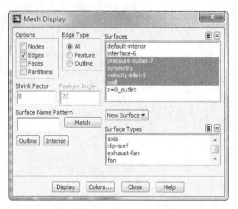

图11-7　网格显示

11.3　求解设置中的一些基本概念

11.3.1　压力基与密度基求解器

FLUENT中存在两种求解类型：压力基求解器（Pressure-based）与密度基求解器（Density-Based）。其中压力基求解器包括分离求解器与耦合求解器两种类型。密度基求解器包括显式求解器与隐式求解器两种。它们的求解流程如图11-8所示。

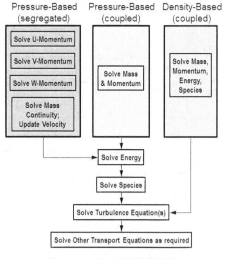

图11-8　FLUENT求解过程

🌐小技巧 ‒‒

　　分离和耦合算法通常是针对压力-速度耦合方程求解的，而显式与隐式则是针对时间项的离散而言的。

对于压力基分离求解器，其动量方程、质量方程是依次求解的，而压力基耦合求解器，其动量方程与质量方程是耦合为一个方程组进行求解的。压力基求解器的能量方程与组分方程都是独立于动量方程与质量方程之外进行单独求解的。而对于密度基求解器，其质量方程、动量方程、能量方程与组分方程则是耦合进行求解。

 小技巧

　　压力基求解器通常用于低速不可压缩流动，而密度基求解器则常用于高速可压缩流动中。在工程应用中，一般认为 $Ma<0.2$ 为低速流动。

1. 选择求解器类型

通过FLUENT模型树节点General相应的设置面板选择使用压力及还是密度基求解器（默认情况下使用压力基求解器）。如图11-9所示选择的是压力基求解器。

2. 设置求解方法

通过模型树节点Solution Methods设置面板选择求解方法。根据所选取的求解器的差异，该面板中的设置选项存在差别。如图11-10所示为选择了压力基求解器后的求解方法设置面板。可以看出其中包含有4种不同算法SIMPLE、SIMPLEC、PISO以及Coupled。

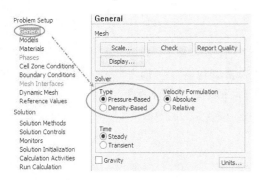
图11-9　选择求解器

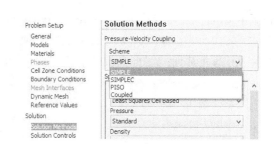
图11-10　压力基求解方法

其中SIMPLE、SIMPLEC、PISO均为分离算法，在瞬态问题求解中，通常建议使用PISO算法。Coupled为耦合算法。

图11-11所示为求解器类型选择密度基求解器情况下求解方法设置面板。其中求解格式中包含有Implicit与Explicit两种，分别对应隐式求解算法与显式求解算法。

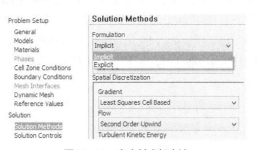
图11-11　密度基求解方法

11.3.2　稳态与瞬态计算

稳态（steady）通常指的是计算域内任意位置物理量分布不随时间推移而改变。瞬态（Transient）问题则指的是计算域或计算域内物理量分布随时间变化而不断改变的问题。在现实世界中，并不存在绝对的稳态，但是对于一些工程问题，可以采用稳态近似计算，这些情况包括：忽略瞬态的脉动；计算模型中引入整体的时间平均以消除瞬态的影响。虽然说稳态计算模型是采用了简化处理,但是在实际的工程计算中,在特定的场合应用稳态计算模型,可以减少对计算资源的需求,也更容易进行后处理。

瞬态计算模型考虑时间效应,可以求解计算域中物理量随时间变化。一些问题的求解必须采用瞬态计算,如气动问题中的涡脱落计算、旋转机械中的动静干涉、失速及喘振、多相流问题中的自由液面及气泡动力学等、动网格问题、瞬态换热问题等。瞬态分析的求解常利用稳态求解结果作为初始值。

1. 稳态求解收敛性判断

对于稳态计算,判断其收敛性通常采用以下3种方式。

(1)观察残差收敛曲线。当所有收敛残差均降低至所设置的收敛标准时,可认为计算达到收敛。

(2)定义监测器,监视感兴趣的物理量。当随着迭代进行,所监视的物理量曲线趋于稳定时,可认为计算达到收敛。

(3)查看边界通量,判断是否达到平衡。如观察入口与出口的流量,以判断连续方程是否达到守恒。

2. 瞬态求解收敛性判断

瞬态计算过程中,每一个时间步内相当于计算一个稳态过程。因此在每一个时间步内均需保证计算达到收敛。瞬态求解过程中存在内迭代的概念,内迭代与稳态求解的迭代具有相同的原理。内迭代次数可以在模型树节点Run Calculation面板中通过参数Max Iterations/ Time Step来设置。

3. 瞬态时间步长估算

对于瞬态求解来说,时间步长是一个比较重要的概念,设置不当可能会导致一系列的问题,如时间步长设置过大导致计算步内难以收敛、计算发散以及时间分辨率过低;设置过小会增加迭代次数(因为若要计算相同的时间,减小时间步长,则需求的时间步数会增加),增大计算开销。因此合理的设置时间步长非常重要。

时间步长 Δt 必须小到能够解析与时间相关的特征,大致可以通过以下公式进行预估:

$$\Delta t = \frac{\Delta x}{v} \tag{11-1}$$

式中,Δx 为局部网格尺寸;v 为特征流动速度。

4. 监视器定义

监视器定义是瞬态计算中常用的操作。如对某一空间位置物理量随时间变化情况感兴趣,则需要定义监视器。单击模型树节点Monitor,右侧为监视器定义面板,如图11-12所示。FLUENT包括三种监视器类型:残差曲线及力监视器(Residuals,Statistic and Force Monitors)、面监视器(Surface Monitor)及体监视器(Volume Monitors)。

残差及力监视器可以用于监视物理量计算残差,还可以定义监视器检测力(如阻力、升力及力矩等)。

面监视器可以用于监视边界面位置的物理量随时间变化,如可以监视出口流量。

体监视器可以用于监视计算域内物理量随时间变化,如监视计算域内某物理量的最大值、最小值、平均值、体积积分值等。

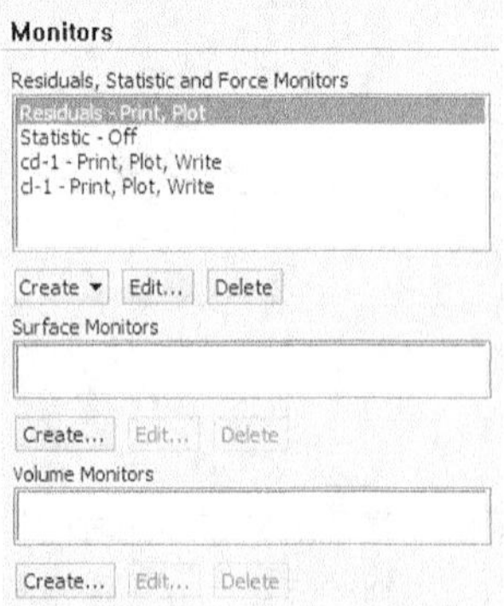

图11-12 监视器

5. 定义动画

在进行瞬态计算过程中，常常需要进行动画定义。利用模型树节点Calculation Activities，在右侧的设置面板中用Solution Animations创建动画，如图11-13所示。

单击Create/Edit按钮，弹出如图11-14所示动画定义对话框。

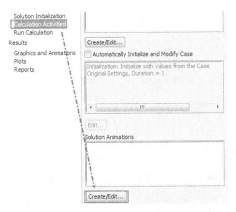

图11-13 定义动画

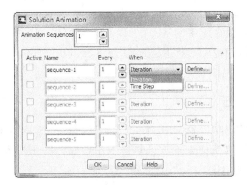

图11-14 定义动画

Animation Sequences：利用该参数增加或减少定义的动画数量。

Name：为动画系列命名。

Every：动画定义频率。

When：设置动画定义的方式，可以是Iteration或Time Step。

单击Define按钮进入如图11-15所示动画序列定义对话框。在该对话框中可以定义存储的动画序列类型、动画显示的窗口以及动画显示的内容。

动画存储包括3种类型：In Memory（保存在内存中）、Metafile（元文件）以及PPM Image（图片格式）。

Window：定义动画所处的窗口位置。一般不能与其他的监视器重复。

Display Type：动画显示的类型。可以是网格动画、云图变化、流线图等。

6. 选择稳态或瞬态求解器

稳态及瞬态求解器选择可以在模型树节点General对应的面板中进行设置。如图11-16所示为选择瞬态求解器。

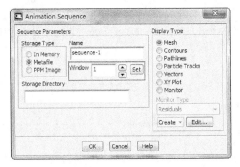

图11-15 动画序列定义

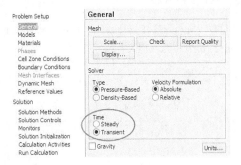

图11-16 使用瞬态计算

11.3.3 FLUENT中的压力

FLUENT计算过程中存在诸多的压力，最典型的压力包括静压（Static Pressure）、表压（Gauge Pressure）、动压（Dynamic Pressure）、总压（Total Pressure）、操作压力（Operating Pressure）、相对压力（Relative Pressure）、绝对压力（Absolute Pressure）等。

表压：通常指的是压力表测量得到的压力。目前所使用的压力表测量得到的压力值是测量位置的真实压力值与当地大气压的差值。实际上是相对于大气压的值，为一种特殊的相对压力。

操作压力：在FLUENT之类的CFD软件中，为了减小数值误差，在计算过程中常常需要定义一个压力参考值，以使计算过程中计算域内的压力处于同一数量级。该压力参考值即为操作压力，其为用户自定义值。

静压：真实压力与操作压力的差值即为静压值。静压是一种以操作压力为参考值的相对压力。

动压：动压的概念来源于伯努利方程，其值为 $\rho v^2 / 2$，动压与速度的平方成正比。

总压：静压与动压的和。在速度为零的位置，总压也称为滞止压力。

绝对压力：相对压力值与操作压力的和。当操作压力为0时，相对压力即为绝对压力。

在FLUENT软件中，涉及压力输入的位置包括：压力入口边界设置，设置入口总压；压力出口边界设置，设置出口静压；操作条件设置，设置操作压力。

1. 压力入口设置

如图11-17所示为压力入口设置对话框，在该对话框中需要输入入口总压值（Gauge Total Pressure）以及超声速初始表压值（Supersonic/Initial Gauge Pressure）。其中入口总压值为必须输入值，而超音速初始表压值在低速计算中仅用于流场初始化。

2. 压力出口设置

如图11-18所示为压力出口设置对话框。在该设置对话框中仅需要设置表压值（Gauge Pressure）。

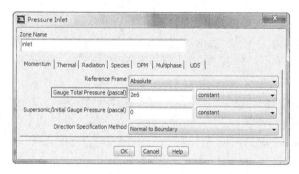

图11-17 压力入口设置

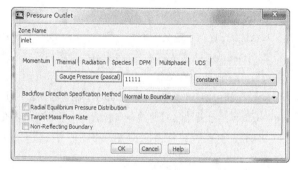

图11-18 压力出口设置对话框

3. 操作压力设置

如图11-19所示为操作压力设置对话框。在该对话框中可以设置操作压力Operating Pressure，并且设置参考压力位置Reference Pressure Location。

 小技巧

参考压力位置通常设置在计算过程中压力变化不大的区域。

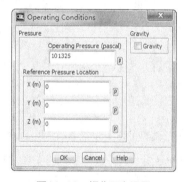

图11-19 操作压力设置

11.4 湍流模型

湍流是流体的一种流动状态。当流速很小时，流体分层流动，互不混合，称为层流，也称为稳流或片流；逐渐增加流速，流体的流线开始出现波浪状的摆动，摆动的频率及振幅随流速的增加而增加，此种流况称为过渡流；当流速增加到很大时，流线不再清楚可辨，流场中有许多小漩涡，层流被破坏，相邻流层间不但有滑动，还有混合。这时的流体作不规则运动，有垂直于流管轴线方向的分速度产生，这种运动称为湍流，又称为乱流、扰流或紊流。

从流体力学可知，NS方程包含1个质量守恒方程与3个动量守恒方程，求解4个物理量：三个速度分量（u，v，w）以及压力p，理论上讲NS方程组是封闭的。然而由于直接数值模拟（Direct N-S，简称DNS）需要巨大的计算资源，还难以在工业中得到广泛应用。因此人们利用雷诺平均（RANS）的方法对湍流脉动项进行时间平均处理。采用RANS方法虽然简化了对时间脉动的处理，从而降低计算开销，然而却额外地引入了非线性项，导致NS方程的不封闭。因此，便诞生了各式各样的湍流模型。

对于湍流及湍流模型的数学理论，读者可以参阅各类流体力学及计算流体力学书籍。

11.4.1 湍流和层流判断

湍流和层流状态通常利用雷诺数进行判断。其以式（11-2）进行定义：

$$Re = \frac{\rho u L}{\mu} \tag{11-2}$$

式中，ρ为流体密度，kg/m^3；u为流速，m/s；L为特征长度，m；μ为动力黏度，$Pa \cdot s$。

对于内部流动，通常认为雷诺数Re高于2300为湍流，低于2300为层流。

对于外部流动，沿表面位置分布的雷诺数$Re > 500000$时通常可认为流动状态为湍流；沿障碍物的雷诺数$Re > 20000$时认为流动状态为湍流。

而对于自然对流情况，则不能利用雷诺数进行判断，通常利用瑞利数与普朗特数的比值进行判断。当满足$Ra/Rr > 10^9$的要求时，可认为流动状态为湍流流动。其中瑞利数与普朗特数由式（11-3）和（11-4）定义：

$$\frac{Ra}{Pr} > 10^9$$

$$Ra = \frac{\alpha \Delta T L^3 g}{\gamma k} \tag{11-3}$$

$$Pr = \frac{\mu C_p}{k} \tag{11-4}$$

式中，α为热膨胀系数；ΔT为温差；L为特征长度；γ为运动黏度；k为热导率；μ为动力黏度；C_p为定压比热容。

11.4.2 湍流求解方法

针对湍流求解，最常见的方法包括雷诺平均NS模型、大涡模拟、直接数值模拟等。

1. 直接数值模拟（DNS）

从理论上来讲，湍流流动能够由数值方法求解N-S方程来模拟，能够求解得到尺寸频率，无需接触额外的模型。

但是利用此方法进行求解花费太大（其计算开销随雷诺数成几何倍数增长），因此在工程上的应用受到限制。目前在FLUENT中无法应用DNS方法。

2. 大涡模拟（LES）

由于湍流直接模拟计算开销过大，难以在工业上得到广泛应用，因此在直接模拟的基础上发展出了大涡模拟方法。该方法利用滤波方法，对于大尺度的涡采用直接求解，而对于小尺度的涡则采用RANS方法进行求解。该方法的计算消耗低于DNS，但是对于大多数的实际应用来讲占用的资源还是比较大。随着计算机计算能力的逐渐增强，该方法已经越来越广泛地应用于工业流动计算中。在FLUENT软件中可以使用大涡模拟方法。

3. 雷诺平均NS模型

雷诺平均NS模型（RANS）方法是工业流动计算中使用最为广泛的一种模型，其求解时间均值的纳维-斯托克斯方程。在FLUENT软件中，k-e模型、k-w模型以及雷诺应力模型均为RANS模型。

4. 分离涡模型（DES）

分离涡模型是介于大涡模型与RANS模型之间的一种湍流模型。该模型通过比较湍流尺度与网格最大尺寸而自动决定使用大涡模型还是RANS模型进行湍流求解。

11.4.3 FLUENT中的湍流模型

单击模型树节点Models，在右侧设置面板Models列表框中双击列表项Viscous，即可进入湍流模型设置面板，如图11-20所示。

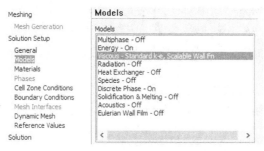

图11-20 设置湍流模型

湍流模型设置面板如图11-21中①所示，FLUENT中包含以下湍流模型。

1. Inviscid

无黏模型。计算过程中忽略黏性作用，通常应用于黏性力相对于惯性力可忽略的流动。

2. Laminar

层流模型。默认情况下该模型被选中。计算域内流动状态为层流时采用该模型。

3. Spalart-Allmaras（1 eqn）

SA模型。常用于航空外流场计算。对于几何相对简单的外流场计算非常有效。该方程为单方程模型，比较节省计算资源。

4. k-epsilon（2 eqn）

工业流动计算中应用最为广泛的湍流模型，包括三种形式：标准k-e模型、RNG k-e模型以及Realizable k-e模型。

5. k-omega（2 eqn）

k-w模型也是双方程模型。在Fluent中，它包括两种类型：标准形式以及SST k-w模型。在对于外流场模拟中，该模型的竞争对手是SA模型。

6. Transition k-kl-omega（3 eqn）

3方程转捩模型，用于模拟层流向湍流的转捩过程。

7. Transition SST（4 eqn）

4方程转捩模型，用于模拟湍流转捩过程。

8. Reynolds Stress（7 eqn）

雷诺应力模型。没有其他RANS模型的各向同性假设，因此适合于强旋流场合。

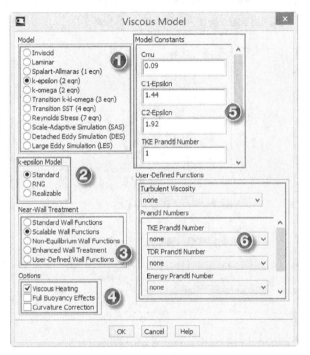

图11-21　湍流模型设置

9. Scale-Adaptive Simulation（SAS）

SAS湍流模型主要用于求解瞬态湍流流动问题。当使用SAS模型时，强烈建议在Solution Methods面板中设置Momentum选择使用Bounded Centeral Differencing。

10. Detached Eddy Simulation（DES）

分离涡模型。当使用分离涡模型时，可选的RANS模型包括Spalart-Allmaras、Realizable k-epsilon以及SST k-omega模型。

11. Large Eddy Simulation（LES）

大涡模拟模型。在默认情况下，LES模型只在三维模型情况下才可选。若要在2D模型中使用大涡模拟模型，则需要使用TUI命令进行激活。

对于在工业流动计算中得到广泛应用的RANS湍流模型，其使用场合总结见表11-1。

表11-1　RANS湍流模型使用场合

模　　型	用　　法
Spalart-Allmaras	计算量小，对一定复杂程度的边界层问题有较好效果。 计算结果没有被广泛测试，缺少子模型
Standard k–ε	应用多，计算量适中，有较多数据积累和相当精度。 对于曲率较大、较强压力梯度、有旋问题等复杂流动模拟效果欠缺
RNG k–ε	能模拟射流撞击、分离流、二次流、旋流等中等复杂流动。 受涡旋黏性各向同性假设限制
Realizable k–ε	和RNG基本一致，还可以更好地模拟圆孔射流问题。 受涡旋黏性各向同性假设限制
Standard k–ω	对于壁面边界层、自由剪切流、低雷诺数流动性能较好。适合于逆压梯度存在情况下的边界层流动和分离、转捩
SST k–ω	基本与标准k–ω相同。由于对壁面距离依赖性强，因此不太适用于自由剪切流
Reynolds Stress	是最符合物理解的RANS模型。避免了各向同性的涡黏假设。占用较多的CPU时间和内存。较难收敛。对于复杂3D流动较适用（例如弯曲管道、旋转、旋流燃烧、旋风分离器）

对于FLUENT中的湍流模型，对其计算开销进行比较，结果如图11-22所示。

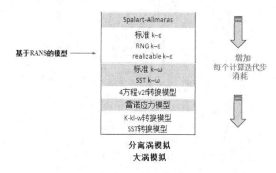

图11-22　湍流模型的计算开销

11.4.4　y+的基本概念

在临近壁面位置，法向速度存在非常大的梯度。在非常小的壁面法向距离内，速度从相对较大的值下降到与壁面速度相同。因此对于该区域内流场的计算，通常采用两种方式：利用壁面函数法；加密网格，利用壁面模型法。对于这两类方法的选取，可以通过y+来体现。

如图11-23所示为近壁面位置无量纲速度分布情况。

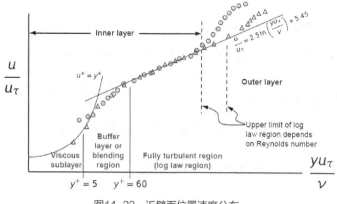

图11-23　近壁面位置速度分布

图11-23中横坐标所表示为无量纲壁面距离，$y^+ = \dfrac{y\rho u_\tau}{\mu}$；纵坐标为无量纲速度$\dfrac{u}{u_\tau}$。其中$u_\tau = \sqrt{\dfrac{\tau_w}{\rho}}$，$\tau_w$为壁面剪切应力，$y$为壁面法向距离。从图中可以看出，在y+<5的区域，速度呈非线性形式，该区域通常称为黏性子层（Viscous sublayer region）；在y^+>60区域，速度与距离几乎成线性趋势，该部分区域为完全发展湍流，也称为对数律区域（log law region）；两部分之间的区域，常称为过渡层（Buffer layer region）。

对于近壁区域求解，主要集中在黏性子层的求解上，主要有以下两种方式。

1. 求解黏性子层

若想要求解黏性子层，则需要保证y+值小于1（建议接近1）。由于y+直接影响第一层网格节点位置，因此对于求解黏性子层的情况，需要非常细密的网格。对于湍流模型，需要选择低雷诺数湍流模型（如k-omega模型）。通常来说，若壁面对于仿真结果非常重要（如气动阻力计算、旋转机械叶片性能等），则需要采用此类方法。

2. 利用壁面函数

壁面函数要求第一层网格尺寸满足条件30<y+<300，当尺寸过小时，壁面函数不可用；当尺寸超出该范围时，无法求解黏性子层。通常使用高雷诺数湍流模型（如标准k-epsilon模型、Realizable k-epsilon模型、RNG k-epsilon模型等）。一般来说，在黏性子层数据不是特别重要的时候可以选用壁面函数进行求解。

3. y+在CFD计算中的应用

在CFD计算过程中，y+的作用体现在划分网格过程中计算第一层网格节点高度。其计算过程如下。

（1）估算雷诺数。利用公式$Re = \dfrac{\rho u L}{\mu}$，$\rho$为流体密度，$u$为流动特征速度，$L$为特征尺寸，$\mu$为动力黏度。

（2）估算壁面摩擦系数。计算公式为$C_f = 0.058 Re^{-0.2}$，Re为上一步计算的雷诺数。

（3）计算壁面剪切应力。计算公式为$\tau_w = \dfrac{1}{2} C_f \rho U_\infty^2$，$U_\infty$为来流速度。

（4）利用壁面剪切应力估算速度U_τ。计算公式为$U_\tau = \sqrt{\dfrac{\tau_w}{\rho}}$。

（5）计算第一层网格高度y。计算公式为$y = \dfrac{y^+ \mu}{U_\tau \rho}$。

当然，在计算之前，y+值只能是估计得到，因为局部速度是未知的，因此在计算结束之后需要查看壁面y+值分布，验证其值分布是否为符合计算要求。若与预期要求相差较多，则需要进一步调整网格重新进行计算。

下面举例说明y+的实际计算过程。图11-24所示为平板边界层计算模型，其中入口速度20m/s，介质密度1.225kg/m³，黏度1.8e-5kg/m·s，平板长度1m。计算过程中选取y+=50，估算距壁面第一层网格高度值y。

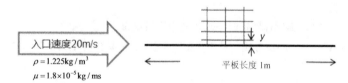

图11-24　平板边界层计算

计算过程如下。

（1）计算雷诺数：$Re = \dfrac{\rho V L}{\mu} = \dfrac{1.225 \times 20 \times 1}{1.8 \times 10^{-5}} = 1.36 \times 10^6$。

（2）计算壁面摩擦系数：$C_f = 0.058 Re^{-0.2} = 0.058 \times (1.36 \times 10^6)^{-0.2} = 0.00344$。

（3）计算壁面剪切应力：$\tau_w = \dfrac{1}{2} C_f \rho U_\infty^2 = \dfrac{1}{2} \times 0.00344 \times 1.225 \times 20^2 = 0.843 \text{kg}/(\text{m} \cdot \text{s}^2)$。

（4）计算速度：$U_\tau = \sqrt{\dfrac{\tau_w}{\rho}} = \sqrt{\dfrac{0.843}{1.225}} = 0.83\mathrm{m/s}$。

（5）计算第一层网格高度：$y = \dfrac{y^+ \mu}{U_\tau \rho} = \dfrac{50 \times 1.8 \times 10^{-5}}{0.83 \times 1.225} = 8.851 \times 10^{-4}\mathrm{m}$。

即第一层网格高度值约为 $8.851 \times 10^{-4}\,\mathrm{m}$。

当前网络上提供了相当多的$y+$计算工具，最著名的是NASA提供的在线$y+$计算器，网址为http://geolab.larc.nasa.gov/APPS/YPlus/。用户进入该网址后，显示的计算器界面如图11-25所示。用户需要输入的参数包括雷诺数（Re）、参考长度（Ref. Length）以及$y+$值，单击Calculate按钮进行计算，会输出第一层网格高度ds。

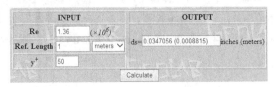

图11-25 $y+$计算器

11.4.5 壁面函数

FLUENT中有5种近壁面处理方法，如图11-21中③及图11-26所示。

这些近壁面处理方法包括标准壁面函数（Standard Wall Functions）、可缩放壁面函数（Scalable Wall Functions）、非平衡壁面函数（Non-Equilibrium Wall Functions）、增强壁面处理（Enhanced Wall Treatment）以及自定义壁面函数（User-Defined Wall Functions）。

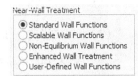

图11-26 壁面函数

这些壁面处理方式中，标准壁面函数、可缩放壁面函数以及非平衡壁面函数均为壁面函数法，适合于高雷诺数湍流模型（k-epsilon模型以及雷诺应力模型），其要求第一层网格节点处于湍流核心区域，即$y+$值处于30～300之间。而近壁面处理则并非壁面函数法，其适合于低雷诺数湍流模型（k-omega模型），需要在近壁区域划分足够细密的网格，其要求第一层网格节点位于黏性子层内，即$y+<5$，且要求边界网格层数至少为10～15层。

虽然壁面函数法是一种近似处理方法，然而其在工业流动问题计算中仍然应用非常广泛。对于简单的剪切流动问题，利用标准壁面函数法可以很好地得到解决，而使用非平衡壁面函数法可以对于强压力梯度及分离流动计算进行改善。而可缩放的壁面函数法则可改善第一层网格节点在计算迭代过程中处于黏性子层与核心层之间摇摆从而导致计算不稳定的问题。增强壁面处理通常用于无法应用对数律的复杂流动问题（如非平衡壁面检查层或雷诺数较低的情况下）。

近壁面建模的一些推荐策略如下。

（1）对于大多数高雷诺数流动情况（$Re>10^6$）下使用标准的或非平衡的壁面函数。在存在分离、再附或者射流流动中常使用非平衡壁面函数法。

（2）对于雷诺数较低或需要求解贴体特征时，需要使用增强壁面处理方法。

（3）增强壁面处理是SA模型与k-omega模型的默认壁面处理方式，但是其也可以用于k-epsilon模型与雷诺应力模型。

11.4.6 边界湍流设置

若在计算模型中使用了湍流模型，则在边界条件设置过程中，对于进出口边界需要设定湍流条件，如图11-27所示。

对于不同的湍流模型，在边界设置中湍流组合方式略有不同，如图11-28所示。若使用了k-epsilon模型，则在湍流指定方法中可以选择方法K and Epsilon、Intensity and Length Scale、Intensity and Viscosity Ratio以及Intensity and Hydraulic Diameter。而若使用了k-omega模型，则湍流指定过程中可以选择K and Epsilon及其他三项。

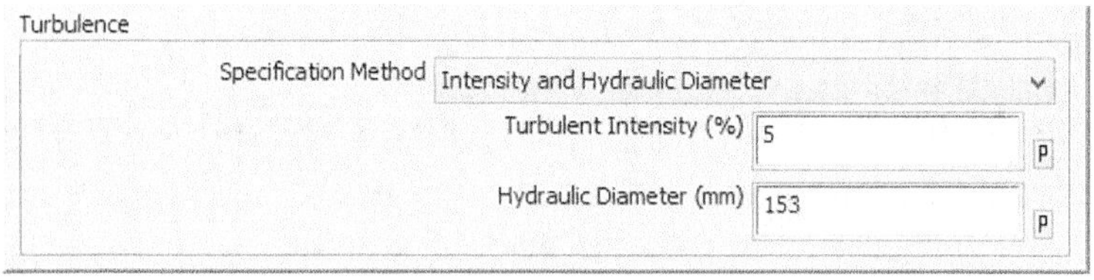

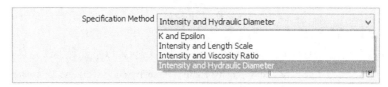

图11-27 湍流边界指定

图11-28 湍流组合方式

湍流边界中的一些物理量的计算方式如下。

1. 湍流强度（Turbulence Intensity）

湍流强度定义为速度脉动的均方根与平均速度的比值。其计算方式如下。

$$I = \frac{u'}{u_{avg}} = 0.16\left(Re\right)^{-1/8} \tag{11-5}$$

式中，Re为雷诺数。例如当雷诺数为50000时，根据式（11-5）计算出湍流强度约为4%。通常$I<1\%$称为低湍流强度，$I>10\%$称为高湍流强度，$I=5\%$通常称为中等湍流强度。

2. 湍流尺度（Turbulence Length Scale）

湍流尺度通常用下式进行计算：

$$l = 0.07L \tag{11-6}$$

式中，L为特征尺寸。

3. 湍动能（Turbulent Kinetic Energy）

湍动能可以通过湍流强度及平均速度进行估算：

$$k = \frac{3}{2}\left(u_{avg}I\right)^2 \tag{11-7}$$

4. 湍流耗散率（Turbulent Dissipation Rate）

湍流耗散率可以利用湍动能、湍流尺寸进行估算：

$$\varepsilon = C_\mu^{3/4}\frac{k^{3/2}}{l} \tag{11-8}$$

式中，C_μ为k-epsilon模型的经验常数，默认值为0.09。

5. omega计算（Specific Dissipation Rate）

k-omega湍流模型中的omega可以通过下式进行估算：

$$\omega = \frac{k^{1/2}}{C_\mu^{1/4}l} \tag{11-9}$$

式中，k为湍动能；C_μ为k-omega模型的经验常数，默认值为0.09。

6. 湍流黏度比（Turbulent Viscosity Ratio）

湍流黏度比 $\dfrac{\mu_t}{\mu}$ 取值范围通常为1~10。对于雷诺数非常大的内流场，湍流黏度比可能会较大，如可能达到100的量级。

7. 水力直径（Hydraulic Diameter）

水力直径可以利用下式进行计算：

$$D = \frac{4A}{L}$$

式中，A为过流面积；L为湿周长度。

FLUENT边界湍流参数的指定通常采用以上参数的组合，主要包括以下几种方式：显式输入k、epsilon以及omega；Intensity and Length Scale；Intensity and Viscosity Ratio；Intensity and Hydraulic Diameter。这四种组合方式是可相互转换的，通常任意选择一种组合方式即可。用户可以根据计算模型的实际情况，选择最合适的组合方式。

（1）对于内流模型，通常选择湍流强度与水力直径组合。

（2）对于外流场计算模型，可以选择湍流强度与长度尺度组合。

11.5 边界条件

11.5.1 边界条件分类

FLUENT中存在众多的边界条件类型，以方便用户根据不同的物理模型进行选择。这些边界条件类型包括以下方面。

（1）axis：轴边界，通常用于旋转几何的2D模型，无需设置边界参数。

（2）outflow：自由出流边界。用于充分发展位置，受回流影响严重，无法应用于可压缩流动模型，也不能与压力边界一起使用。

（3）massflow inlet：质量流量入口边界。设置入口质量流量，通常用于可压缩流动。在不可压缩流动中，通常设置速度入口。

（4）pressure inlet：压力入口。设置入口位置总压，应用非常广泛。

（5）velocity inlet：速度入口。设置入口速度，通常用于不可压缩流动。设置负速度值可当做出口使用。

（6）symmetry：对称边界。对于2D Symmetry模型，对称轴通常为X轴，模型必须建立在X轴上方。

（7）wall：壁面边界。默认为无滑移光滑壁面，用户可以设置壁面滑移速度。

（8）inlet vent：通风口边界，与压力入口类似，不过需要设置压力损失系数。

（9）intake fan：进气扇边界。与压力入口类似，需要设置总压和压力阶跃。

（10）exhaust fan：排气扇边界。与压力出口类似，需要设置出口表压与压力阶跃。

（11）outlet vent：出风口设置。与压力出口类似，需要设置出口表压与压力损失系数。

（12）pressure far-field：压力远场边界。通常用于航空航天外流计算中，用于模拟无穷远来流，需要设置马赫数与表压。

（13）fan：风扇边界。为内部双面集总边界（即边界两侧均为同一计算域）。需要定义风扇性能参数。

（14）interior：内部面边界。通常为计算域内部网格面。无需进行任何设置。

（15）porous jump：多孔阶跃边界。通常需要设置多孔介质的厚度以及压力阶跃系数。

（16）radiator：散热器。需要定义热损失系数及传热效率。

对于以上的边界条件可以简单地分为两类：单面边界及双面边界，见表11-2。单面边界通常指的是几何模型的边界面，而双面边界则通常由内部面转化而来，常常是集总参数边界。

表11-2　边界类型分类

类　型	边　界
单面边界	axis、outflow、massflowinlet、pressure inlet、pressure-outlet、symmetry、velocity inlet、wall、inlet vent、intake fan、outlet vent、exhaust fan、pressure far-field
双面边界	fan、interior、porous jump、radiator、wall

11.5.2　边界条件设置

在FLUENT中进行边界条件设置的步骤如图11-29所示。单击模型树节点Boundary Conditions，在右侧设置面板的Zone列表框中选择相应的边界条件，设置正确的边界类型Type，单击按钮Edit…，在弹出的边界参数设置对话框中设置相应的参数。

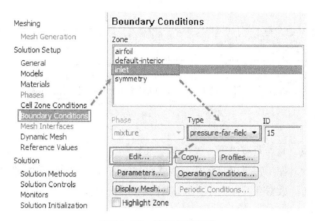

图11-29　边界条件设置

第12章 FLUENT后处理基础

FLUENT是一个相对完整的CFD计算环境，不仅包括前处理与求解器，同时还包含有后处理工具。在引入CFD-POST之前，利用FLUENT后处理工具进行计算后处理也是比较方便的。由于后续章节会详细讲述CFD-POST进行后处理的操作过程，因此本章只是简要地描述利用FLUENT进行后处理的一般操作步骤。

12.1 后处理概述

计算后处理主要是用于将求解器计算得出的数据，以视觉化的方式呈现给用户，同时辅助用户进行产品设计的工具。

对于一般的CFD后处理工具，通常具有以下一些功能。

（1）关键部位物理量显示。如用户可以自定义一些感兴趣的区域，同时在后处理过程中查看这些区域的物理量（如速度、压力、温度等）分布。数据查看方式可以是矢量图、云图、曲线等，也可以直接导出文本数据。

（2）流线或迹线分布显示。

（3）衍生物理量创建及显示。利用后处理工具可以对基本物理量进行组合计算以创建衍生物理量，同时可以操纵这些物理量。

（4）动画创建及导出。动画功能通常用于演示随时间变化的物理量分布，是一种非常重要的可视化展示方法。一般专业的CFD后处理工具都具备这方面的功能。

12.2 FLUENT后处理操作

对于在FLUENT中直接进行后处理，通常可以采用如下步骤。

（1）导入计算结果，通常为cas文件与dat文件。

（2）创建特征位置，显示物理量分布。

（3）创建图表以及对图表图形进行设置。

（4）创建并输出动画（若需要的话）。

（5）验证计算结果并生成计算报告。

12.2.1 创建特征位置

在FLUENT中创建特征位置，是利用Surface菜单完成的。该菜单包含了面、线以及点等特征位置的创建子菜单，如图12-1所示。其中用于后处理面创建的主要包括Point、Line/Rake、Plane、Quadric、Iso-Surface等。由于Zone与Partition在后处理中应用较少，本节不讲述此方面的内容。

图12-1 Surface菜单

1. Point（创建点）

利用Surface菜单下的子菜单Point可以创建一个空间上的点。在计算监测或后处理过程中，可以通过积分获得该区域物理量的值。单击菜单【surface】>【Point…】弹出如图12-2所示的点创建对话框。在该对话框中，可以通过输入点的空间坐标或在图形显示窗口中单击创建点。

对话框中的参数含义如下。

Point Tool：若激活该选项，则可以在图形显示窗口中显示点。

Coordinates：在其中输入点的空间坐标。

Select Point With Mouse：激活该选项后，可以在图形显示窗口中右击，则右击位置的空间坐标会作为所要创建的点的坐标，同时会更新对话框中的坐标数值。

New Surface Name：可以为创建的点命名。

Manage：单击该按钮后可以打开管理对话框，在其中可以管理已创建的对象。

单击Create按钮即可创建点。

2. Line/Rake（线）

利用菜单【Surface】>【Line/Rake】可以创建线或样本点。其设置对话框如图12-3所示。

图12-2 创建点

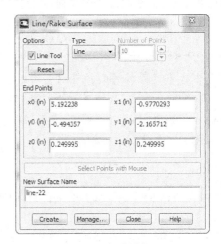

图12-3 创建线

对话框中的参数含义如下。

Line Tool：激活此选项，则在图形显示窗口中显示线。

Type：可以选择Line或Rake，当选择Rake时，Number of Points才会被激活。

End Points：起始点。利用两点创建线。$(x0, y0, z0)$为第一个点的坐标，$(x1, y1, z1)$为第二个点的空间坐标。

Select Points with Mouse：可以利用此功能在图形显示窗口中使用鼠标右键选择点。

New Surface Name：为新建的线命名。

小技巧 ·

線或樣本點經常用於繪制曲線分布過程中。它們之間的區別在於：Line是以最近節點位置作為其上樣本點，而Rake則是在兩點之間均勻分布所規定的樣本點數量，其樣本點位置是通過計算獲取的。

单击Create新建Line或Rake。

3. Plane

在后处理中，经常需要创建Plane以显示流场分布。利用菜单【Surface】>【Plane…】可以很容易地创建所需要的平面。图12-4所示为平面创建设置对话框。对话框中提供了较多的平面创建方法，其中最常见的方法为三点创建平面以及点法式创建平面。

图12-4 创建平面

用户可以输入三个点的坐标以确定平面的空间位置。也可以如图12-4所示，勾选Point and Normal选项，设置一个点与法线向量确定平面的位置。

小技巧 ·

若是創建垂直於軸的面，可以利用ISO Surface功能快速創建。

可以在New Surface Name中输入所要创建的面的名称。

单击Create按钮创建所需的平面。

4. Quadric Surface（二次面）

利用菜单【Surface】>【Quadric Suface】可以创建二次曲面，包括Plane、Sphere、Quadric类型。创建二次面的设置对话框如图12-5所示。

Type：选择二次面的类型，包括平面、球面以及普通二次面。

在创建平面或球面时，可以选择ix、iy、iz以及distance或radius，当这些参数设置完毕后，可以单击Update按钮，则参数会自动计算并更新至函数系数中。

利用New Surface Name可以设置创建的曲面的名称。

单击Create按钮可以创建所定义的曲面。

5. Iso-Surface（等值面）

通过菜单【Surface】>【Iso-Surface…】可以创建等值面。利用Iso-Surface可以创建根据某一物理量的值所组成的曲面。在后处理过程中，Iso-Surface的最常见用途为创建垂直于轴的平面，如图12-5所示。

Surface of Constant：等值物理量。

Min、Max：该物理量的最大最小值。所设置的值不应该超出这一范围。

Iso-Value：设置物理量的值。所有等于该值的物理位置形成面。

可以利用如图12-6所示选择物理量为mesh与坐标轴，并设置iso value创建平行于坐标轴的面。图12-6中所创建的面即为$X=0$的YZ面。

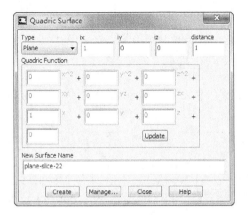

图12-5　创建二次面

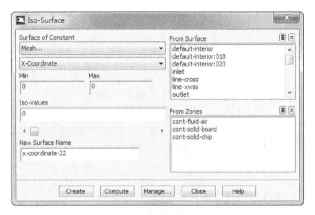

图12-6　等值面创建

6. Iso Clip（等值切片）

利用菜单【Surface】>【Iso Clip】可以创建等值切片，如图12-7所示。

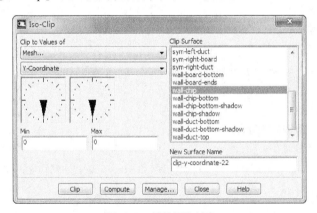

图12-7　等值切片创建

等值切片功能在后处理操作过程中应用较少。

7. Transform（变换）

利用菜单【Surface】>【Transform】可以对已有的面进行变换操作，如旋转、平移等。如图12-8所示为面变换设置对话框，设置变换参数即可对已有面进行变换。

设置对话框中的一些参数含义如下。

Rotate：旋转变换。需要设置旋转中心及旋转角度。旋转中心通过设置点的三方向坐标或在图形显示窗口中右击确定，旋转角度通过设置三方向的角度值来确定。

Translate：平移变换。可以设置三方向的平移值来确定。

Transform Surface：选择待变换的表面。只有在选取了几何之后，Create按钮才会被激活。

New Sruface Name：变换操作并不会改变原有几何，只是新建一个几何。利用该参数可以为新建的表面命名。

单击Create按钮可以创建新的变换后的表面。

图12-8　面变换　　　　　　　　　　　　　　　　　　　图12-9　Display菜单

12.2.2　流场可视化

流场可视化功能主要包含在【Display】菜单中，用户也可以通过模型树窗口中Result节点下的Graphics and Animations以及Plot进行操作查看。

Display菜单中的内容如图12-9所示。其子菜单功能包括以下方面。

（1）Mesh：显示网格。

（2）Graphic and Animations：显示后处理数据。

（3）Plot：创建曲线图表。

（4）Residuals：显示残差曲线。

（5）Options：设置显示选项。

（6）Scense：设置场景样式，包括一些几何渲染功能。

（7）Views：设置视图。

（8）Lights：设置灯光。

（9）Colormap：创建或设置颜色映射表。

（10）Annotate：创建注释选项。

利用模型树中Graphics and Animation与Plot节点可以实现与Surface菜单相同的功能，如图12-10、图12-11所示。

图12-10　图形显示与动画　　　　　　　　　　图12-11　图表设置

12.2.3　Graphics and Animations

单击模型树节点Result > Graphics and Animations可设置后处理图形及动画，如图12-10所示。整个面板包括以下三部分内容。

（1）Graphics：设置图形显示。如网格、云图、矢量图、流线图、粒子轨迹图等。

（2）Animations：设置动画。包括面扫描动画、场景动画以及求解动画回放等。

（3）视图选项。包括场景、视图、灯光、颜色映射、注释等选项设置。

1. Mesh

主要用于显示网格。在前面已经讲过，这里不再赘述。

2. Contours

云图显示设置。双击图12-10中Graphics组中的Contours项即可进入云图设置对话框，如图12-12所示。对话框中的一些选项含义如下。

Filled：设置云图显示样式。若激活此项，则不同等值线间保持填充状态，否则为线图。

Node Values：插值格式，激活此项则使用节点值。默认该项为激活状态。

Global Range：激活此项则使用物理量的全局值作为显示范围。

Auto Range：自动计算范围。取消该项可以手动设置最小、最大值。

Clip to Range：以所设定的物理量的最大、最小值进行切片。

Draw Profiles：若存在Profile文件，则显示其值。

Draw Mesh：显示网格。

Contours of：选择用于显示的物理量。对于不同的物理模型，可选择的物理量存在一定的差异。

Surface：选择进行云图显示的面。若没有选择面，则会报错。

Levels：云图显示的级数。该参数值越大，云图显示越精确。

Surface Type：用户选择Surface时的辅助工具。

图12-12　云图设置

Display：选择此按钮进行云图显示。

Compute：单击选择此按钮进行物理量计算。

3. Vector

Vector主要用于显示矢量图，其与云图的区别在于：矢量图不仅可以显示物理量的大小，还可以显示物理量的方向。图12-13所示为矢量图设置对话框。

矢量图设置与云图设置参数大部分都相同，这里不再详细描述。其中一些不同的参数如下。

Style：设置矢量的样式，可以用箭头、圆锥等样式进行显示。

Scale：调整矢量符号的大小，小于1表示缩小，大于1表示放大。

Skip：主要用于调整矢量图符号的密度。该参数值越大，则矢量图越稀疏。

Vector of：设置用于矢量图绘制的物理量，通常选择速度velocity。

Color by：用于矢量图颜色显示的物理量。通常选择速度。

单击Vector Options可以对矢量图一些外观特性进行设置，如图12-13所示。

In Plane：矢量图位于平面内。通常是进行投影操作。

Fixed Length：矢量符号的长度采用恒定值，不采用物理量的大小作为长度的标注。

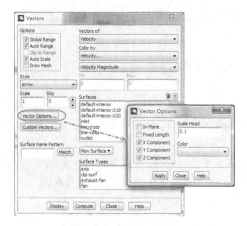

图12-13　Vector设置

4. Pathline

可以利用Pathline绘制流线图，设置面板如图12-14所示。

设置面板中的一些参数如下。

（1）Option：包括绘制流线的一些选项设置，主要需要注意的参数包括以下几个。

①Accuracy Control：绘制流线过程中的精度控制。

②XY Plot：绘制曲线图。

③Write to File：将数据写入到文件中。

（2）Style：流线样式。包括line、line-arrows、point、sphere、ribbon、triangle、coarse-cylinder、medium-cylinder、fine-cylinder，通常采用默认line即可满足要求。

（3）Attributes：设置流线属性，如线宽等。

（4）Step Size：计算流线的步长，步长越小精度越高，但所需的计算开销越大。

（5）Tolerance：当激活了Accuracy Control选项时，可以设置此参数值。

（6）Steps：迭代步数。若绘制的流线存在中断的情况，可以适当增大此参数。

（7）Path Skip：忽略步数。当流线过于稠密时，可增大此参数值，减少流线数量。

（8）Color by：选取表达流线颜色的物理量，通常采用速度。

（9）Release from Surface：流线起始面。

（10）Pulse按钮：单击选择此按钮以动画的形式观察流线。

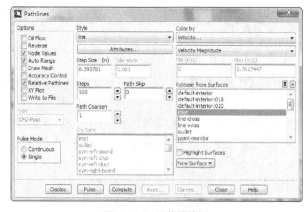

图12-14　流线图绘制

5. Particle Tracks

可以利用Particle Tracks进行粒子轨迹追踪，如图12-15所示。

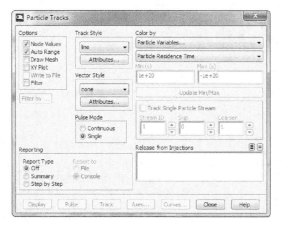

图12-15 粒子轨迹追踪

粒子追踪设置面板与流线设置面板基本相同，与其不同的参数含义如下。

Filter：设置过滤规则对粒子进行过滤。只显示符合要求的粒子，如限定粒子粒径等。

Report：设置输出的报告类型。默认情况下为关闭状态，即不输出报告。用户可以设置以Summary（以总结的方式输出）或Step by Step（每一步均输出报告）方式输出。

Release from Injections：选择粒子入射器。粒子轨迹从入射器位置开始计算。

12.2.4 动画创建

在FLUENT后处理中可以创建并输出动画。动画创建功能位于Graphics and Animations面板中，如图12-16所示。

图12-16 动画创建面板

Fluent中可以创建以下3种动画类型。

（1）Sweep Surfce：扫描面动画。设置一个面沿某一方向运动形成动画。

（2）Scene Animations：场景动画。类似于关键帧动画的形式。

（3）Solution Animation Playback：求解动画回放。在计算之前定义的动画，可以通过此功能进行回放并输出。

1. Sweep Surface

扫描面动画通常用于结果查看，该类型动画无法输出，其设置面板如图12-17所示。面板中的参数含义如下。

Sweep Axis：以向量的形式确定扫描路径的方向。如图12-17所示向量（1，0，0）表示沿X轴扫描运动。

Display Type：显示类型，主要包括mesh、Contours及vectors 3种类型。当选择云图或矢量图类型时，可以通过Properties按钮进行属性设置。

Initial Value：设置初始值。

Final Value：设置最大值。

Frames：设置帧数。该参数值越大，则动画运动越缓慢。

Min Value：最小值，通常与初始值保持一致。

Value：动画过程中的当前值。

Create：创建动画文件。

Animate：观察动画过程。

Compute：利用软件计算初始值与最终值。

2. Scene Animation

场景动画创建面板如图12-18所示。场景动画通常用于瞬态计算结果中，其最大的优势在于生成动画过程较快，且消耗较少的计算资源。

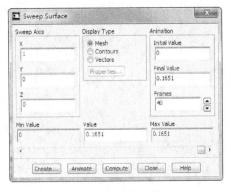

图12-17　扫描面动画

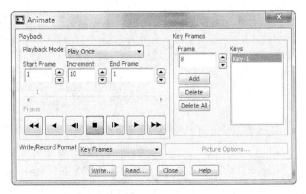

图12-18　场景动画

其创建步骤如下。

（1）导入结果文件，显示物理量图形（如云图、矢量图等）。

（2）利用Add按钮添加关键帧。

（3）加载第二个时间步，显示相同位置相同的物理量图形。

（4）重复第二步，添加第二个关键帧。

用相同的步骤添加多个关键帧。

设置Write/Record Formate选项，其中包括3种类型：Key Frame、Picture Files、MPEG，设置完毕后单击Write按钮即可输出动画。

3. Solution Animation Playback

回放动画功能在制作动画中应用作为广泛。通常在计算之前，可以在模型树节点Solution > Calculation Activities中设置Solution Animation，当计算完毕后，图12-19所示面板中会自动加载计算动画，设定Write/Record Formate类型后，即可利用Write按钮输出动画。

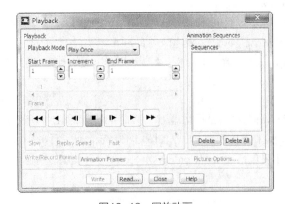

图12-19　回放动画

12.2.5 图形设置选项

在Graphics and Animations面板中包含了一系列图形设置选项按钮，如图12-20所示。

图12-20 图形设置选项

利用这些功能按钮，可以对显示的图形样式进行设置与控制。

1. Options

该按钮用于图形显示窗口基本样式设置。单击该按钮后，弹出如图12-21所示的设置对话框。包括以下4部分设置内容。

（1）Rendering：设置图形渲染样式。

（2）Graphics Windows：设置图形显示窗口的样式。

（3）Light Attributes：灯光属性设置。

（4）Layout：设置图形显示窗口中的组件排布。

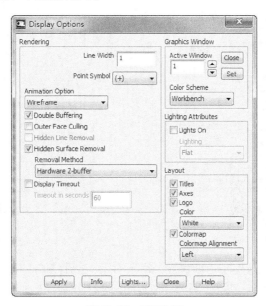

图12-21 显示选项

图中的一些参数含义如下。

Line Width：设置曲线图的线宽，默认线宽为1。

Point Symbol：设置曲线图上标记的样式，默认为"+"。

Active windows：设置激活窗口，默认为1。

Color Scheme：设置背景颜色，默认为workbench颜色策略（蓝白渐变色），用户可以选择Classic（经典颜色，黑色背景）。

🌐 **小技巧**

经常需要将背景颜色改为白色，此时需要将颜色策略先切换为经典样式，同时利用TUI命令：

/display/set/colors>background

/display/set/colors> foreground

Background是用于修改背景颜色，Foreground用于修改前景色（如文字等颜色）。

Title、Axes、Logo：选择或不选择这些选项，可以控制这些组件是否在图形窗口显示。

Colormap Alignment：设置颜色条放置位置。

2. Views

Views主要用于对视图进行设置。设置面板如图12-22所示。利用该设置对话框可以以某一方向显示图形，若存在镜像面的话，还可以进行面的镜像显示。

Views：选择视图，包括7个默认的视图（back、bottom、front、isometric、left、right、top）。用户通过Save按钮保存的当前视图也会添加至视图列表中。

Mirror Planes：对称面。通常为设置为symmetry或axis类型的边界。用户也可以通过Define Plane按钮创建镜像面。

Periodic Repeats：对于周期模型，可以利用该选项显示完整模型。

Default：采用默认视图进行显示。

Auto Scale：对视图进行自动缩放。

Previous：利用前一个使用的视图。

Save：以指定的Save Name作为名称保存视图。

Delete：删除选中的视图。

Read：读入已有的视图文件。

Write：保存当前视图到文件中。

单击Apply按钮应用视图。单击Camera按钮可以定义视图，如图12-23所示。

图12-22　View设置

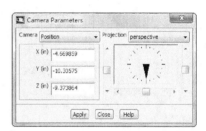

图12-23　定义Camera

3. Colormap

如图12-24所示为Colormap设置面板，在该面板中，用户可以设定及控制Colormap的显示。其中主要包括标签设置（labels）、数字格式（Number Format）以及颜色映射表（Colormap）设置等。

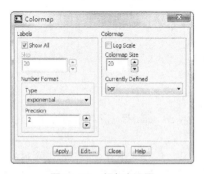

图12-24　颜色表设置

其中最常设置的项为Type及Precision。默认数字类型为幂律形式（即科学计数法），用户可以切换为General（自动判断）或float（浮点数），同时可以规定有效数字位数。

其他设置选项（如Scene、Lights、Annotate等）在实际工作中通常保持默认值即可满足要求，一般不需要设置。

12.2.6 Plot

利用Plot功能可以显示曲线、图表等。单击模型树节点Result > Plots即可进入功能选择面板，如图12-25所示。

图12-25 Plot面板

Plots面板中主要包括：XY Plot（二维曲线图）、Histogram（直方图）、File（文件数据）、Profiles（轮廓数据图）、FFT（快速傅里叶变换图形）。

1. XY Plot

XY Plot主要用于显示某一物理量随某一坐标值的变化趋势，如图12-26所示。

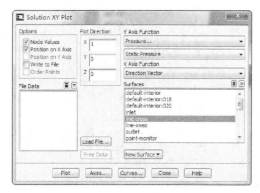

图12-26 XY Plot设置

一些选项如下。

Position on X Axis：若激活此项，则X坐标轴放置位移值。

Position on Y Axis：若激活此项，则Y坐标轴放置位移值。

Write to File：将数据写出至文本文件中。

Order Point：若激活该选项，则在写出数据至文件中时会进行排序。

Plot Direction：设置显示方向向量。如图12-26所示向量（1，0，0）表示沿X轴分布。

Y Axis Function：Y坐标函数。若激活了Position on Y Axis，则该选项可以选择Direction Vector（方向向量）或curve length（曲线长度）

X Axis Function：X坐标函数。若激活了Position on X Axis，则该选项可以选择Direction Vector（方向向量）或curve length（曲线长度）

Surface：选择进行曲线绘制的几何位置。可以是创建的线或面。

Load File：可以利用该按钮载入保存的数据文件以显示多条曲线。

Plot：显示曲线。

Axes：设置坐标轴样式。如两个坐标轴数值范围、数据格式等。

Curves：设置曲线样式。如线条粗细、颜色等。

2. Histogram

利用Histogram可以绘制直方图。该类型图表最常见的应用为DPM模型中统计粒子粒径分布，同时也可以统计物理量在指定面上的分布情况。

直方图设置面板如图12-27所示。

Auto Range：激活此选项，则自动计算物理量的范围。

Global Range：激活此选项，使用全局参数范围，否则使用局部范围。

Divisions：分组数。将物理量的值划分为指定的组数。默认为10组。

Histogram of：选择物理量。

Zones：选择位置。

Print按钮：单击此按钮会在TUI窗口统计物理量在指定位置的分布。

图12-28所示即为按图12-27的设置生成的直方图。

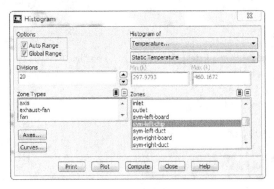

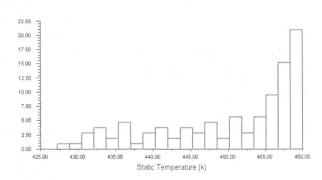

图12-27　直方图设置　　　　　　　　　　　　　图12-28　直方图实例

3. File

利用File可以导入数据文件绘制相应的图形，如图12-29所示。

图12-29　File面板

Add：添加数据文件。可同时添加多个数据文件。

Delete：删除数据文件。

利用File面板可以同时显示多个数据文件曲线图。

12.2.7　Reports

利用模型树节点Reports可以对后处理结果进行量化计算。其设置面板如图12-30所示。

Reports包括以下一些类型。

（1）Fluxes：通量统计。如质量流量、换热率等。

（2）Forces：计算力、力矩等。

（3）Projected Areas：投影面积计算。

（4）Surface Integrals：面积分。

（5）Volume Integrals：体积分。

（6）Discrete Phase：离散相中的一些物理量计算（只有在使用了DPM模型才可用）。

（7）Heat Exchanger：换热器计算（使用了换热器模型才可用）。

图12-30　Report面板

1. Fluxes

通量计算设置面板如图12-31所示。主要包括以下3种通量计算类型。

（1）Mass Flow Rate：计算指定边界的质量流量。

（2）Total Heat Transfer Rate：总传热率。

（3）Radiation Heat Tranfer Rate：辐射传热率。

Save Output Parameter：可用将输出值进行参数化处理。

Net Results：计算净值，此处净值为代数和计算。

Write：可以输出计算结果至文本文件中。

单击Compute按钮可以在TUI窗口中输出报告，如图12-32所示。

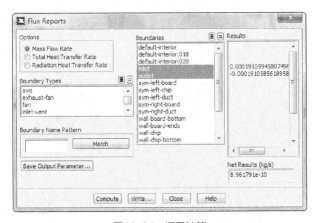

图12-31　通量计算

Mass Flow Rate	(kg/s)
inlet	0.00019105946
outlet	-0.00019105856
Net	8.9617913e-10

图12-32　输出报告

2. Forces

利用Forces可以计算力、力矩以及压力中心的坐标。设置面板如图12-33所示。报告可选类型包括以下几种。

（1）Forces：输出力。

（2）Moments：输出力矩。

（3）Center of Pressure：输出压力中心。

Direction Vector：方向向量。输出物理量在该方向上的分量值。

Wall Zones：选择面边界。

对于输出力矩，还需要设置力矩中心坐标及力矩轴，如图12-34所示。

图12-33　Forces面板

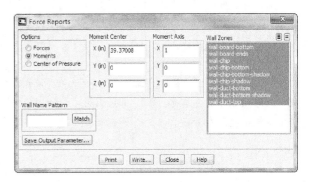

图12-34　力矩计算设置

3. Projected Areas

计算指定面在指定方向上的投影面积，如图12-35所示。

Projected Direction：指定投影方向。

Surfaces：指定所要计算的表面。

Min Feature Size：指定最小特征尺寸。低于该值的特征将会被忽略。

单击Compute按钮，面积值将会被填充到Area文本框中。

4. Surface Integrals

在后处理过程中，面积分应用非常广泛。如图12-36为面积分设置面板。

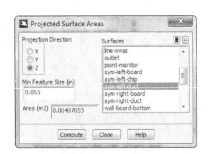

图12-35　投影面计算

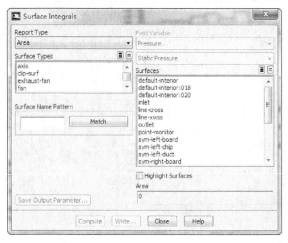

图12-36　面积分计算

Report Type：要计算的物理量类型。包含有众多类型，需要根据实际情况进行选择。

Field Variable：选择要计算的物理量。

Surfaces：选择要进行计算的物理量的位置。

Highlight Surfaces：若激活此选项，则选择了某一表面后，会在图形显示窗口高亮显示。

5. Volume Integrals

体积分主要用于对计算域内物理量进行积分计算，如图12-37所示。

图12-37　体积分计算

利用体积分可以计算计算域内Mass Average（质量平均）、Mass Integral（质量积分）、Mass（质量）、Sum（求和）、Minimum（统计最小值）、Maximum（统计最大值）、Volume（计算体积）、Volume-Average（体积平均）、Volume Integral（体积积分）。

第 13 章 基本流动问题计算

流动计算是CFD软件的最基本功能。FLUENT作为一款比较成熟的CFD软件，其具备强大的流动计算功能。在FLUENT中进行流动问题求解，其一般步骤在第4章已经进行了详细描述，本章不再赘述。本章主要以实例进行流动问题在FLUENT中的设置求解操作过程进行演示。

13.1 【实例13-1】翼型计算（可压流动）

13.1.1 问题描述

翼型升阻力计算是CFD最常规的应用之一。本例计算的翼型为RAE2822，其几何参数可以查看翼型数据库。本例计算在来流速度0.75马赫、攻角3.19°情况下，翼型的升阻系数及流场分布，并将计算结果与实验数据进行对比。模型示意图如图13-1所示。

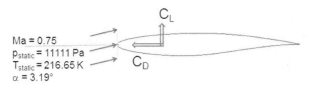

图13-1　计算模型示意图

13.1.2 FLUENT前处理设置

Step 1：导入计算模型

以3D、双精度方式启动FLUENT14.5。

利用菜单【File】>【Read】>【Mesh】，在弹出的文件选择对话框中选择网格文件ex5-1.msh，单击OK按钮选择文件。

单击FLUENT模型树按钮General，在右侧设置面板中单击按钮Display，在弹出的设置对话框中保持默认设置，单击Display按钮，显示网格，如图13-2和图13-3所示。

图13-2　显示网格

Step 2：检查网格

采用如图13-4所示步骤进行网格的检查与显示。单击FLUENT模型树节点General节点，在右侧面板中通过按钮Scale、Check及Report Quality实现网格检查。

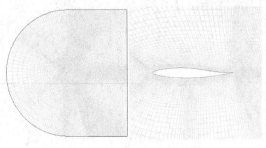

图13-3　整体网格与局部网格

图13-4　网格检查

单击按钮Check，在命令输出界面中出现如图13-5所示网格统计信息。从图中可以看出，网格尺寸分布：

x轴：-48.97 ~ 50m

y轴：0 ~ 0.01m

z轴：-50 ~ 50m

符合尺寸要求，无需进行尺寸缩放。

最小网格体积参数minimum volume为1.690412e-9，为大于0的值，符合计算要求。

Step 3：General设置

单击模型树节点General，在右侧设置面板中Solver下设置求解器为Density-Based，如图13-6所示。

```
Domain Extents:
  x-coordinate: min (m) = -4.897933e+01, max (m) = 5.000000e+01
  y-coordinate: min (m) = 0.000000e+00, max (m) = 1.000000e-02
  z-coordinate: min (m) = -5.000000e+01, max (m) = 5.000000e+01
Volume statistics:
  minimum volume (m3): 1.690412e-09
  maximum volume (m3): 1.630805e-01
    total volume (m3): 8.825800e+01
Face area statistics:
  minimum face area (m2): 1.690412e-07
  maximum face area (m2): 1.630805e+01
```

图13-5　网格统计信息

图13-6　General设置

💬 **说明**

对于高速可压缩流场计算，常常使用密度基求解器。

Step 4：Models设置

使用SST k-w湍流模型，并且激活能量方程。

1. 激活SST k-w湍流模型

如图13-7所示，单击模型树节点Models，在右侧面板中的models列表项中双击Viscous-laminar，弹出如图13-8所示黏性模型设置对话框，在model选项中选择k-omega(2 eqn)，并在k-omega Model选项中选择选项SST，其他参数保持默认。

💬 **小技巧**

对于外流场模型，若壁面附近流场非常重要，则SST k-w模型是理想的选择。该湍流模型可以求解黏性子层，不过对网格要求较高，壁面附近需要非常细密的网格。

2. 激活能量方程

在图13-7所示面板中双击列表项Eneergy-Off，弹出能量方程设置面板，在面板中激活Energy Equation选项。

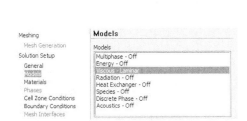

图13-7 黏性模型设置　　　　　　　　　　　　　　图13-8 湍流设置

Step 5：Materials设置

设置气体密度为理想气体类型。

如图13-9所示，单击FLUENT模型树节点Materials，在右侧设置面板中选择材料air，单击按钮Create/Edit…，弹出材料设置对话框，如图13-10所示。

设置密度Density选项为ideal-gas，设置黏性Viscosity选项为sutherland，在弹出的相应面板中采取默认设置。单击Change/Create按钮完成材料属性的编辑。

图13-9 材料设置

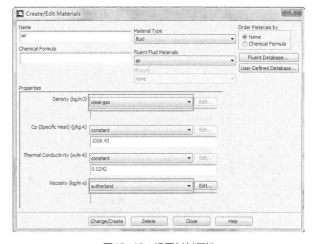

图13-10 设置材料属性

💧 说明

ideal-gas采用的是理想气体状态方程，能够反应压力与密度的关系，可以模拟流体的可压缩性。对于高速可压缩流动问题，通常其流体物性与温度关系较大，本例进行了简化，设置其比热及热传导率为定值。

Step 6：Cell Zone Conditions设置

在Cell Zone Conditions中设置参考压力为0。

如图13-11所示，单击模型树节点Cell Zone Conditions，在右侧设置面板中单击按钮Operating Conditions…，弹出如图13-12所示的设置对话框。在对话框中设置参数Operating Pressure为0。

💧 小技巧

设置操作压力为零意味着在边界条件中设置的压力均为绝对压力。

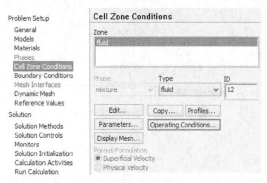
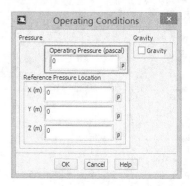

图13-11　计算域条件　　　　　　　　　　　　　　　　　图13-12　操作条件设置

Step 7：Boundary Conditions设置

设置入口边界inlet的边界类型为Pressure Far-Field。

设置壁面边界airfoil的边界类型为Wall。

设置对称边界symmetry的边界类型为Symmetry。

1. 设置入口边界inlet

如图13-13所示，单击模型树节点Boundary Conditions，在右侧面板中Zone选项中选择列表项inlet，设置边界类型Type为pressure-far-field，单击Edit…按钮在弹出的参数设置对话框中设置入口边界参数，如图13-14所示。

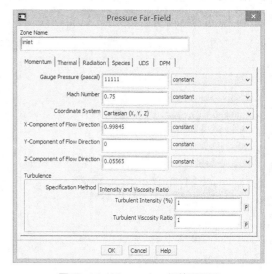

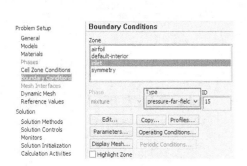

图13-13　设置入口边界条件　　　　　　　　　　　　　图13-14　Momentum标签页设置

在Momentum标签页中，设置表压Gauge Pressure为11111Pa，设置马赫数Mach Number为0.75，设置速度向量为直角坐标方式Cartesian。设置方向向量为（0.99845，0，0.05565）。该向量为通过攻角3.19°计算获得。cos3.19° =0.99845，sin3.19° =0.05565。

设置湍流指定方式Specification Method为Intensity and Viscosity Ratio，指定湍流强度Turbulent Intensity为1%，湍流黏度比Turbulent Viscosity Ratio为1。

切换至Thermal标签页，设置温度Temperature为216.65K，如图13-15所示。

图13-15　入口温度设置

2. 设置airfoil边界及symmetry边界

设置airfoil边界类型为Wall，保持参数默认，即使用无滑移光滑绝热壁面。

修改symmetry边界类型为Symmetry。

Step 8：Reference Value设置

参考值主要用于升阻系数的计算，如图13-16所示设置。

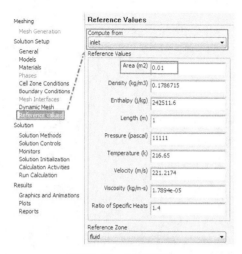

图13-16 参考值设置

单击模型树节点Reference Values，在右侧面板中Computer from选择inlet，软件会自动对下方的参数进行填充。用户需要确保Area参数值为0.01。

软件利用参数值进行升力系数及阻力系数的计算：

$$C_D = \frac{F_{\text{stream}}}{0.5\rho_{\text{ref}}u_{\text{ref}}^2} \tag{13-1}$$

$$C_L = \frac{F_{\text{lateral}}}{0.5\rho_{\text{ref}}u_{\text{ref}}^2} \tag{13-2}$$

式中，C_D为阻力系数；C_L为升力系数；Fstream为水平分力；Flateral为垂直分力。

Step 9：Solution Methods设置

如图13-17所示，单击模型树节点Solution Methods，在右侧面板中设置求解方法。使用Implicit及Roe-FDS求解方法，修改Turbulent Kinetic Energy与Specific Dissipation Rat为Second Order Upwind，其他参数保持默认设置。

图13-17 求解方法设置

Step 10：Solution Controls设置

求解控制参数采用默认设置。该面板中的设置主要用于控制收敛性，通常软件会根据用户设置的模型及边界条件对控制参数进行一定的优化，用户往往无需进行设定。在该面板中主要设置物理量的亚松弛因子，增大亚松弛因子能提高收敛速度，但是会降低稳定性。

Step 11：Monitor设置

可以定义升力及阻力系数监视器，以观察这些物理量随迭代进行的变化情况。

1. 阻力监视器

如图13-18所示，单击模型树节点Monitors，在右侧设置面板中单击Create按钮下的Drag…菜单，弹出如图13-19所示的设置对话框。

按图13-19所示定义阻力监视器。

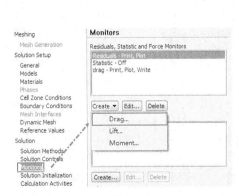

图13-18 定义阻力监视器

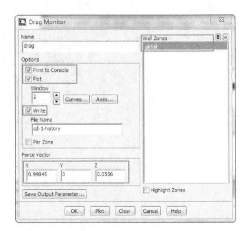

图13-19 阻力监视器定义

2. 升力监视器

升力监视器定义步骤与阻力监视器相同，所不同的是力向量Force Vector改为[-0.0556，0，0.99845]。

Step 12：Solution Initialization设置

以入口inlet边界条件进行初始化，如图13-20所示。

图13-20 初始化设置

图13-21 求解计算

Step 13：Run Calculation设置

单击FLUENT模型树节点Run Calculation，右侧面板设置如图13-21所示。设置Number of Iterations为0，激活选项Solution Steering，在选项Flow Type为Transonic时，激活选项Use FMG Initialization，单击按钮Calculate进行FMG初始化。

小技巧

对于航空外流问题，采用FMG初始化有助于提高收敛性。

设置Number of Iterations为900，取消激活选项Use FMG Initialization，单击Calculation按钮进行迭代计算。

13.1.3 结果后处理

Step 1：升阻系数监控曲线

图13-22与图13-23分别为升力系数与阻力系数监控曲线。从图中可以看出，随着迭代次数的增加，升力系数及阻力系数逐渐趋于稳定，可以认为计算达到收敛。

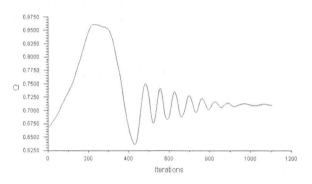

图13-22　升力系数监控曲线　　　　　　　图13-23　阻力系数监控曲线

图13-24为迭代输出结果部分截图，从图中可以看出，升力系数约为0.71，阻力系数约为0.027416。

```
        k        omega       Cl-1       Cd-1     time/iter
3.2625e-05   6.1912e-07   7.1055e-01   2.7442e-02   0:09:58   702
3.1679e-05   6.1289e-07   7.1048e-01   2.7436e-02   0:10:18   701
3.1535e-05   6.0322e-07   7.1041e-01   2.7429e-02   0:10:34   700
3.1858e-05   6.0294e-07   7.1035e-01   2.7422e-02   0:10:46   699
3.1530e-05   5.9107e-07   7.1028e-01   2.7416e-02   0:10:56   698
```

图13-24　升力及阻力系数

Step 2：沿壁面的压力系数分布

单击模型树节点Plot，在右侧面板中选择列表项XY Plot，弹出面板如图13-25所示。激活选项Node Values与Position on X Axis，设置Plot Direction为（1，0，0），设置Y Axis Function为Pressure与Pressure Coefficient，设置X Axis Function为Direction Vector，选择Surface为airfoil。

单击按钮Load File…，在弹出的文件选择对话框中选择试验数据文件experiment.xy。单击Plot按钮显示曲线。

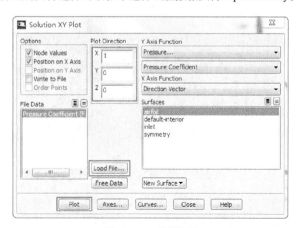

图13-25　曲线设置

单击Axes按钮，弹出如图13-26所示坐标轴样式设置对话框。激活选择Y Axis，设置Number Format的Type为float，设置精度Precision为2。

单击Curve按钮设置曲线样式，如图13-27所示。在对话框中Curve#中选择曲线编号，在Line Style中设置曲线的样式，包括曲线的线型（Pattern）、颜色（Color）及线宽（Weight）。在Maker Style中设置曲线上标记点的样式，包括参数Symbol、Color及Size。

设置本次计算的曲线为实线，蓝色，线宽为2，如图13-27所示。

图13-26　设置坐标轴样式　　　　　　　　　　　　　图13-27　曲线设置

图13-28所示为压力系数分布曲线及实验数据分布。从图中可以看出，数值仿真计算结果与试验数据吻合较好。用户可以加密网格以提高计算精度。

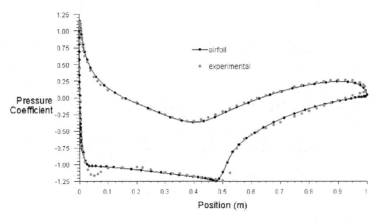

图13-28　压力系数分布

Step 3：修改视图方向

本例中视图方向如图13-29（a）所示。用户往往习惯以来流方向从左至右显示，因此需要修改视图方向以调整模型观察方向，如图13-29（b）所示。利用菜单【Display】>【View…】弹出如图13-30所示视图定义对话框。

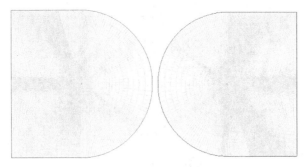

图13-29　调整视图方向

单击Views对话框中的按钮Camera…，在弹出的对话框中设置Camera为Up Vector，设置向量为（0，0，-1），单击Apply及Close按钮确认并关闭对话框。返回至Views对话框中单击Save按钮保存视图，单击Apply按钮确认视图选择。调整视图方向后的图形显示框中模型显示如图13-29（b）所示。

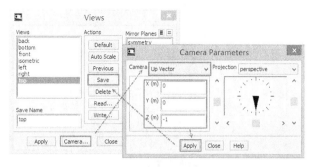

图13-30　定义视图对话框

Step 4：查看马赫数分布

单击模型树节点Graphics and Animations，在右侧面板Graphics中选择列表项Contours，单击Set Up按钮进入云图设置对话框。如图13-31所示，在Options中确保已选中选项Filled、Node Value、Global Range及Auto Range，同时设置Contours of组合框内容为Velocity…及Mach Number，选择Surfaces为Symmetry。单击Display按钮显示云图，如图13-32所示。

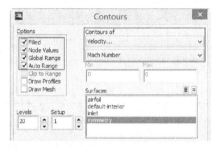

图13-31　云图设置对话框

图13-32　马赫数分布

Step 5：压力分布

按与Step4相同的操作顺序，选择Contours of…下拉列表为Pressure与Static Pressure，显示压力分布如图13-33所示。

图13-33　压力分布

13.2　【实例13-2】卡门涡街计算（瞬态计算）

卡门涡街是流体力学中重要的现象，在自然界中常可遇到。一定条件下的定常来流绕过某些物体时，物体两侧会周期性地脱落出旋转方向相反、排列规则的双列线涡，经过非线性作用后，形成卡门涡街。如水流过桥墩，风吹过高塔、烟囱、电线等都会形成卡门涡街。

流体流经圆柱形障碍物后的流型与入流雷诺数有关。如图13-34所示，随入口雷诺数的增大，绕流形态发生很大的改变。本例来流雷诺数为100，绕流形式为层流涡街。

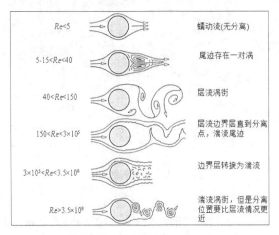

图13-34　绕流的不同表现形式

13.2.1　问题描述

计算模型如图13-35所示。模型几何尺寸见表13-1。

表13-1　模型几何尺寸表

位　　置	尺　　寸
D1	1m
D2	10m
D3	15m
D4	20m

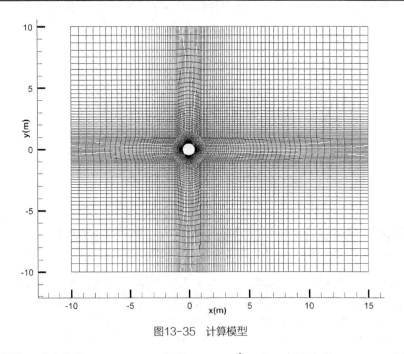

图13-35　计算模型

设置工作流体属性：动力黏度 $\mu = 0.01$Pa·s，密度 $\rho = 1$kg / m^3。入口来流速度 $v = 1$m / s，可以计算入口雷诺数

$$Re = \frac{\rho v}{\mu L} = \frac{1 \times 1}{0.01 \times 1} = 100$$
。

13.2.2 FLUENT前处理设置

Step 1：启动FLUENT

以2D、双精度方式启动FLUENT14.5，如图13-36所示。

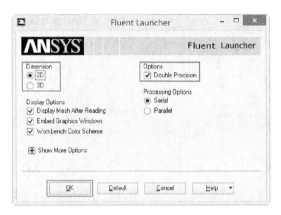

图13-36 启动FLUENT

单击OK按钮进入FLUENT。

Step 2：读取并检查网格

单击菜单【File】>【Read】>【Mesh…】，读取网格文件ex5-2.msh。

单击菜单【Mesh】>【Check】，模型网格信息会显示在TUI命令窗口，如图13-37所示。从图中可以看出，网格x方向尺寸为-20～30m，y方向尺寸为-20～20m，符合要求。检查最小网格体积2.744589e-3m³，其值大于零，满足求解器要求。

Step 3：General设置

General面板采用默认设置，如图13-38所示。

```
Domain Extents:
   x-coordinate: min (m) = -2.000000e+01, max (m) = 3.000000e+01
   y-coordinate: min (m) = -2.000000e+01, max (m) = 2.000000e+01
Volume statistics:
   minimum volume (m3): 2.744589e-03
   maximum volume (m3): 1.917344e+00
     total volume (m3): 1.996863e+03
Face area statistics:
   minimum face area (m2): 3.262080e-02
   maximum face area (m2): 1.414967e+00
```

图13-37 网格统计信息

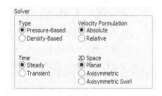

图13-38 General设置

💡 **说明**

> 卡门涡街为瞬态模型，这里采用稳态计算为瞬态模拟提供初始条件。

Step 4：Models设置

由于本例计算为层流模型，且不考虑能量方程。本例的模型设置采用默认设置，无需进行其他设置。

Step 5：Materials设置

修改材料air的材料属性。单击模型树节点Materials，在右侧列表框中鼠标双击列表项air，在弹出的材料属性设置对话框中修改材料密度为1kg/m³，黏度为0.01Pa·s。

Step 6：Cell Zone Conditions设置

单击FLUENT模型树节点Cell Zone Conditions，在右侧设置面板中确认计算域fluid类型为fluid，并确保计算域流体材料为air。

本例默认情况下即已经设置完毕。不过以防万一，建议用户查看。

Step 7：Bondary Conditions设置

单击FLUENT模型树节点Bondary Conditions，在右侧面板中设置边界条件，如图13-39所示。

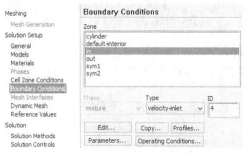

图13-39　边界条件设置

1. 设置入口边界

选择图13-39中区域列表项in，单击按钮Edit…，弹出如图13-40所示参数设置对话框，设置入口速度为1m/s。

2. 设置出口边界

设置边界out的类型为pressure-outlet，保持设置参数为默认值。即出口静压为0。
其他壁面及对称边界参数保持默认设置。

Step 8：Solution Methods设置

如图13-41所示，单击模型树节点Solution Methods，在右侧面板中设置Momentum项为QUICK算法。

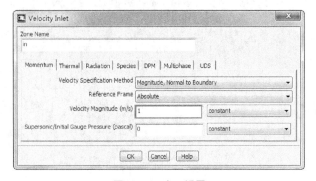

图13-40　入口设置

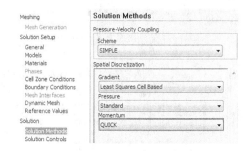

图13-41　求解方法设置

Step 9：设置监测器

定义坐标点（2，1）的速度。

1. 定义空间点

选择菜单【Surface】>【Point…】，弹出如图13-42所示的点定义对话框。在对话框中，设置Coordinates为（2，1），设置点名称为point-monitor，单击按钮Create完成点的创建。

2. 监测器定义

单击模型树节点Monitors，在右侧面板中定义Surface Monitors。单击面监视定义下的Create…按钮，弹出如图13-43所示的设置对话框。

激活选项Print to Console、Plot及Write，在Report Type列表中选择Vertex Average，在Field Variable中选择Velocity及Velocity Magnitude，选择监测面为前方定义的点point-monitor。

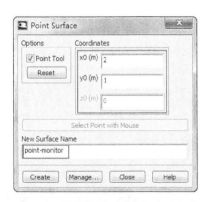

图13-42 定义点

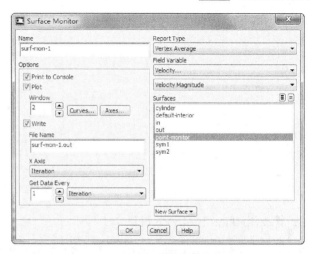

图13-43 监视器定义

单击OK按钮完成点监视器的定义。

Step 10：Solution Initialization设置

单击模型树节点Solution Initialization，在右侧面板中设置初始化方法为Standard Initialization，设置Compute from参数为入口in，以入口区域in进行初始化。

Step 11：Run Calculation设置

在计算之前，利用菜单【File】>【Write】>【Case & Data…】保存case及data文件ex6-3.cas与ex6-3.dat。

单击模型树节点Run Calculation，在右侧设置面板中设置迭代次数Number of Iteration为400，单击按钮Calculate进行迭代计算。

图13-44所示为定义的几何位置点（2，1）随迭代过程速度变化情况。从图中可以看出，该位置速度呈周期振荡。由此可以判断，计算过程可能不会达到稳定，涡街是一种瞬态行为。因此应当使用瞬态计算。

保存case与data文件，下一步采用瞬态计算模型。

🌐 小技巧

在计算过程中，常常在敏感位置定义物理量监测，对于呈现周期振荡的监测曲线，通常认为其为瞬态行为，应使用瞬态计算模型。

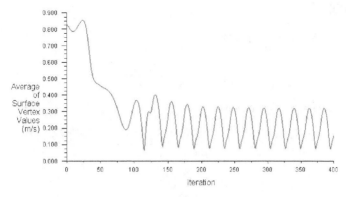

图13-44 监视曲线

Step 12：修改计算模型

1. 修改General设置

修改模型树节点General对应的面板，设置Time选项为Transient。其他参数保持不变，如图13-45所示设置。

图13-45　修改时间项

2. 修改Solution Methods设置

单击模型树节点Solution Methods节点，在右侧设置面板中设置压力速度耦合算法（pressure-velocity coupling）为PISO，设置Transient Formulation为二阶隐式格式（Second Order Implicit），其他参数不变。

3. 增加监视器

在模型树节点Monitor中添加Surface Monitor，按如图13-46所示对话框进行设置。

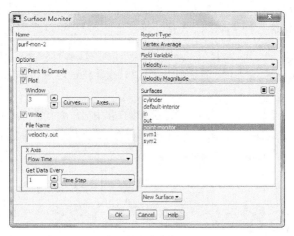

图13-46　定义监视器

4. 自定义物理量Q标准

Q标准（Q-criterion）常用于度量涡，其定义如下。

$$Q = \frac{\partial U}{\partial x}\frac{\partial V}{\partial y} - \frac{\partial U}{\partial y}\frac{\partial V}{\partial x}$$

（13-3）

利用菜单【Define】>【Cumstom Field Functions…】，弹出如图13-47所示对话框。

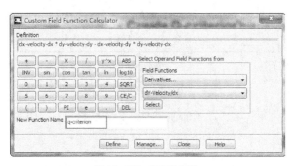

图13-47　自定义函数

5. Calculation Activities设置

单击模型树节点Calculation Activities，设置自动保存参数Autosave Every为1，即每一迭代步保存一次。在Solution Animations中定义每一时间步进行更新的动画，设置以Q标准为显示变量，变量显示范围0.1～1.25。

6. Run Calculation设置

设置时间步长Time Step Size为0.1s，设置时间步数Number of Time Steps为120，其他参数保持默认，单击Calculate进行计算，如图13-48所示。

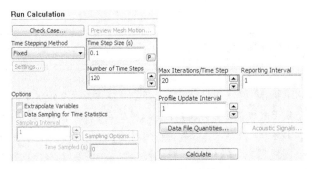

图13-48 设置求解参数

13.2.3 结果后处理

动画输出

单击模型操作树节点Graphics and Animations，在右侧操作面板Animations列表框中选择列表项Solution Animation Playback，单击按钮Set Up…，弹出如图13-49所示的设置面板。

如图13-50所示，设置Write/Record Format为MPEG，选择Sequences列表项sequence-1，单击Write按钮即可将动画以MP4格式输出。

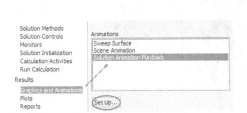

图13-49 动画输出操作

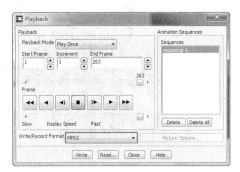

图13-50 动画输出设置

第14章 动区域计算模型

14.1 运动区域计算概述

通常情况下，FLUENT在固定坐标系（或惯性坐标系）下求解流体流动及传热方程。然而，在现实工程应用中存在较多的物理现象，用运动坐标系（或非惯性坐标系）进行求解会方便很多，如火车穿过隧道、液体晃动、水流通过螺旋推进器、轴向涡轮叶片等，如图14-1所示。在求解这些问题过程中，若采用静止坐标系进行求解，则运动部件所涉及的问题为瞬态计算问题，但是若采用运动坐标系进行求解，则这些问题可以化为稳态问题进行计算分析。

前面提到的火车运动问题可以化解为以运动参考系进行求解的稳态问题：坐标系固定在火车上随火车一起运动，则大气相对于火车以一定速度运动。此时由于运动坐标系固定在火车上，则建模过程中火车是相对静止的，运动的是大气。再如搅拌器中液体运动，若将参考坐标系固定于搅拌器上随搅拌器一起运动，则此时建模过程中静止部件为搅拌器，运动区域为液体。这类整体区域运动的情况，可以采用单参考系模型（Single Reference Frame，SRF）进行简化考虑。

然而现实世界中还存在同一计算域中多个不同区域运动的情况，如一个搅拌桶内存在多个搅拌器，此时就不能使用单参考系模型进行计算了，FLUENT中提供了多参考系模型（MultiPhase Reference Frame，MRF）可以对此类问题进行计算求解。

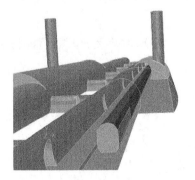

图14-1 运动物体

除了SRF和MRF模型之外，为了更真实地仿真多级流体机械，FLUENT提供了混合面模型（Mixing Plane，MP），利用混合面模型可以消除流体域通道之间由于轴向变化所导致的不稳定情况（如尾迹、激波、流动分离现象等），从而得到稳态解。

无论是单参考系模型、多参考系模型还是混合面模型，它们的网格在计算过程中都是静止不动的，运动的只是参考系。FLUENT中还提供了滑移网格（Sliding Mesh）模型，利用滑移网格模型可以很方便地仿真某一计算区域网格运动的情况，对于仿真计算区域间的相互作用非常有效。相对来说，滑移网格模型也不是真正的动网格模型，其只是区域网格运动而并非边界运动，若要仿真边界运动情况，需要利用到动网格模型（Dynamic Mesh），该部分内容在下一章节进行讲述。

14.2 单运动参考系模型

单参考系模型是最简单的一种运动参考系模型。在单参考系模型中，整个计算域以规定的速度作平动或旋转运动。如图14-2所示为SRF模型典型实例。其中左侧图形为离心压缩机的单叶片计算模型，右侧图形为搅拌器计算模型，两个计算模型所拥有的共同点在于：都可以利用设置计算域整体运动进行计算。

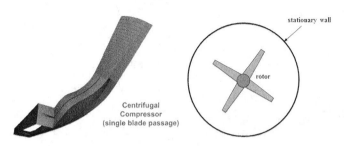

图14-2 SRF实例

单参考系模型既可以用于模拟计算域的平移运动，也可以用于计算域的旋转运动。但是对于单参考系旋转模型，其计算域外边界必须为以旋转中心为圆形的旋转体（圆形或圆柱面）。同时，壁面边界必须遵循以下要求。

（1）与参考系一起运动的壁面可以是任意形状。例如，与泵叶轮相连的叶片可以是任意形状。在相对参考系中定义为无滑移壁面意味着运动壁面的相对速度为零。

（2）对于旋转问题，用户可以定义某些壁面为绝对静止（即在静止坐标系中为静止），但是这些壁面几何必须为以旋转中心为圆心的旋转几何体。

在单参考系模型中可以使用周期边界，但是周期边界必须以旋转轴为周期。

14.2.1 SRF模型中的网格模型

对于需要利用SRF进行仿真计算的模型，特别是涉及旋转问题的模型，需要遵循以下一些规则。

（1）对于2D模型来说，旋转轴必须平行于Z轴，即几何模型必须在XY面上。

（2）对于2D轴对称模型，旋转轴必须为X轴。

（3）对于3D几何，用户可以使用指定的原点和旋转轴生成计算域网格。通常为方便起见，使用全局坐标原点（0，0，0）作为参考系原点，利用X、Y或Z轴作为旋转轴。但是，FLUENT可以使用任意原点和旋转轴。

需要注意的是，在3D几何模型中若存在处于静止坐标系中零速度的面，这些面必须为相应旋转轴的旋转面。若静止面为非旋转面，用户必须切割几何且使用interface，从而使用多参考系模型或混合面模型，或者在瞬态计算中使用滑移网格模型。

如图14-3（a）所示的模型可以使用SRF模型进行计算，而图14-3（b）所示的模型则不可以，因为内部挡板（baffle）并非以旋转中心为圆心的旋转几何。

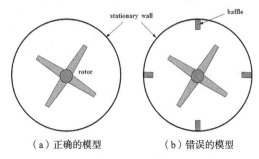

（a）正确的模型　　　　（b）错误的模型

图14-3 示例模型

可以对图14-3右侧模型进行修正，如图14-4所示，对模型进行切割处理，形成两个计算区域，以interface进行区域间数据传递，使用MRF、MP或滑移网格进行计算。

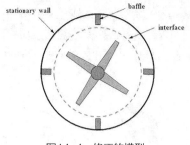

图14-4　修正的模型

14.2.2　在FLUENT中使用SRF模型

在FLUENT中应用SRF模型通常采用以下步骤。

Step 1：选择速度格式

在启动FLUENT软件，并导入计算网格之后，通常需要设置General面板，如图14-5所示。在该设置面板中，需要设定速度格式。FLUENT中提供的速度格式包括绝对速度（Absolute）与相对速度（Relative）。

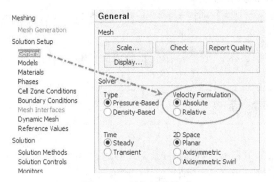

图14-5　选择速度格式

💡 **小技巧**

建议使用速度格式，以最小的速度影响最大范围的流体域，从而减小求解误差并提高求解精度。绝对速度格式通常用于流体域中大部分区域为静止的情况（如大空间中的风扇），而相对速度格式则适合于大部分流体域为运动的情况（如拥有大搅拌桨的混合容器）。

例如对于图14-6所示的两个模型，图14-6（a）所示模型拥有大的计算域和小的运动件，因此适合于使用绝对速度格式；而图14-6（b）所示模型，则适合于使用相对速度格式。

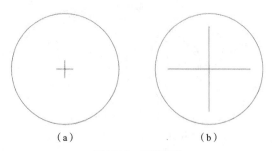

(a)　　　　　　　　　　　(b)

图14-6　示例模型

注意

在使用密度基求解器情况下，通常使用的是绝对速度格式。相对速度格式无法在密度基求解器下使用。

Step 2：设置计算域

如图14-7所示，单击FLUENT模型树节点Cell Zone Conditions，在右侧面板中选择相应的计算域，并单击Edit…按钮进行计算域设置。

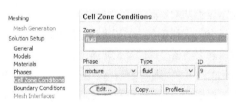

图14-7　计算域设置

如图14-8所示为计算域设置面板。在第一个标签页Reference Frame中可以进行SRF模型设置。

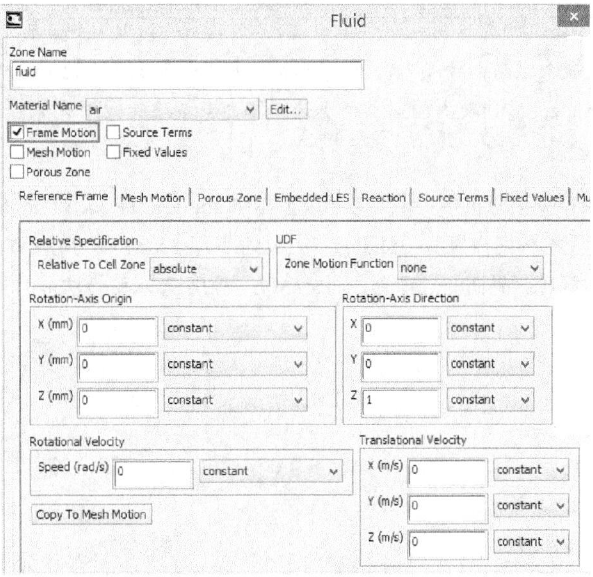

图14-8　计算域设置

通过激活选项Frame Motion可以激活动参考系模型，如图14-8中框选位置选项。而激活Mesh Motion则使用的是滑移网格模型。

Relative To Cell Zone：若进行嵌入式区域模拟，可以指定相对运动的区域。

UDF：可以指定区域运动UDF，通常使用DEFINE_ZONE_MOTION宏。

Rotation-Axis Origin：设置旋转中心的X、Y、Z坐标。

Rotation-Axis Direction：旋转方向向量。通常可以利用右手定则确定旋转方向。

Rotational Velocity：设置旋转速度。

Translational Velocity：设置平移速度。

Copy to Mesh Motion：可以将动参考系模型复制为滑移网格模型。

Step 3：边界条件设置

当使用了参考系模型后，在设置进出口边界条件时可以选择绝对值（Absolute）或相对值（Relative），还可以设置壁面运动边界。

当壁面边界速度与运动区域速度一致时，可以设置壁面运动为Relative to Adjacent Cell Zone为0，若壁面边界速度为绝对静止时，可以设置该壁面边界运动为Absolute速度值为0。

14.2.3 SRF模型求解策略

求解运动参考系问题存在一些特殊的困难。要面对的主要问题在于当旋转对流场影响较大时动量方程之间存在高度的耦合。高度旋转会引入大的径向压力梯度，从而在径向及轴向方向驱动流动，并由此导致流场中漩涡的重新分布。这些耦合可能导致求解过程的不稳定，因此需要以下一些特殊的求解技术以获取收敛的计算结果。

（1）选择合适的速度格式（仅用于压力基求解器）。

（2）使用PRESTO!算法，该算法适合于求解存在陡峭压力梯度的旋转问题（仅适用于压力基分离求解器）。

（3）确保网格拥有足够的密度以求解大的压力梯度及旋转速度梯度。

（4）减小速度亚松弛因子，通常为0.3~0.5，甚至更低（仅用于压力基分离求解器）。

（5）在求解初期使用较小的速度，再逐步将旋转速度增加至最终的目标条件。

14.3 多运动参考系模型

在一些物理问题中，涉及多个运动部件或包含有非旋转体的静止面边界，此时通常需要将计算域几何分割为多个求解域，求解域之间利用interface进行数据传递，这类计算模型称为多运动参考系模型，如图14-9所示。

FLUENT中的多运动参考系模型通常包括：多参考系模型（Multiple Reference Frame Model，MRF）、混合面模型（Mixing Plane Model，MPM）及滑移网格模型（Sliding Mesh Model，SMM）。MRF方法与MPM方法均为稳态求解方法，它们之间的唯一区别在于对区域分界面的处理上。而SMM方法为瞬态求解方法。

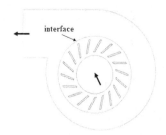

图14-9　多参考系计算模型

14.3.1 多参考系模型

1．MRF模型概述

多参考系模型（MRF）是最简单的多运动参考系模型，其为稳态求解方法，可以对独立的计算区域指定不同的旋转或平移速度。需要注意的是，在计算过程中，MRF模型的计算区域之间网格并不会发生相对运动（计算区域的网格在计算过程中不会发生运动）。这类似于在指定位置冻结运动部件，在相应位置的转子上观察瞬态流场，因此，MRF方法常被称为冰冻转子方法（frozen rotor approach）。

尽管MRF方法是一种近似方法，但是在很多场合依然可以提供可信的计算结果。例如，MRF模型可以用于转子与静子间作用较弱的旋转机械问题，以及旋转区域与静止区域存在简单分界面的问题中。例如在混合容器中，当叶片-挡板之间相互作用相对较弱，不存在大尺度的瞬态效应情况下，可以使用MRF模型进行计算分析。

MRF模型的另一主要用途在于为瞬态滑移网格计算提供初始值。

2. MRF模型使用限制

MRF在使用过程中存在以下一些限制条件。

（1）分界面上法向速度必须为零。即对于平移运动区域来说，运动边界必须平行于平移速度向量；对于旋转问题，分界面必须为以旋转轴为旋转中心的旋转面。

（2）严格地说，MRF方法仅仅对于稳态计算有意义。但是，FLUENT允许用户使用MRF求解瞬态问题。在这种情况下，瞬态项会添加至所有的控制方程中。用户应当对计算结果进行仔细考虑，因为对于此类瞬态问题，使用滑移网格更加合适。

（3）FLUENT使用相对速度绘制粒子轨迹及流线。对于无质量粒子，结果流线基于相对速度绘制。对于有质量的粒子，轨迹显示是无意义的，同样，耦合离散相计算也是无意义的。

（4）用户不能使用相对速度格式的MRF模型模拟轴对称旋转问题。此时应该使用绝对速度格式。

（5）平移及旋转速度为常数（不能使用随时间变化的速度值）。

（6）相对速度格式不能应用于联合了MRF与混合模型的计算中。对于此类问题，通常使用绝对速度格式。

用户可以通过TUI命令mesh/modify-zones/mrf-to-sliding-mesh将MRF模型切换到滑移网格。

3. MRF模型设置

在FLUENT中设置MRF模型非常简单，除了与SRF相同的操作过程外，还需要进行网格分界面的构建。

如图14-10所示，单击FLUENT模型树节点Mesh Interfaces，在右侧的面板中单击Create/Edit按钮进行网格交界面设置。

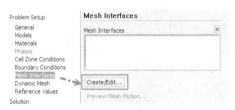

图14-10 设置网格交界面

在如图14-11所示对话框中可以进行网格交界面设置。界面参数含义分别如下。

Mesh Interface：可以为所构建的交界面命名。

Interface Zone 1：选择第一个interface类型的边界面。

Interface Zone 2：选择与第一个interface面相对应的第二个interface面。

Interface Options：设置交界面的一些选项。这些选项包括Periodic Boundary Condition（周期边界）、Periodic Repeats（周期循环）及Coupled Wall（耦合壁面）。根据不同的物理模型进行选择。

参数设置完毕后，单击Create按钮完成交界面的创建。

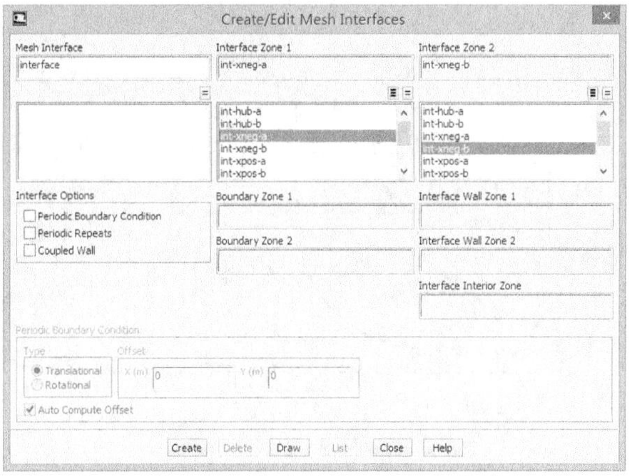

图14-11 交界面设置

14.3.2 混合面模型

MRF模型适合于分界面两侧流动近似一致的情况下。对于两侧流场不一致的情况下，MRF可能无法获得有意义的求解结果。对于此类情况，使用滑移网格可能更合适。但是对于一些情况下使用滑移网格可能并不合适。例如在多级旋转机械中，若各级间叶片数量不相等的情况下，此时可能需要建立较大数目的叶片通道以实现周期性。而且，滑移网格通常计算的是瞬态问题，因此需要更多的计算资源以达到最终的时间周期解。在这种情况下，使用滑移网格并非最好的选择，此时可以使用混合面模型进行替代。

在混合面模型（Mixing Plane Model，MPM）中，每一个流体域都被当成稳态问题进行求解。相邻流体域间的流场数据在混合面上进行空间平均或混合后进行传递。分界面上的混合去除了由于圆周变化导致的非稳定性。尽管混合面模型是一个简化模型，但是对于时间平均流场仍然可以提供可信的计算结果。

1. 限制条件

混合面模型存在一些使用限制，包括以下方面。

（1）使用混合面模型时，无法使用LES湍流模型。

（2）混合面模型无法与组分传输或燃烧模型共存。

（3）VOF模型无法与混合面模型一起使用

（4）耦合流动的离散相模型无法与混合面模型一起使用。在这种情况下只能使用非耦合的离散相模型。

2. 混合模型中网格准备

在混合面模型中，每一个计算区域均包含进口与出口。在构建混合面过程中，进口与出口之间形成面对。如图14-12所示为混合面计算模型。该模型存在两个计算域（rotor与stator），流体从rotor计算域的入口流入，从stator计算域的出口流出，rotor的出口与stator的入口构成一对混合面。

混合面的构成可以是以下类型的进出口组合。

（1）压力出口与压力入口。

（2）压力出口与速度入口。

（3）压力出口与流量入口。

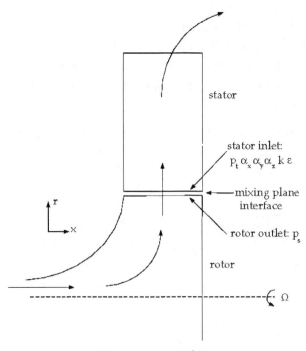

图14-12　MPM示意图

14.3.3 滑移网格模型

MRF与MPM都忽略了分界面两侧的非定长相互作用，在一些工程应用中，当分界面两侧的相互作用不可忽略时，此时不可以利用MRF或MPM进行求解，而应当使用滑移网格进行瞬态求解。如图14-13所示，静子stator与转子rotor直接相互作用大体上可以分为以下几种：位势相互作用（potential interaction）、尾迹相互作用（wake interaction）及振动相互作用（shock interaction）。当这些相互作用较强烈时，通常需要采用滑移网格进行求解计算。

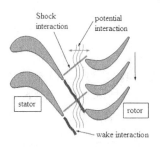

图14-13　静子stator与转子rotor直接的相互作用

在FLUENT中应用滑移网格时，常常需要满足以下一些要求。

（1）网格模型包括不同的计算区域，且各部分计算域以不同的速度滑移。

（2）网格分界面上必须保证没有法向运动。

（3）网格分界面可以是任意形状，但需要保证分界面两侧几何一致。

（4）若用户使用周期模型模拟rotor/stator几何，转子叶片的周期角必须与静子的周期角保持一致。

（5）在创建网格交界面之前，必须保证周期区域的方向正确（不管是平移运动还是旋转运动）。

滑移网格设置步骤与MRF类似。在后续的实例章节中将会详细描述滑移网格创建过程。

14.4 【实例14-1】离心压缩机仿真计算（SRF模型）

14.4.1 问题描述

离心压缩机常见于航空器、汽车引擎、能源生产系统以及气体处理应用中，其主要用途为在单级系统中提供较大的增压。计算流体动力学方法普遍应用于压缩机的设计与分析中，其目的在于提高达到目标增压的效率及流量范围。本例描述了利用SRF模型建立离心压缩机计算模型，应用密度基求解器及Spalart-Allmaras湍流模型，使用周期边界条件求解压缩机流场，并在后处理过程中利用了透平机械后处理流程。

如图14-14所示为离心压缩机模型，离心机拥有20个叶片，转速14000r/min。鉴于模型的周期性，本例使用一组叶片进行计算，计算几何模型如图14-15所示。计算中工作介质为理想气体。

14.4.2 FLUENT前处理设置

Step 1：导入网格模型

以3D、双精度求解模式启动FLUENT。

利用菜单【File】>【Read】>【Mesh】，选择本例网格文件ex6_1.msh，Fluent会自动显示计算网格。

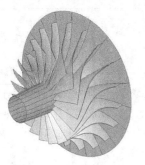

图14-14　离心压缩机模型　　　　　　　　图14-15　计算几何模型

Step 2：检查模型网格

利用General面板中的Mesh功能组进行网格检查，如图14-16所示。

单击Check按钮，在FLUENT输出窗口中出现如图14-17所示的检查结果。从图中可以看出，几何尺寸满足要求，但是出现错误警告，该警告信息主要是周期信息尚未设置所导致，暂时无需理会，稍后会进行修改。

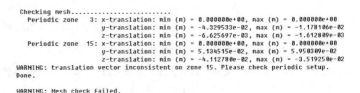

图14-16　网格检查按钮　　　　　　　　　　图14-17　网格检查结果

Step 3：General设置

单击FLUENT模型树节点General，在右侧的设置面板中设置求解器类型为密度基求解器（Density-Based），如图14-18所示。保持速度格式为Absolute，Time选项为Steady。

注意

　　当选择密度基求解器时，速度格式只能选择绝对速度格式。

Step 4：Model设置

单击模型树节点Models，在右侧设置面板中，选择Viscous项，单击Edit按钮，在黏性模型选择对话框中选择湍流模型为Spalart-Allmaras(1 eqn)。保持湍流模型参数为默认值，如图14-19所示。

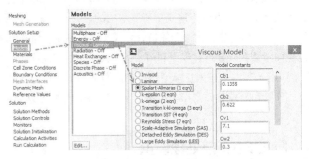

图14-18　General面板设置　　　　　　　　图14-19　设置湍流模型

小技巧

　　对于旋转机械中的复杂程度较低的边界层流动问题，使用SA湍流模型是比较适用的。

Step 5：Materials设置

修改材料Air的密度为Ideal Gas，如图14-20所示。

单击模型树节点Materials，在右侧面板中选择材料air，单击Create/Edit按钮，进入材料属性编辑对话框，如图14-21所示。修改Density下拉列表框为ideal-gas，其他参数保持默认设置。单击Change/Create按钮完成材料属性修改。

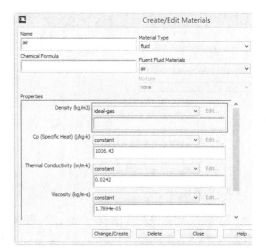

图14-20　修改材料属性

图14-21　材料属性编辑

Step 6：Cell Zone Conditions设置

单击FLUENT模型树节点Cell Zone Conditions，在右侧面板中选择区域fluid，单击Edit按钮进行区域设置，如图14-22所示。

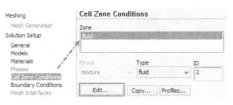

图14-22　设置区域

弹出的设置对话框如图14-23所示。激活选项Frame Motion，设置Rotation-Axis Direction为（1，0，0），设置Rotational Velocity为14000rpm。单击OK按钮确认参数并关闭参数设置对话框。

单击Operation Conditions按钮弹出如图14-24所示的操作条件设置对话框，设置操作压力为0。

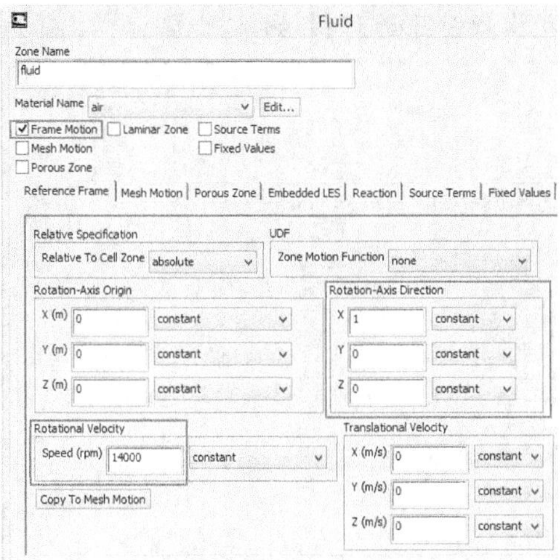

图14-23　区域设置

图14-24　操作条件设置

Step 7：Boundary Conditions设置

按图14-25所示进行边界条件设置。

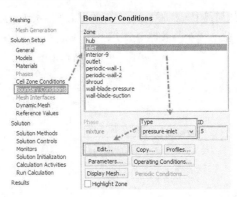

图14-25　设置边界条件

1. 入口边界inlet

选择inlet边界，设置边界类型为Pressure，单击Edit按钮进行边界参数设置。

如图14-26所示，在Momentum标签页中设置入口总压Gauge Total Pressure为1atm，设置Supersonic/Initial Gauge Pressure为0.9atm，其他参数保持默认。

切换到Thermal标签页中，设置Total Temperature为288.1K，如图14-27所示。

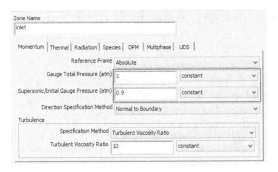

图14-26　入口边界设置

图14-27　设置入口总温

注意

在密度基可压缩流体计算中，入口位置的静压设置是非常重要的，需要根据实际静压值进行设置。与密度基求解器不同，压力基求解器只是利用出口静压进行初始化。

2. 出口边界outlet设置

选择出口边界outlet，设置边界类型为Pressure outlet，设置边界参数如图14-28所示。

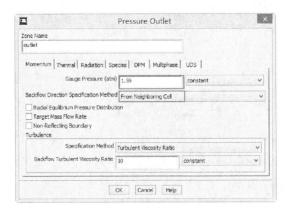

图14-28　出口位置设置

设置出口位置Gauge Pressure为1.59atm，设置Backflow Direction Specification Method为From Neighboring Cell。切换至Thermal标签页中，设置温度288K。

3. 设置随区域运动的壁面边界

这些边界包括hub、wall-blade-suction、wall-blade-pressure。

如图14-29所示，设置壁面边界wall-blade-suction。

选择Wall Motion选项为Moving Wall。

选择Motion选项为Relative to Adjacent Cell Zone。

选择运动类型为Rotational。

设置Speed为0r/min。

设置Rotation-Axis Direction为（1，0，0）。

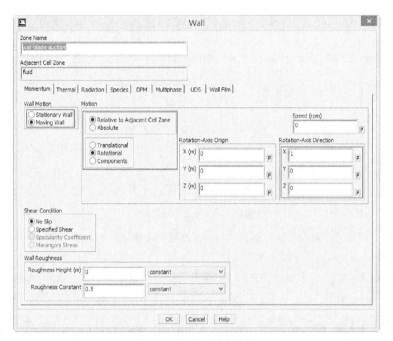

图14-29　运动壁面设置

将wall-blade-suction边界设置复制至hub与wall-blade-pressure。单击Boundary Conditions设置面板中的Copy设置按钮，进行如图14-30所示的设置。单击Copy按钮。

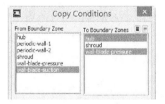

图14-30　边界复制

4. 设置静止壁面边界

静止壁面边界包括Shround。选择边界Shround，进行如图14-31所示设置。这些设置包括以下内容。

设置Wall Motion为Moving Wall。

设置Motion选项为Absolute及Rotational。

其他参数与运动壁面边界一致。

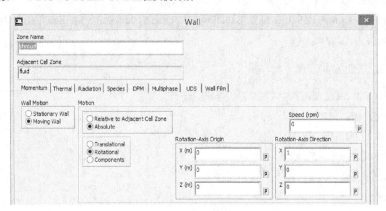

图14-31　静止边界设置

5. 设置周期边界

设置周期边界Periodic-wall-1与periodic-wall-2为旋转周期，如图14-32所示。设置Periodic Type为Rotational。

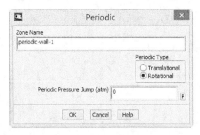

图14-32　设置周期边界

设置完周期网格后，可以重新对网格进行检查，以确保网格没有错误。本例的周期网格存在角度误差，可以利用TUI命令mesh/repair-improve/repair-periodic进行修复。

Step 8：Solution Methods

求解方法采用默认参数设置。

Step 9：Solution Controls

求解控制参数采用默认设置。

Step 10：Monitors

监测进出口边界质量流量及出口位置总压。

6. 设置进口质量流量监测

如图14-33所示，单击FLUENT模型树节点Monitor，在右侧面板中Surface Monitors中单击Create按钮，弹出如图14-34所示对话框。

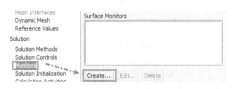

图14-33　表面监测

在图14-34所示对话框中，设置Name为massflow_inlet，设置Report Type为Mass flow Rate，激活Plot选项与Write选项。选择Surfaces为inlet。

用同样步骤定义出口流量监测massflow_outlet与出口总压质量加权平均pressure_outlet。

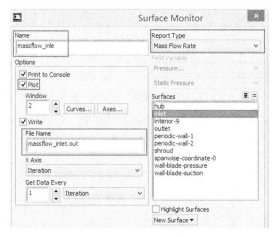

图14-34　出口流量监测

Step 11：Solution Initialization

使用Hybrid Initialization方法进行初始化。该初始化方法通过求解拉普拉斯方程对计算区域进行初始化，因此为保证计算收敛，适当增大迭代次数。单击模型树节点Solution Initialization，在右侧面板中选择Hybrid Initialization，如图14-35所示。

选择More Settings按钮，在弹出的参数设置对话框中设置Number of Iterations为20，单击OK按钮关闭对话框，如图14-36所示。返回至图14-35面板，单击Initialize按钮进行初始化。

图14-35　初始化设置

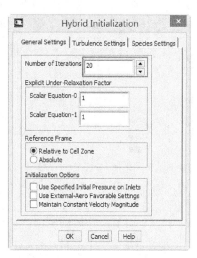

图14-36　初始化选项

Step 12：Run Calculation

单击FLUENT模型树节点Run Calculation，在右侧面板中设置Number of Iterations为800，单击Calculation按钮进行计算，如图14-37所示。

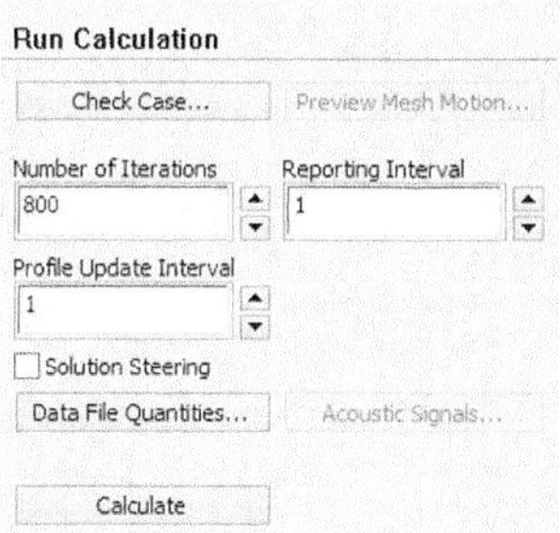

图14-37　计算设置

14.4.3 后处理分析

如图14-38、图14-39、图14-40分别为入口位置质量流量、出口位置质量流量、出口位置总压质量平均随迭代分布情况。从图中可以看出，这三个物理量随着迭代步数的增加，逐渐趋于稳定，可以认为计算已达到收敛。

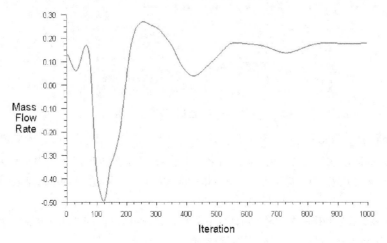

图14-38　入口位置质量流量

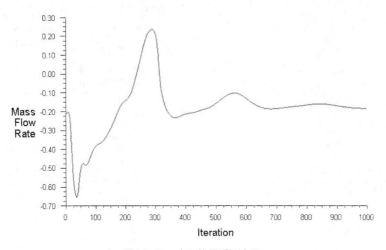

图14-39　出口位置质量流量

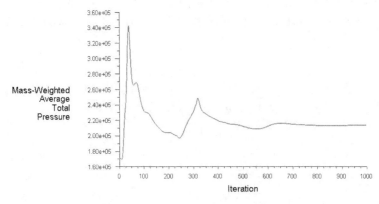

图14-40　出口位置总压质量加权平均

Step 2：定义旋转机械拓扑结构

利用菜单【Define】>【Turbo Topology】定义透平拓扑，如图14-41所示。设置Turbo Topology Name为默认值，选择Boundaries为Hub，选择Surfaces为hub，单击Define按钮进行拓扑定义。

根据表14-1中的对应项进行拓扑定义。

表14-1　透平拓扑定义

Boundaries	Surfaces
Hub	hub
Casing	shroud
Theta Periodic	periodic-wall-1
	periodic-wall-2
Theta Min	wall-blade-pressure
Theta Max	wall-blade-suction
Inlet	inlet
Outlet	outlet

图14-41　定义透平拓扑

Step 3：定义Iso Surface

利用菜单【Surface】>【Iso-Surface…】定义等值面。在如图14-42所示对话框中，进行如下设置。

Surface of Constant：设置为Mesh及Meridional Coordinate。

Iso-Values：设置参数值为0.2。

New Surface Name：命名为meridional-0.2。

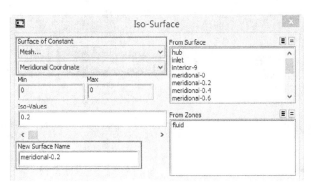

图14-42　定义等值面

用同样的操作步骤，定义Iso-Values分别为0.4、0.6、0.8的等值面。

创建Spanwise Coordinate为0.5的等值面。

Step 4：显示子午面压力云图

单击FLUENT模型树节点Graphics and Animations，在右侧面板Graphics中双击Contours列表项，弹出如图14-43所示的设置面板。

取消Global Range项设置，在Contours of下拉列表框中选择Pressure与Static Pressure，选择Surface为inlet、outlet、meridional-0.2、meridional-0.4、meridional-0.6、meridional-0.8，单击Display按钮进行云图显示，如图14-44所示。

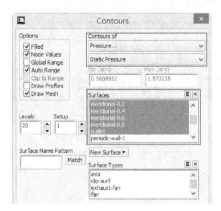

图14-43　静压云图显示设置

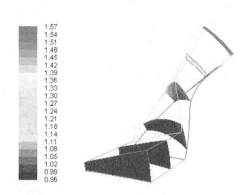

图14-44　静压云图

用同样的操作步骤，改变Contours of下拉列表为Velocity及Mach Number以显示马赫数分布，如图14-45所示。

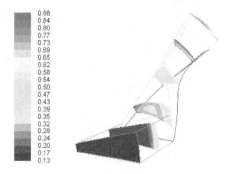

图14-45　马赫数分布

Step 5：显示中面云图

与Step 4类似，显示等值面spanwise-0.5上的静压及马赫数分布，如图14-46、图6-47所示分别为压力云图与马赫数云图分布。

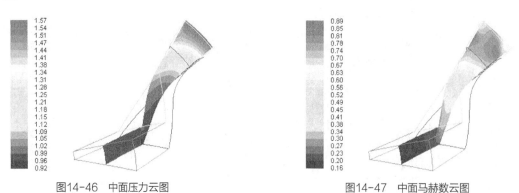

图14-46　中面压力云图　　　　　　　　图14-47　中面马赫数云图

Step 6：显示整体模型

利用菜单【Display】>【Views…】弹出如图14-48所示设置对话框。在Periodic Repeats中单击Define…按钮，定义模型的周期性。

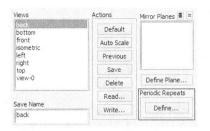

图14-48　视图定义

如图14-49所示，选择Cell Zones列表中的fluid，对话框会自动进行参数设置。单击面板中的Set按钮进行周期显示，如图14-50所示。

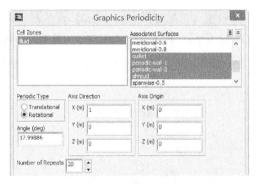

图14-49　定义周期性

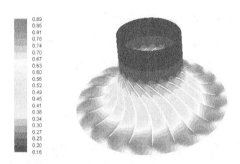

图14-50　中面云图显示

利用菜单【Turbo】>【Reports…】，弹出压缩机性能计算对话框。

设置Averages为Mass-Weighted，选择Turbo Topology为前面所创建的拓扑new-topology-1，单击Compute按钮进行计算，如图14-51、图14-52所示。

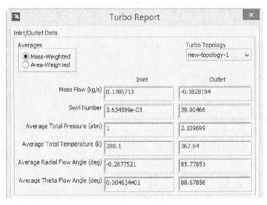

图14-51　透平计算报告（1）

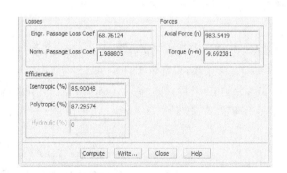

图14-52　透平计算报告（2）

14.5　【实例14-2】垂直轴风力机流场计算（MRF）

14.5.1　问题描述

垂直轴风力机指的是叶片旋转轴与来流方向垂直的一类风力发电机，如图14-53所示。垂直轴风力机在风向改变时无需对风，因此相对于水平轴风力发电机来说是一大优势，其可以减少风轮对风时的陀螺力。

图14-53　垂直轴风力机

　　本例计算的垂直轴风力机具有4个叶片，建立叶片横截面2D几何模型，利用MRF模型计算在来流通过旋转的叶片后的计算域流场分布。计算模型如图14-54所示。4个叶片分别命名为ypos、yneg、xpos、xneg，叶片中心与旋转轴间距为1m，叶片旋转速度利用UDF宏进行定义。

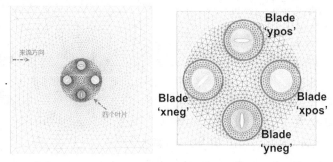

图14-54　计算模型

14.5.2　FLUENT前处理设置

Step 1：读取并检查网格模型

以2D、双精度方式启动FLUENT14.5。

利用菜单【File】>【Read】>【Mesh】读取计算网格文件ex6-2.msh。

单击FLUENT模型树节点General，在右侧面板中单击按钮Check进行网格检查，命令输出窗口显示如图14-55所示。

```
Domain Extents:
  x-coordinate: min (m) = -5.000000e+00, max (m) = 5.000000e+00
  y-coordinate: min (m) = -5.000000e+00, max (m) = 5.000000e+00
Volume statistics:
  minimum volume (m3): 1.322054e-04
  maximum volume (m3): 1.234693e-01
    total volume (m3): 9.987516e+01
Face area statistics:
  minimum face area (m2): 1.485692e-02
  maximum face area (m2): 5.861948e-01
  Checking mesh.....................
WARNING: Unassigned interface zone detected for interface 14
WARNING: Unassigned interface zone detected for interface 15
WARNING: Unassigned interface zone detected for interface 16
WARNING: Unassigned interface zone detected for interface 17
WARNING: Unassigned interface zone detected for interface 18
WARNING: Unassigned interface zone detected for interface 19
WARNING: Unassigned interface zone detected for interface 20
WARNING: Unassigned interface zone detected for interface 21
WARNING: Unassigned interface zone detected for interface 22
WARNING: Unassigned interface zone detected for interface 23
Done.

WARNING: Mesh check failed.
```

图14-55　网格检查结果

从图14-55中可以看出网格尺寸为所需尺寸：x方向–5～5m，y方向–5～5m。图中出现一些警告信息，该信息提示为用户未进行分界面创建，后面会进行interface构建，此处可以忽略该警告信息。General面板中其他参数采用默认设置，即采用压力基求解器，采用稳态求解。

Step 2：Models设置

采用Realizable k-epsilon湍流模型，利用增强壁面函数（enhance wall treatment）。

单击模型树节点Models，在右侧面板中双击列表项Viscous进入湍流模型选择对话框。在Model中选择k-epsilon(2 eqn)项，在k-epsilon项中选择Realizable，在Near-wall Treatment中选择Enhance Wall Treatment项，其他参数采用默认设置。

Step 3：Material设置

采用默认材料参数。即Air密度为$1.225kg/m^3$，黏度$1.7894 \times 10^{-5}kg/m\text{-}s$。

Step 4：Cell Zone Conditions设置

单击FLUENT模型树节点Cell Zone Conditions，从图14-56可以看出本例模型中包含有6个计算区域：fluid-blade-xneg、fluid-blade-xpos、fluid-blade-yneg、fluid-blade-ypos、fluid-outer-domain、fluid-rotating-core，需要分别设置这六个区域的运动属性。

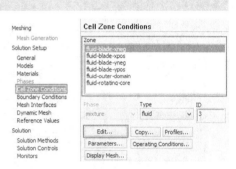

图14-56 区域设置

1. 定义区域fluid-outer-domain

双击图14-56中zone列表项fluid-outer-domain，弹出区域设置对话框。该区域为静止区域，只需设置Material Name为air即可。其他参数保持默认设置，如图14-57和图14-58所示。

图14-57 外部区域设置

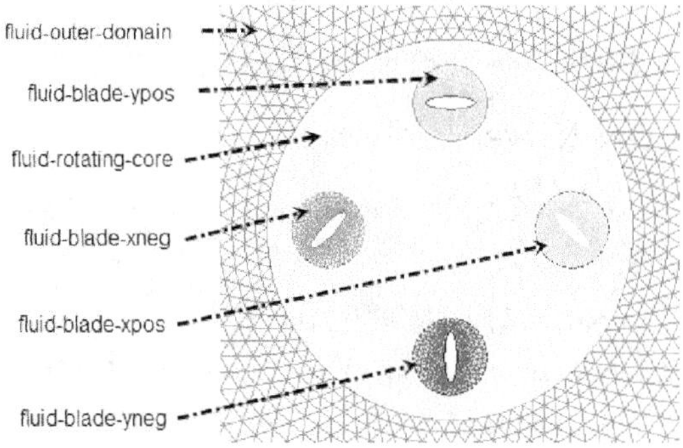

图14-58 计算区域

2. 定义区域fluid-rotating-core

双击列表项fluid-rotating-core，弹出如图14-59所示对话框，利用该对话框设置区域的运动。激活选项Frame Motion以使用MRF模型，设置Rotational Velocity参数为4rad/s，由于是2D模型，旋转轴默认为Z轴，此处无需设置。其他参数保持默认设置。

3. 定义区域fluid-blade-xneg

双击列表项fluid-blade-xneg，弹出如图14-60所示对话框。激活选项Frame Motion以使用MRF模型。设置Relative To Cell Zone下拉列表框选项为fluid-rotating-core，表示该区域是相对于区域fluid-rotating-core区域运动的。设置Rotation-Axis Origin(Relative)参数为（-1，0），即设置该叶片旋转中心坐标为（-1，0）。设置参数Rotational Velocity(Relative)为2rad/s。

💿 小提示

Relative to cell zone功能是FLUENT13.0之后才添加的，即嵌入式MRF模型（EMRF模型）。之前版本的FLUENT并不具备该功能。

4. 定义其他的区域

其他区域包括fluid-blade-xpos、fluid-blade-yneg、fluid-blade-ypos。其参数定义见表14-2。

表14-2　区域参数

区域名称	Rotation axis origin	Relative to cell zone
fluid-blade-xpos	[1 0]	fluid-rotating-core
fluid-blade-xpos	[0-1]	fluid-rotating-core
fluid-blade-xpos	[01]	fluid-rotating-core

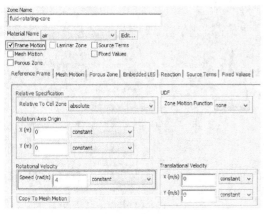

图14-59　旋转区域设置

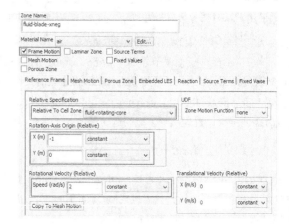

图14-60　区域定义

Step 5：Boundary Conditions定义

1. 定义入口vel-inlet-wind

单击FLUENT模型树节点Boundary Conditions，在右侧面板中选择入口区域vel-inlet-wind，单击Edit按钮，设置入口参数，如图14-61所示。

设置velocity Magnitude参数为10m/s。

设置Specification Method参数为Intensity and Hydraulic Diameter。

设置Turbulent Intensity为5%。

设置Hydraulic Diameter为1m。

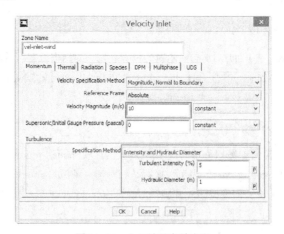

图14-61　入口边界参数定义

2. 定义出口pressure-outlet-wind

设置出口静压为0Pa，湍流指定方式为Intensity and Hydraulic Diameter，指定湍流强度为5%，水力直径1m。

3. 定义运动壁面

先定义壁面wall-blade-xneg。双击列表项wall-blade-xneg，弹出如图14-62所示对话框。在Wall Motion选项中选择Moving Wall，选择Motion方式为Relative to Adjacent Cell Zone及Rotational，设置Speed为0rad/s，表示该壁面与其详细的区域保持相对静止。

将wall-blade-xneg的参数复制给其他3个壁面：wall-blade-xpos、wall-blade-ypos wall-blade-yneg。单击Cell Zone Conditions面板中的Copy按钮，在弹出的如图14-63所示的对话框中进行参数复制操作。

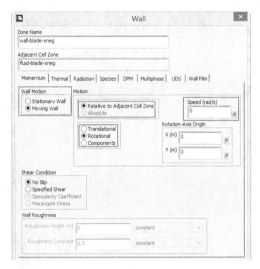

图14-62 运动壁面定义

图14-63 Copy边界参数

Step 6：Mesh Interfaces设置

单击FLUENT模型树节点Mesh Interfaces，在右侧的操作面板中单击Create/Edit按钮，弹出如图14-64所示的网格交界面定义对话框。

在对话框中定义如下参数。

Mesh Interface：in_hub。

Interface Zone 1：int-hub-a。

Interface Zone 2：int-hub-b。

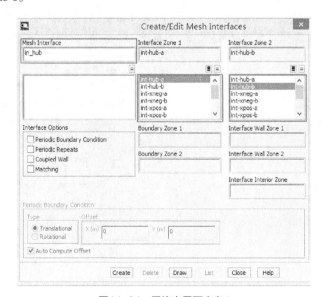

图14-64 网格交界面定义4

单击Create按钮定义第一组interface。用同样操作步骤，定义其他interface，见表14-3。

表14-3　interface定义

Mesh Interface	Interface Zone 1	Interface Zone 2
in_xneg	int-xneg-a	int-xneg-b
in_xpos	int-xpos-a	int-xpos-b
in_yneg	int-yneg-a	int-yneg-b
in_ypos	int-ypos-a	int-ypos-b

Step 7：Solution Methods

如图14-65所示，单击FLUENT模型树节点Solution Methods，在右侧面板中设置Turbulent Kinetic Energy与Turbulent Dissipation Rate为Second Order Upwind。

图14-65　求解方法设置

Step 8：Solution Controls

保持默认设置即可。

Step 9：Solution Initialization

单击Solutin Initialization节点，在右侧面板中选择Hybrid Initialization，单击Initiaze按钮进行初始化，如图14-66所示。

Step 10：Run Calculation

在进行计算之前，先利用菜单【File】>【Write】>【Case & Data…】保存工程文件ex7-2.cas与ex7-2.dat。

单击Run Calculation按钮，在如图14-67所示面板中设置Number of Iterations为500，单击Calculate按钮进行迭代计算。

图14-66　初始化计算

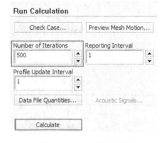

图14-67　求解计算

14.5.3　后处理分析

Step 1：查看速度分布

单击模型树节点Graphics and Animations，在右侧设置面板中Graphics列表项中双击选择Contours，弹出如图14-69

所示设置对话框。激活Filled选项，设置Contours of下拉列表框为Velocity与Velocity Magnitude。单击Display按钮显示云图。速度显示如图14-68所示。

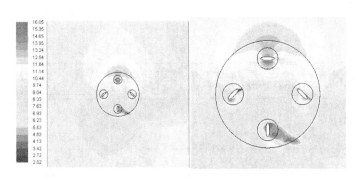

图14-68　速度分布

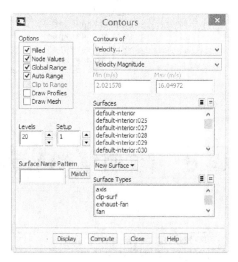

图14-69　云图设置

Step 2：显示压力分布

用与Step 1相同的方式，在图14-69对话框中设置Contours of为Pressure与static pressure，单击Display按钮显示压力云图，如图14-70所示。

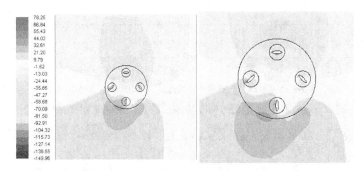

图14-70　压力分布

Step 3：计算力矩

单击FLUENT模型树节点Report，双击列表项Force，弹出如图14-71所示面板，选择Moments选项，设置Moment Center坐标为（0，0），保持Moment Axis为默认值（0，0，1），选择wall Zones为4个叶轮面wall-blade-xneg、wall-blade-xpos、wall-blade-ypos、wall-blade-yneg。

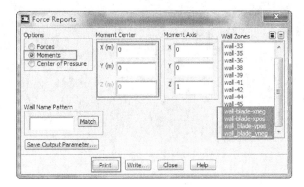

图14-71　力矩输出

单击Print按钮，输出力矩结果如图14-72所示。从图中可以看出，合力矩为20.569N·m。

```
Moments - Moment Center (0 0 0) Moment Axis (0 0 1)
                  Moments (n-m)
Zone              Pressure          Viscous           Total
wall-32           0                 0                 0
wall-blade-xneg   20.098474         -0.17829961       19.920174
wall-blade-xpos   -5.966952         -0.18307869       -6.1500307
wall_blade-ypos   -2.1361971        -0.53809756       -2.6742946
wall_blade_yneg   9.4496571         0.023161265       9.4728184
-----------------------------------------------------------
Net               21.444982         -0.8763146        20.568667
```

图14-72　力矩输出结果

14.6 【实例14-3】垂直轴风力机流场计算（滑移网格）

14.6.1 模型描述

在前面的例子中应用MRF模型进行垂直轴风力机流场计算，该模型对于真实的风力机计算显得过于简化：只是仿真叶片相对于来流的某一位置；叶片间由于涡脱落导致的相互作用无法考虑到。

为了解决这些问题，本例采用滑移网格在实例14-2的基础上进行修改计算。

14.6.2 UDF定义

在进行计算模型建立之前，首先通过UDF定义各叶片的运动方式。在MRF模型中，可以利用UDF宏DEFINE_ZONE_MOTION进行定义。现以ypos叶片运动定义为例描述该宏的定义。UDF程序代码如下。

```
DEFINE_ZONE_MOTION(motion_ypos,omega,axis,origin,velocity,time,dtime)
{
    real ang_vel_outer =  4.0;
    real x1,y1,x2,y2,current_angle,next_angle ;
    real offset_angle = 0.0;
    current_angle = ang_vel_outer * (CURRENT_TIME ) + offset_angle ;
    next_angle = ang_vel_outer * (CURRENT_TIME + CURRENT_TIMESTEP) + offset_angle ;
    x1= -1.0*sin(current_angle);
    y1=  1.0*cos(current_angle);
    x2= -1.0*sin(next_angle);
    y2=  1.0*cos(next_angle);
    velocity[0] = (x2 - x1) / CURRENT_TIMESTEP;
    velocity[1] = (y2 - y1) / CURRENT_TIMESTEP;
    origin[0] = x2;
    origin[1] = y2;
    *omega = ang_vel_outer / 2.0;
    return;
}
```

程序解释如下。

1. 宏定义解释

DEFINE_ZONE_MOTION(motion_ypos,omega,axis,origin,velocity,

time,dtime）：定义区域运动的UDF宏。

motion_ypos：宏的名称。

omega：定义旋转速度，可以通过在宏内给该参数赋值从而将参数值传递至fluent。

axis：定义区域的旋转轴向量，对于2D模型采用默认值。

origin：定义区域的旋转中心坐标。

velocity：定义平移速度向量，默认值（0,0,0）。

time：当前时间。

dtime：当前时间步。

2. 程序代码解释

```
//旋转区域角速度4rad/s
    real ang_vel_outer =   4.0;
//定义变量,x1,y1为叶片起始旋转中心坐标,x2,y2为下一时间步叶片中心坐标
//current_angle当前旋转的角度,next_angle下一时间步叶片所处角度
    real x1,y1,x2,y2,current_angle,next_angle ;
//offset_angle为偏移初始位置的角度
    real offset_angle = 0.0;
//计算当前时间步下叶片所在区域偏移的角度
    current_angle = ang_vel_outer * (CURRENT_TIME ) + offset_angle ;
//计算下一时间步叶片所在区域偏移的角度
    next_angle = ang_vel_outer * (CURRENT_TIME + CURRENT_TIMESTEP) + offset_angle ;
//利用角度计算叶片所在区域的当前时刻与下一时刻坐标
    x1= -1.0*sin(current_angle);
    y1=  1.0*cos(current_angle);
    x2= -1.0*sin(next_angle);
    y2=  1.0*cos(next_angle);
//利用两个时刻的坐标数据计算叶片所在区域的速度
    velocity[0] = (x2 - x1) / CURRENT_TIMESTEP;
    velocity[1] = (y2 - y1) / CURRENT_TIMESTEP;
//更新叶片所在区域的旋转中心坐标
    origin[0] = x2;
    origin[1] = y2;
//得到叶片所在区域的旋转速度
    *omega = ang_vel_outer / 2.0;
  return;
```
本例的UDF宏为解释型UDF宏，可以通过解释或编译的方式进行加载。

14.6.3 FLUENT前处理设置

Step 1：打开Cas与dat文件

启动FLUENT14.5，利用菜单【File】>【Read】>【Case & Data…】读取文件ex7-2.cas与ex7-2.dat。

Step 2：General设置

单击FLUENT模型树节点General，在右侧面板中设置Time选项为Transient，采用瞬态模拟计算，如图14-73所示。

Step 3：解释UDF宏

本例UDF采用解释的方式加载。利用菜单【Define】>【User Defined】>【Functions】>【Interpreted…】，弹出如图14-74所示对话框，单击Browse按钮加载UDF文件motion.c，单击Interpret按钮，即可加载UDF文件。

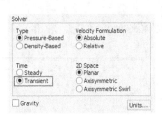

图14-73 General设置　　　　　　　　　　　　　图14-74　解释UDF

💡注意 ---

UDF分为解释型与编译型两种。通常来说，解释型是编译型的子集，无需额外的编译器，但是程序运行效率要低于编译型。编译型UDF需要安装C编译器才可进行编译。

Step 4：Cell Zone Conditions设置

由于之前设置为MRF，要将其转化为滑移网格，FLUENT提供了便捷的工具。

1. 设置区域fluid-rotating-core

如图14-75所示，单击FLUENT模型树节点Cell Zone Conditions，在右侧面板中Zone列表中选择列表项fluid-rotating-core，单击Edit…按钮，对区域参数进行设置。弹出如图14-76所示设置面板，在该面板中单击按钮Copy To Mesh Motion，将MRF参数复制至滑移网格设置。

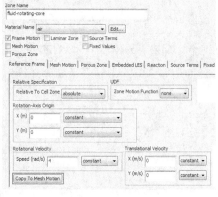

图14-75　设置区域　　　　　　　　　　　　　图14-76　区域设置参数

单击该按钮之后，软件自动取消Frame Motion选项而勾选激活Mesh Motion选项，且将Reference Frame标签页下参数转移至Mesh Motion标签页下，如图14-77所示。本例无需修改其他参数，保持默认值即可。

图14-77　运动参数

2. 设置区域fluid-blade-xneg

双击图14-75中的fluid-blade-xneg列表项，打开参数设置面板，如图14-78所示。

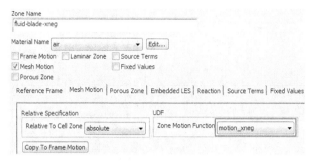

图14-78 区域fluid-blade-xneg设置

取消选择Frame Motion，激活选项Mesh Motion，选择标签页Mesh Motion，选择UDF项中选择Zone Motion Function下拉列表项为motion_yneg。

3. 设置其他区域

按Step 2方法设置其他区域，采用各自UDF函数，见表14-4。

表14-4 区域UDF函数设置

区域名称	Zone Motion Function
fluid-blade-xpos	motion-xpos
fluid-blade-yneg	motion-yneg
fluid-blade-ypos	motion-ypos

Step 5：定义动画

进入Calculation Activities，在Solution Animations中单击Create/Edit按钮进入动画定义面板，如图14-79所示。

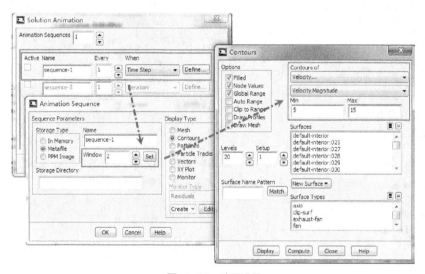

图14-79 动画设置

Step 6：定义监测器

利用Monitor面板监测力矩变化，如图14-80所示，单击FLUENT模型树节点Monitors，在右侧面板中单击Create组合框，选择Moment…选项。弹出如图14-81所示的力矩监视器定义面板。

激活选项Print to Console与Plot选项，同时选择如图所示的4个叶片表面，其他参数保持默认设置，单击Create完成监视器定义。

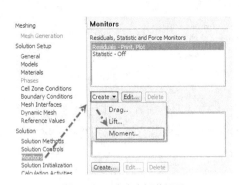

图14-80　定义力矩监视器

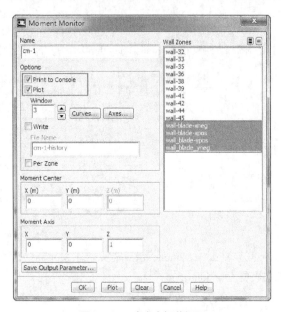

图14-81　定义力矩监视器

Step 7：定义自动保存

利用菜单【File】>【Write】>【AutoSave…】进行自动保存设置。如图14-82所示设置每10个时间步保存一次。

图14-82　定义自动保存

图14-83　计算参数

Step 8：设置计算参数

单击模型树节点Run Calculation，在右侧面板中进行如图14-83所示设置。设置Time Step Size为0.005s，设置Number of Time Steps为314，设置Max Iterations/Time Step为20，单击Calculation按钮进行计算。

14.6.4　后处理分析

Step 1：力矩变化曲线

图14-84为力矩随时间变化监测曲线。从图中可以看出，在一个周期时间内，风力机叶片力矩呈波动状态。

Step 2：显示速度

本例为瞬态计算，要显示各时刻速度云图，需要利用菜单【File】>【Solution File】，在时间步选择对话框（见图14-85）中选择相应的时间点数据。

注意

在时间步选择对话框中，每次只能选择一个时间步。选择多个时间步无法激活Read按钮。

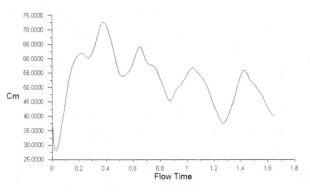

图14-84 力矩监测

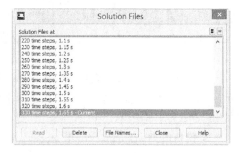

图14-85 时间步选择对话框

分别选择时间0.5s与16.5s显示速度区间为[4,14]的云图分布，如图14-87所示。

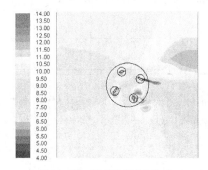

图14-86 速度分布（0.5s）

图14-87 速度分布（16.5s）

Step 3：动画生成

单击FLUENT模型树节点Graphics and Animations，在右侧设置面板中的Animations列表中，双击Solution Animation Playback项，选择Write/Record Format为MPEG，单击Write按钮生成动画，如图14-88所示。

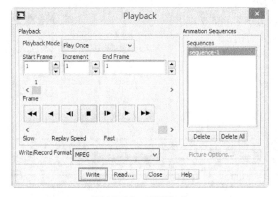

图14-88 动画生成

第15章 动网格模型

在前面章节中提到的动区域计算模型并非真正的动网格模型，它们都只是区域运动而非边界运动。其中MRF模型与MPM模型只是坐标系运动，而滑移网格模型则为计算区域网格运动。本章着重讲述动网格计算模型应用及其在FLUENT软件中的设置。

动网格模型（Dynamic Mesh Model）可以用于模拟流体域边界随时间改变的问题。边界运动形式可以是预先定义（指定速度、角速度或位移等），也可以是预先运动形式未知（边界的运动由计算结果决定）。在FLUENT中，网格的更新过程由程序根据迭代步中边界的变化情况自动完成。在使用动网格模型时，需要先定义初始网格、边界的运动方式，并且需要指定运动区域。在定义边界运动方式时，可以利用Profile文件或UDF对边界的运动方式进行指定。

15.1 FLUENT中使用动网格

在FLUENT软件中使用动网格步骤与通常的网格计算模型类似，所不同的是激活并设置动网格模型，如图15-1所示。选择FLUENT模型树节点Dynamic Mesh，在右侧设置面板中激活选项Dynamic Mesh，并根据模型需要设置其他参数。

通常动网格需要设置的参数包括以下种类。

Mesh Methods：设置网格更新模型。包括Smoothing、Layering与Remeshing。

Dynamic Mesh Zone：定义运动区域。

Display Zone Motion…：区域运动预览。

Preview Mesh Motion：网格运动预览。

另外对于特殊的模型，还存在以下一些可选项。

In-Cylinder：建立活塞模型。

Six Dof：建立6DOF模型。

Implicit Update：隐式更新方法。

Contact Detection：接触检测。

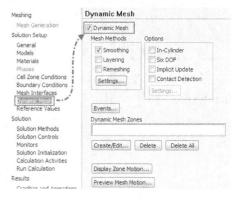

图15-1 使用动网格模型

15.2 网格更新方法

网格更新方法指的是在迭代计算过程中，由于边界的运动导致计算域网格发生改变，求解器对网格进行更新的方法。FLUENT14.5中包含3种网格更新方法：光顺方法（Smoothing）、动态层方法（Layering）及网格重构（Remeshing）。

15.2.1 Smoothing

单击选择图15-1中的Smoothing选项，单击Settings…按钮，弹出光顺参数设置对话框。如图15-2所示。

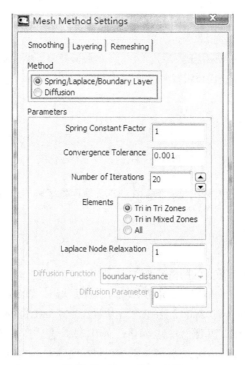

图15-2　Smoothing方法

FLUENT中有两种光顺方法：弹簧光顺（Spring/Laplace/Boundary Layer）与扩散光顺（Diffusion）。

1. 弹簧光顺

在弹簧光顺模型中，网格边被理想化为节点间相互连接的弹簧。移动前的网格间距相当于边界移动前由弹簧组成的系统处于平衡状态。在网格边界节点发生位移后，会产生与位移成比例的力，力的大小由胡克定律计算。边界节点移动产生的力破坏了弹簧系统原有的平衡，但是在外力作用下，弹簧系统会经过调整以达到新的平衡。也就是说，由弹簧连接在一起的节点，将在新的位置上重新获得力的平衡。从边界节点的位移出发，根据胡克定律，经过迭代计算，最终可得到使各节点上的合力等于零的、新的网格节点位置。

在弹簧光顺模型中，网格节点相连的网格边被假定为弹簧，根据胡克定律，弹簧力由式（15-1）进行计算。

$$\bar{F}_i = \sum_{j}^{n_i} k_{ij}(\Delta \bar{x}_j - \Delta \bar{x}_i) \tag{15-1}$$

式中，$\Delta \bar{x}_i$ 与 $\Delta \bar{x}_j$ 分别为节点i与节点j的位移；n_i为与节点i相连的节点数量；k_{ij}为节点i与节点j之间的弹簧刚度。节点i与节点j之间的弹簧刚度由式（15-2）定义：

$$k_{ij} = \frac{k_{fac}}{\sqrt{|\bar{x}_i - \bar{x}_j|}} \tag{15-2}$$

式中，k_{fac}为图15-2中需要输入的参数Spring Constant Factor。

当处于平衡状态时，与节点i相连的所有弹簧力的合力为0。这一条件可以利用迭代进行计算：

$$\Delta \bar{x}_i^{m+1} = \frac{\sum_j^{n_i} k_{ij}\Delta \bar{x}_j^m}{\sum_j^{n_i} k_{ij}} \tag{15-3}$$

式中，m为迭代数。当迭代计算收敛后，位置更新通过式（15-4）实现：

$$\bar{x}_i^{n+1} = \bar{x}_i^n + \Delta \bar{x}_i^{converged} \tag{15-4}$$

式中，上标$n+1$与n分别表示下一时间步节点位置与当前时间步节点位置。

用户可以通过调整弹簧常数因子（Spring Constant Factor）以控制弹簧刚度。该参数值取值范围0~1。设置参数值

0表示弹簧间没有阻尼，边界位移会对内部节点的运动产生更多的影响，取值越大，边界位移对内部节点影响越小，意味着内部产生变形的网格更多的是集中于边界附近位置。

图15-2中的参数Convergence Tolerance用于控制式（15-3）的收敛残差，参数Number of Iterations定义式（15-3）的迭代次数。式（15-3）在每一时间步中迭代采用以下标准。

（1）达到指定的迭代数量。

（2）达到指定的收敛标准。如式（15-5）所示。

$$\left(\frac{\Delta \bar{x}_{rms}^m}{\Delta \bar{x}_{rms}^1}\right) < convergence\ tolerance \tag{15-5}$$

理论上弹簧光顺模型可以用于任意网格类型，但是在非四面体网格区域（2D模型中非三角形网格）中，最好在满足以下条件时使用弹簧光顺方法。

（1）边界移动为单一方向。

（2）移动方向垂直于边界。

若无法满足以上条件，则可能导致较大的网格畸变率。

默认情况下，弹簧光顺方法在非四面体或非三角形区域为非激活状态，如图15-2中的Elements选项。默认情况下，Elements选项在3D模型中被设置为Tet in Tet Zones，在2D模型中设置为Tri in Tri Zones，若想在所有网格类型中都使用弹簧光顺模型，则可以选择选项All。若模型区域为混合网格，而用户又不想在所有网格类型上使用弹簧光顺模型，则可以使用选项Tet in Mixed Zones（或Tri in Mixed Zones），此时仅仅在四面体或三角形上应用弹簧光顺模型。

> **注意**
>
> 在FLUENT14.5以前的版本中，并没有Elements选项，用户可以利用TUI命令/define/dynamic-mesh> dynamic-mesh?在所有网格类型中使用弹簧光顺模型。

2. Diffusion

扩散光顺是另一种网格光顺方法。在扩散光顺方法中，网格运动通过求解扩散方程得到，该扩散方程如下。

$$\nabla \cdot (\gamma \nabla \vec{u}) = 0 \tag{15-6}$$

式中，$\vec{u}$ 为网格运动速度。γ 为扩散系数，用于控制边界运动对内部网格变形的影响。在FLUENT中，扩散系数 γ 有以下两种计算方式。

$$\gamma = \frac{1}{d^\alpha} \tag{15-7}$$

式中，d 为正则边界距离。

$$\gamma = \frac{1}{V^\alpha} \tag{15-8}$$

式中，V 为正则单元体积。

式（15-7）与式（15-8）中的参数 α 为图15-2中的参数Diffusion Parameter。由于存在两种计算扩散系数的方法，因此扩散光顺也相应的有两种方式：Boundary-Distance与Cell Volume。可以在参数设置面板中的Diffusion Function组合框中进行选择。

式（15-6）求解完毕后，可以利用下式对网格节点进行更新：

$$\bar{x}_{new} = \bar{x}_{old} + \vec{u}\Delta t \tag{15-9}$$

（1）基于Boundary-Distance的扩散光顺

利用该扩散方法允许用户以边界距离作为变量来控制边界运动扩散至内部网格节点。用户可以控制扩散参数Diffusion Parameter α 以间接地控制扩散过程。该参数取值范围0～2，取值为0（默认值）意味着扩散系数 γ 值为1，从而导致计算区域网格产生一致的扩散。大于1的取值将会保留更多的运动壁面附近的网格，导致远离运动边界的区域吸收更多的运动。

对于存在旋转运动的边界，建议设置Diffusion Parameter参数值为1.5。

（2）基于Volume的扩散光顺

基于体积的扩散光顺方法允许用户以网格尺寸作为函数定义边界运动对内部网格节点的影响。大网格吸收更多的运动，因此能更好地保证小网格的质量。

作为弹簧光顺方法的一种替代，扩散光顺方法适用于任何网格类型，用户可以在任意类型网格中使用扩散光顺方法。扩散光顺方法比弹簧光顺方法计算开销要大，但是能够获得更好的网格质量（特别是对于非四面体/非三角形网格区域，或者对于质量较差的网格区域）。与弹簧光顺方法相同，扩散光顺方法更适合于平移运动边界。

15.2.2 Layering

动态层方法广泛应用于四边形、六面体或棱柱层网格中，这是一种应用网格合并/分裂实现网格更新的方法。动态层模型的中心思想是根据紧邻运动边界网格层高度的变化，合并或分裂网格，即在边界发生运动时，如果紧邻边界的网格层高度增大到设定阈值时，网格会分裂为两个网格层；若网格层高度降低到一定程度，就会将紧邻边界的两层网格合并为一层。

在FLUENT模型树中单击节点Dynamic Mesh，在右侧设置面板中激活选项Dynamic Mesh，并选择模型Layering，如图15-3所示。单击Settings…按钮，弹出如图15-4所示参数设置对话框。该参数面板中包含两种动态层方法：Height Based与Ratio Based。两种方法均只包含两个参数：Split Factor与Collapse Factor。

图15-3　使用Layering　　　　图15-4　Layering设置对话框

1. 动态层更新方法

如图15-5所示，运动边界向下运动时，网格处于拉伸状态，当式（15-10）的条件得到满足时，网格层j会被分裂为两层。

$$h_{max} > (1 + \alpha_s)h_{ideal} \qquad (15-10)$$

式中，h_{max}为网格层j的最大高度；α_s为图15-4中的参数Split Factor，h_{ideal}为理想网格高度，在网格运动区域进行该参数定义。

当运动边界向上方运动时，网格处于压缩状态，当式（15-11）的条件得到满足时，第j层网格会与第i层网格合并。

$$h_{min} < \alpha_c h_{ideal} \qquad (15-11)$$

式中，h_{min}为第j层网格最小高度；α_c为图15-4中的参数Collapse Factor。

动态层方法包含两种类型：基于高度（Height based）与基于比率（Ratio Based）。当使用基于高度选项时，网格分裂或合并使用固定网格高度参数h_{ideal}。当使用基于比率选项时，网格分裂与合并采用本地网格高度。

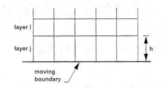

图15-5　动态层更新

2. 动态层方法适用场合

使用动态层方法必须满足以下条件。

（1）与运动边界相邻的网格必须是六面体或棱柱网格（2D模型中为四边形）。

（2）运动边界必须为单侧边界，否则需要使用滑移交界面，如图15-6所示。

（3）若边界面为双侧壁面，用户必须将切分面，使用耦合滑移交界面选项耦合两个相邻的计算区域。

（4）在包含悬挂节点的区域，无法应用动态层技术。

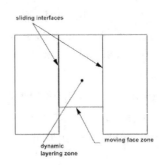

图15-6　双侧面情况

15.2.3　Remeshing

　　对于非结构区域，可以采用光顺方法进行网格更新，但是如果运动边界位移过大，采用光顺方法可能会导致网格质量下降，甚至出现负体积网格，导致计算终止。为解决这一问题，FLUENT提供了网格重构方法，即软件将畸变率过大或尺寸变化过于剧烈的网格集中在一起进行局部网格重新划分。若重新划分的网格能够满足质量要求及尺寸要求，则用新划分的网格替代原有的网格，若新网格无法满足要求，则放弃新网格划分的结果。

　　在进行局部重划分之前，首先要将需要重新划分的网格识别出来。FLUENT主要利用网格畸变率与网格尺寸进行网格识别。在计算过程中，若网格尺寸大于最大尺寸或小于最小尺寸，或网格畸变率大于设定的畸变率，则该网格会被标记为需要重新划分的网格。在遍历所有网格并对网格进行标记之后，开始网格重划分的过程。局部网格重构不仅可以调整体网格，还可以调整动边界上的表面网格。

　　如图15-7所示为在FLUENT中使用Remeshing网格重构的设置步骤。单击FLUENT模型树节点Dynamic Mesh，在右侧的面板中激活选项Dynamic Mesh选项，选择网格重构方法Remeshing，单击按钮Settings…，在弹出的参数设置对话框中Remeshing标签页下设置相关参数。设置对话框中的参数包括以下内容。

　　Remeshing Methods：网格重构方法。包括局部网格（Local Cell）、局部面（Local Face）、区域面（Region Face）、切割网格区域（CutCell Zone）及2.5D。针对不同的网格模型，可选择合适的网格重构方法。详细使用方法可参阅FLUENT用户文档。

　　Size Function：激活使用尺寸函数。尺寸函数控制计算区域内网格变化与运动边界间的关系。用户可以利用按钮Use Defaults以使用软件设置合适的参数值。通常不需人为干预。

　　参数项中主要设置关于网格重构的网格控制参数，包括：

　　Minmum Length Scale：最小网格尺寸。当网格尺寸低于该参数值时触发网格重构。

　　Maximum Length Scale：最大网格尺寸。当网格尺寸大于该参数值时触发网格重构。

Maximum Cell Skewness：最大网格畸变。当网格畸变率大于该参数值时触发网格重构。

Mesh Scale Info…：单击该按钮可以查看网格尺寸基本信息，利用该信息可以帮助进行参数设置。

Use Defaults：使用默认值。FLUENT会根据模型参数值提供一个推荐参数组合。用户可以利用该按钮方便地进行重构参数设置。一般来说无需进行过多的设置。

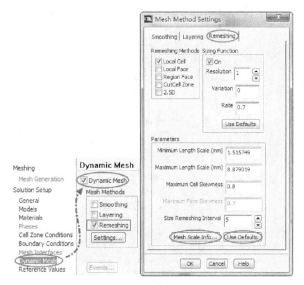

图15-7　使用网格重构

需要注意的是，局部重构模型进用于四面体网格和三角形网格。在定义了动边界之后，如果在动边界附近同时定义了局部重构模型，则动边界上的表面网格必须满足以下条件。

（1）需要进行局部调整的表面网格必须是三角形（三维）或直线（二维）。

（2）将被重新划分的面网格单元必须紧邻动网格节点。

（3）表面网格单元必须处于同一个面上并且构成一个循环。

（4）被调整单元不能是对称面（线）或正则周期边界的一部分。

15.3 运动指定

在FLUENT中指定边界的运动主要有两种方式：使用瞬态Profile文件或UDF。对于一些简单的运动形式，可以使用Profile文件进行指定，而对于较为复杂的函数型运动，则需要利用UDF进行描述。

15.3.1 瞬态Profile

利用瞬态Profile文件是最为简单的运动指定方式。Profile文件可以利用文本编辑器（如记事本、写字板之类的文本编辑软件）进行编写，在FLUENT中利用菜单【File】>【Read】>【Profile…】读取文件。

瞬态Profile文件有两种书写格式：标准格式与列表格式。

1. 标准格式

标准格式的Profile文件格式如下。

```
((profile-name transient n periodic?)
(field_name_1 a1 a2 a3 …… an)
(field_name_2 b1 b2 b3 …… bn)
 :
```

```
(field_name_r r1 r2 r3 …… rn))
```
Profile-name为profile名称，少于64个字符。

`field_name`必须包含一个**time**变量，并且时间变量必须以升序排列。

transient为关键字，瞬态profile文件必须包含此关键字。

n为每一个变量的数量。

periodic?标志该profile文件是否为时间周期，1表示为时间周期文件，0表示非周期文件。

例如下列Profile文件：

```
( (move transient 3 1)
(time 0 12)
(v_x353)
)
```

该Profile文件所对应的X速度（v_x）随时间变化的曲线如图15-8所示。

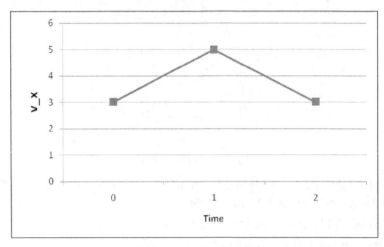

图15-8　Profile速度分布

💠**小技巧**

　　在Profile文件中经常使用的变量名称包括time（时间）、u或v_x（x方向速度）、v或v_y（y方向速度）、w或v_z（z方向速度）、omega_x（x方向角速度）、omega_y（y方向角速度）、omega_z（z方向角速度）、temperature（温度）等。Profile文件中的数据单位均为国际单位制。

2. 表格格式

除了标准格式，还可以利用表格形式书写Profile文件。其格式如下。

```
Profile-name n_field n_data periodic?
field-name-1 field-name-2 field-name-3 …… field-name-n
v-1-1 v-2-1 v-3-1 …… v-n-1
v-1-2 v-2-2 v-3-2 …… v-n-2
v-1-3 v-2-3 v-3-3 …… v-n-3
 ⋮
v-1-n v-2-n v-3-n …… v-n-n
```

`n_field`为变量数量，`n_data`为数据数量。且第一个变量名应当为**time**，且后续列中时间项数据必须为升序排列。
Periodic?与标准格式含义相同（1表示时间周期，0表示非时间周期）。

对于标准格式中的示例，利用表格格式可按以下格式编写。

```
move 2 3 0
time v_x
0 3
```

```
1 5
2 3
```

瞬态profile文件的读取需要利用TUI命令：file/read-transient-table。

15.3.2 动网格中的UDF

对于一些复杂的边界运动，需要借助UDF实现。关于UDF文件基本知识，可以查看FLUENT UDF手册。动网格模型中用到的UDF宏主要包括以下内容。

（1）DEFINE_CG_MOTION。用于控制刚体运动。

（2）DEFINE_GEOM。控制变形体运动。

（3）DEFINE_GRID_MOTION。控制变形体的边界运动。

（4）DEFINE_DYNAMIC_ZONE_PROPERTY。定义动网格属性，包括旋转中心（In-Cylinder模型中）及网格层高度。

1. DEFINE_CG_MOTION宏

DEFINE_CG_MOTION(name,dt,vel,omega,time,dtime)。

参数含义包下。

```
name: UDF名称。
Dynamic_Thread *dt: 存储用户所定义的动网格参数的指针。
real vel[]: 线速度。
real omega[]: 角速度。
real time: 当前时间。
real dtime: 时间步长。
```
该宏无返回值。宏名称name由用户指定，dt、time、dtime为FLUENT自动获取，vel与omega由用户指定并传递给FLUENT。

2. DEFINE_GEOM

DEFINE_GEOM(name,d,dt,position)

参数含义如下。

```
symbol name: UDF名称。
Domain *d: 指向域的指针。
Dynamic_Thread *dt: 存储动网格属性或结构的指针。
real *position: 用于指定x、y、z位置的数组。
```

3. DEFINE_GRID_MOTION

DEFINE_GRID_MOTION(name , d , dt, time , dtime)

参数含义如下。

```
symbol name: UDF宏名称。
Domain *d: 指向区域的指针。
Dynamic_Thread *dt: 存储动网格结构及属性的指针。
real time: 当前时间。
dtime: 时间步长。
```

4. DEFINE_DYNAMIC_ZONE_PROPERTY

DEFINE_DYNAMIC_ZONE_PROPERTY(name,dt,swirl_center)

参数含义如下。

```
name: UDF名称。
```

```
Dynamic_Thread *dt: 存储动网格参数的指针。
Real *swire_center: 一维数组, 定义旋转中心的x、y、z坐标。
```

第三个参数也可以用于定义网格层高度。此时宏的第三个参数为一个实数指针，直接赋予高度值即可。

15.4 运动区域定义

在FLUENT动网格设置中，需要定义运动区域。如图15-9所示，在FLUENT模型树中单击节点Dynamic Mesh，在右侧面板Dynamic Mesh Zones中单击按钮Create/Edit…，在弹出的设置对话框中进行运动区域的创建及修改。

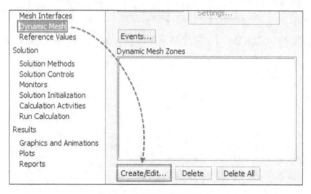

图15-9 定义运动区域

如图15-10所示为弹出的区域运动对话框。在该对话框中，用户可以指定相应边界的类型及运动形式。FLUENT中运动区域可分为以下几种类型。

（1）Stationary：静止类型。默认情况下所有壁面为该类型。

（2）Rigid Body：刚体类型。使用最多的一种类型，通常为一些不可变形的运动部件。

（3）Deforming：变形体类型。使用较多，在计算过程中形体可以改变。

（4）User Defined：用户自定义类型。可以利用UDF宏定义该部件的运动形式。

（5）System Coupling：用于双向流固耦合计算的边界类型。

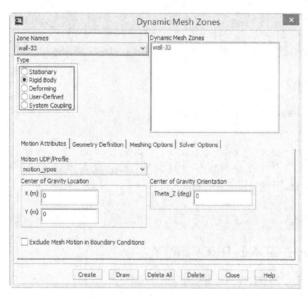

图15-10 运动区域定义对话框

15.4.1 静止部件（Stationary）

静止部件为默认类型，通常情况下无需进行指定。在该类型定义中用户可以指定网格高度。利用UDF宏在Type中选择Stationary之后，在下方的标签页Meshing Options可以指定参数Cell Height，该参数值可以为常数，也可以为编译后的UDF宏：DEFINE_DYNAMIC_ZONE_PROPERTY，如图15-11所示。

图15-11　定义静止域

15.4.2 刚体（Rigid Body）

如图15-12所示为刚体定义。在Type中选择Rigid Body，在Motion Attributes标签页中设置刚体运动及部件重心位置。在Motion UDF/Profile中选择编译后的UDF宏DEFINE_CG_MOTION，在Center of Gravity Location中定义中心坐标。

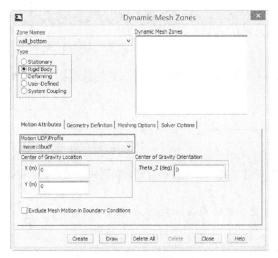

图15-12　刚体定义

Meshing Options标签页中可以进行网格高度定义，如图15-13所示。

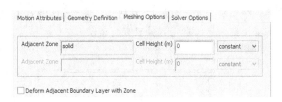

图15-13　Meshing Options标签页

网格高度参数（Cell Height）可用于网格重构及网格分裂/合并计算。该参数也可如静止域一样采用宏进行定义。

15.4.3 变形体（Deforming）

变形体通常指在计算过程中形状会发生改变的部件。在区域定义对话框中选择Deforming类型，进行变形体的定义，如图15-14所示。

变形体定义对话框中，Motion Attributes标签页下无任何参数设置。在Geometry Definition标签页中，可以在Definition选项中选择变形体类型。FLUENT中包含4种类型：faceted（网格面）、plane（平面）、cylinder（圆柱面）以及user-defined（自定义类型），如图15-15所示。

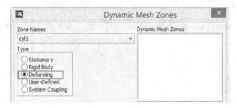
图15-14　定义变形体

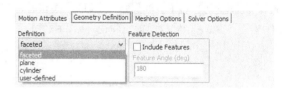
图15-15　几何定义

在faceted类型中，并无参数需要设置。在Plane与cylinder类型中，需要为平面进行定位。在user-defined类型中，可以利用UDF宏DEFINE_GEOM进行定义。

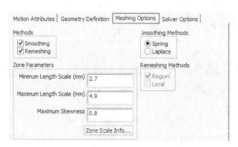
图15-16　Meshing Options标签页

在Meshing Options标签页中，用户可以定义网格更新方法及网格区域参数，如图15-16所示。

15.4.4　其他类型

用户可以利用UDF宏DEFINE_GRID_MOTION进行自定义动网格区域设置。在该类型定义中，用户需要指定网格高度参数Cell Height。

System Coupling主要用于流固耦合计算，本身并无参数需要设置，设定某区域为该类型只是进行区域标定。

15.5　网格预览

网格预览包括区域运动显示及网格运动显示。如图15-17所示，单击Display Zone Motion…可进入区域预览设置对话框，而单击Preview Mesh Motion…则为网格运动预览设置对话框。

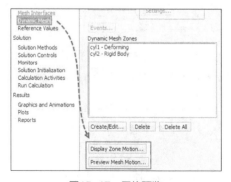
图15-17　网格预览

注意 ----------------------------

> 网格运动预览会改变实际的网格模型，用户在进行网格预览之前切记保存cas文件。区域运动显示不会改变实际网格。在进行网格预览之前，需确保模型为瞬态计算。

区域运动显示设置对话框如图15-18所示。在该对话框中需要设置的参数包括Start Time（起始时间）、Time Step（时间步长）以及Number of Steps（时间步数），并且需要选择运动区域。

网格运动预览设置对话框如图15-19所示。用户可以设置Time Step Size（时间步长）及Number of Time Steps（时间步数）。另外还可以选择将网格运动保存为图片进行输出。

图15-18　区域运动显示

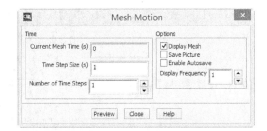

图15-19　网格运动预览

15.6　【实例15-1】齿轮泵仿真

> 本例以一个3D齿轮泵工作行为仿真计算模型的建立过程，描述了动网格模型的构建过程。本例主要应用了2.5D网格重构模型与弹簧光顺网格更新方法。2.5D网格重构方法非常适合于拉伸的棱柱网格，本例中的齿轮泵模型即为三角形面网格拉伸而成的三棱柱网格。在2.5D网格重构模型中，实际上进行重构操作的是三角形面网格，体网格重构工作是由重构后的面网格拉伸而实现的。应用2.5D网格重构方法，能大大减轻网格重构工作量，而且能有效地避免负体积网格的产生。

15.6.1　问题描述

本例所要计算的模型如图15-20所示。齿轮泵由两对反向啮合旋转的齿轮构成，旋转速度ω =200rad/s，流体从左侧入口inlet流入，自右侧出口outlet流出，工作流体密度844kg/m³，黏度0.02549kg/（m·s）。入口总压为1atm，出口静压1atm。通过仿真计算齿轮泵的出口流量。

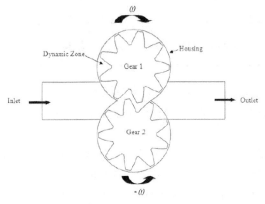

图15-20　计算模型示意图

15.6.2 FLUENT前处理设置

Step 1：启动FLUENT并导入网格

以3D、双精度模式启动FLUENT14.5。

利用菜单【File】>【Read】>【Mesh…】选择本例计算网格文件ex7-1.msh。

Step 2：检查网格

单击FLUENT模型树节点General，在右侧设置面板中单击Check按钮检查计算网格，如图15-21所示。

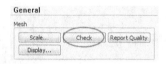

图15-21　检查网格

在TUI窗口输出网格统计结果，如图15-22所示。

```
 Domain Extents:
   x-coordinate: min (m) = -2.500000e-01, max (m) = 2.500000e-01
   y-coordinate: min (m) = -1.850000e-01, max (m) = 1.850000e-01
   z-coordinate: min (m) = -5.551115e-17, max (m) = 1.000000e-02
 Volume statistics:
   minimum volume (m3): 9.314020e-10
   maximum volume (m3): 1.634048e-08
     total volume (m3): 5.419798e-04
 Face area statistics:
   minimum face area (m2): 2.794206e-07
   maximum face area (m2): 8.646627e-06
 Checking mesh.........................
Done.
```

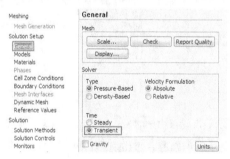

图15-22　网格统计报告

检查网格尺寸分布及最小网格体积，本例网格尺寸与预期网格尺寸相同，最小网格体积为正值，满足计算要求。

Step 3：General设置

设置General面板，选择Transient求解，其他参数保持默认设置，如图15-23所示。

图15-23　General设置

> **小技巧**
>
> 通常涉及动网格的问题都需要采用瞬态计算，因为边界运动基本上都是与时间相关的。

Step 4：Models设置

在Models节点中设置Realizable k-epsilon湍流模型，采用standard wall functions。由于尺寸旋转导致较大的逆压力梯度，使用Realizable k-epsilon湍流模型更加合适。

单击Models节点，在右侧设置面板Models列表框中双击列表项Viscous，弹出湍流模型设置对话框，选择湍流模型k-epsilon(2 eqn)，在k-epsilon Model中选择Realizable，如图15-24所示。

设置Near-wall Treatment选项为Standard Wall Functions，单击OK按钮确认操作。

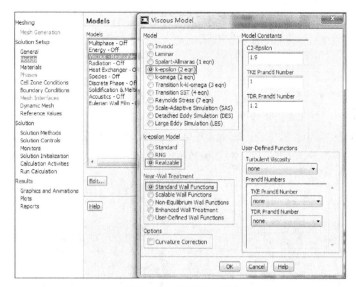

图15-24 设置湍流模型

Step 5: Materials设置

单击模型树节点Materials，在右侧设置面板列表框中双击材料air，弹出材料属性设置对话框，设置名称Name为oil，设置密度Density为844，黏度viscosity为0.02549，如图15-25所示。

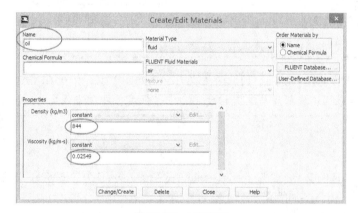

图15-25 材料设置

单击Change/Create按钮，软件弹出询问是否替换原材料的对话框，单击Yes按钮确认替换。

Step 6: Cell Zone Conditions设置

本例包含3个计算域：gear_fluid、inlet_fluid以及outlet_fluid。

单击模型树节点Cell Zone Conditions，右侧面板中zone列表框中显示本例所有的3个计算域，选择计算域gear_fluid，修改计算域类型为流体域fluid，单击Edit按钮…，进入计算域设置面板，如图15-26所示。

计算域设置如图15-27所示。设置计算域材料Material Name为Oil。其他参数保持默认设置。

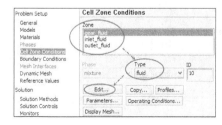

图15-26 计算域设置

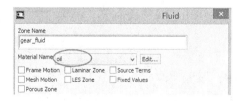

图15-27 区域设置

按相同的步骤设置另外两个计算域，确保计算域类型为流体域fluid，并且材料为Oil。

Step 7：Boundary Conditons设置

本例所涉及的边界条件设置只有入口inlet与出口outlet。

1. 入口设置

如图15-28所示，单击模型树节点Boundary Conditions，在右侧面板Zone列表框中选择inlet，设置边界类型为pressure-inlet，单击按钮Edit…，弹出如图15-29所示的边界条件设置对话框。

在边界条件设置对话框中，设置出口总压Gauge Total Pressure为0。设置湍流指定方式为Intensity and Viscosity Ratio，指定湍流强度与湍流黏度分别为5%与5，如图15-29所示。

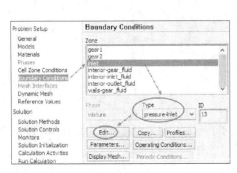

图15-28　边界条件设置

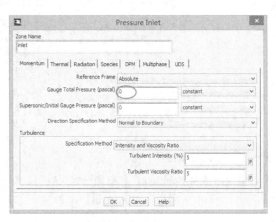

图15-29　入口边界设置

说明

> 由于默认参考压力为101325Pa，因此设置总压为0表示绝对压力为101325Pa。对于入口湍流难以估计的情况下，可以采用湍流强度与湍流粘度比为中等强度，即湍流强度为5%，湍流黏度比为5。

2. 出口设置

按相同的步骤设置出口outlet边界类型为pressure-outle，设置出口静压值为101325Pa，设置湍流强度5%，湍流黏度比为5，其他参数保持默认，如图15-30所示。

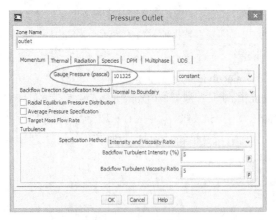

图15-30　出口边界设置

Step 8：编译UDF

本例的UDF非常简单，仅指定齿轮的旋转速度。UDF内容如下。

```
#include "udf.h"
DEFINE_CG_MOTION(gear2, dt, vel, omega, time, dtime)
```

```
{
    omega[2]=100.0;
}

DEFINE_CG_MOTION(gear1, dt, vel, omega, time, dtime)
{
    omega[2]=-100.0;
}
```

UDF宏中omega[2]表示Z方向角速度，两齿轮的旋转速度相同，方向相反。

利用菜单【Define】>【User Defined…】>【Functions】>【Compiled…】，弹出如图15-31所示的UDF编译对话框，单击按钮Add…，在弹出的文件选择对话框中选择UDF文件gearpump.c，单击编译对话框中的Build按钮编译文件。待文件编译完毕后，单击Load按钮加载UDF宏。

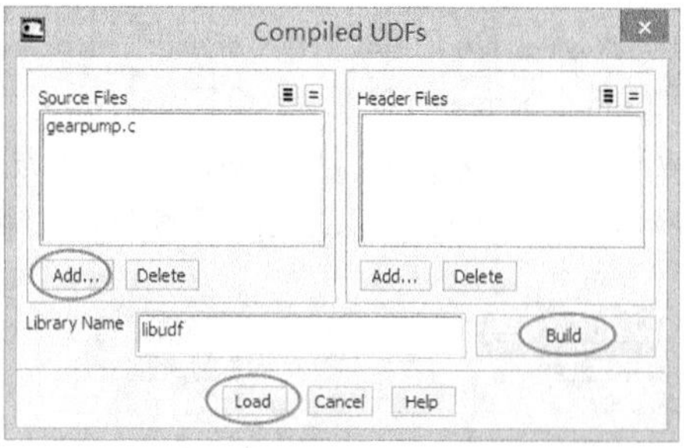

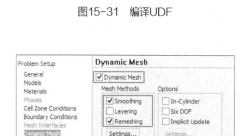

图15-31　编译UDF

Step 9：Dynamic Mesh设置

1. 激活动网格模型

如图15-32所示，单击模型树节点Dynamic Mesh，在右侧设置面板中激活选项Dynamic Mesh，设置Mesh Methods为Smoothing与Remeshing，其他参数保持默认。

图15-32　激活动网格模型

2. 设置网格更新方法

单击图15-32设置面板中的Settings…按钮，进入网格更新方法设置。

进入图15-33所示的Smoothing标签页，设置使用弹簧光顺方法，设置弹簧常数因子Spring Constant Factor为0.8，设置边界节点松弛因子Boundary Node Relaxation为0.8，其他参数保持默认设置。

进入图15-34所示的Remeshing标签页，设置网格重构方法为2.5D，单击按钮Use Defaults，软件自动填充重构参数，设置重构频率参数Size Remeshing Interval为1，其他参数保持默认设置。

单击OK按钮确认参数设置，并关闭网格更新方法设置对话框。

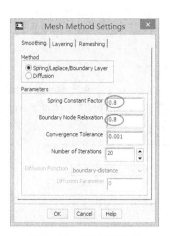

图15-33　网格光顺设置

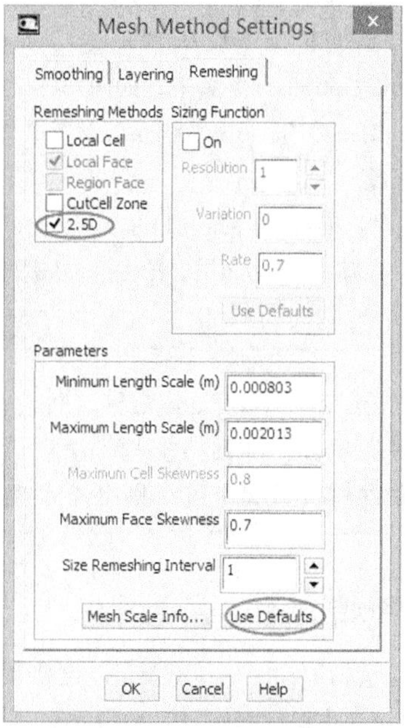

图15-34　网格重构设置

小技巧 ··

利用按钮Use Defaults可以自动设置较为合理的参数值，用户可以根据实际情况对参数值进行微调。

3. 指定运动区域

在Dynamic Mesh设置面板中的Dynamic Mesh Zone下单击Create/Edit…按钮，弹出运动区域定义面板。

（1）设置gear 1运动。如图15-35所示，在设置面板中Zone Names组合框中选择gear 1，选择Type为Rigid Body，设置Motion UDF/Profile下拉框中选项为gear1::libudf，设置齿轮1重心坐标为（0，0.085，0.005）。进入如图15-36所示的Meshing Options标签页下，设置Cell Height为0.0008m，其他参数保持默认设置。

（2）设置gear 2运动。gear 2的设置方法与gear 1类似，存在的差异在于其重心坐标为（0，-0.085，0.005），其选择的UDF为gear2::libudf，其他参数与gear 1相同。

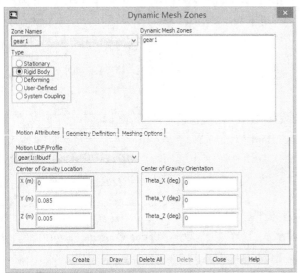

图15-35　刚体运动区域　　　　　　　　　　　　　　图15-36　网格参数

（3）设置对称面sym1-gear_fluid。如图15-37所示，Zone Names中选择sym1-gear_fluid，设置Type为变形体Deforming，设置Geometry Definition标签页，设置变形体类型为Plane，设置参数Point on Plane为坐标点（0，0，0.01），设置平面法向向量（0，0，1）。

进入Meshing Options标签页中，如图15-38所示，设置最小长度尺寸Minimum Length Scale为0.0005m，设置最大长度尺寸Maximum Length Scale为0.002m，设置最大扭曲率Maximum Skewness为0.8，其他参数保持默认设置。单击Create按钮创建运动区域。

（4）设置对称面sym2-gear_fluid。与sym1-gear_fluid类似，设置区域sym2-gear_fluid为变形区域。唯一不同在于Point on Plane设置为（0，0，0）。单击Create按钮创建变形区域。

小技巧 ··

对于设置变形体为Plane类型，则意味着所设置的区域节点只能在该平面上移动。网格重构参数中的最小、最大参数，即网格重构算法中计算所需要的阈值，通常需要合理设置。若设置的最小值过大易形成负体积网格，最大值过小则会造成网格迟迟无法更新，形成负体积网格。

4. 动网格预览

动网格预览包括运动区域预览及运动网格预览。在进行网格预览之前通常需要进行文件保存。利用菜单【File】>【Write】>【Case…】保存案例文件ex8-1.cas。

（1）区域运动预览。选择模型树节点Dynamic Mesh，单击右侧设置面板中Display Zone Motion…按钮。弹出如图15-39所示对话框，设置开始时间Start Time为0，时间步长Time Step为0.001s，设置步数Number of Steps为100，选择区域gear1与gear2，单击Preview按钮进行预览。

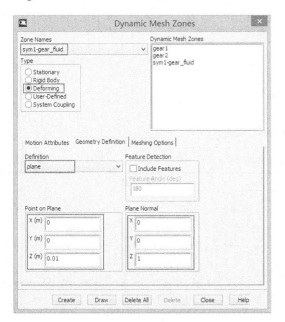

图15-37　变形区域

图15-38　网格参数

💬 **说明** --

区域运动预览并不涉及网格变化，其只是用于检验UDF或Profile文件描述的运动是否符合要求。

（2）网格运动预览。选择模型树节点Dynamic Mesh，单击右侧设置面板中Preview Mesh Motion…按钮。

如图15-40所示，设置Time Step Size为5e-6，设置Number of Time Steps为50，单击Preview按钮进行网格运动显示。

图15-39　区域运动

图15-40　网格运动预览

🌐 **注意** --

在进行网格运动预览之前，一定要保存case文件，因为网格预览会真正地改变计算域网格。

Step 10：Solution Methods设置

可以采用默认设置。

Step 11：Solution Controls设置

如图15-41所示，选择模型树节点Solution Controls，在右侧面板中按表15-1设置亚松弛因子。

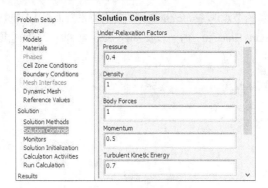

图15-41　设置亚松弛因子

表15-1　亚松弛因子

物理量	亚松弛因子
Pressure	0.4
Momentum	0.5
Turbulent Kinetic Energy	0.7
Turbulent Dissipation Rate	0.7
Turbulent Viscosity	0.75

Step 12：Monitors设置

定义出口流量监视器。

单击模型树节点Monitors，在右侧面板中定义Surface Monitors。单击Surface Monitors下方的Create…按钮，在弹出的如图15-42所示的参数定义对话框中进行出口位置质量流量监视器定义。

Step 13：Solution Initialization设置

使用Hybrid Initialization方法进行初始化，如图15-43所示。

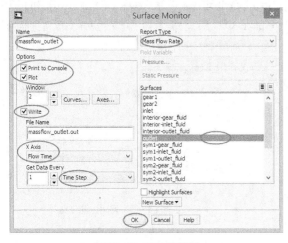

图15-42　定义监视器　　　　　　　　　　　　　　　图15-43　初始化设置

Step 14：Calculation Activities设置

主要设置自动保存及动画。

1. 设置自动保存

单击菜单【File】>【Write】>【Auto Save…】，弹出如图15-44所示设置对话框，设置自动保存时间步为500，且每次保存case文件，如图15-44所示。

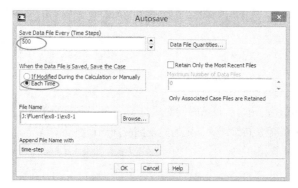

图15-44 自动保存设置

2. 动画设置

设置动画观察对称面上压力变化，如图15-45所示。

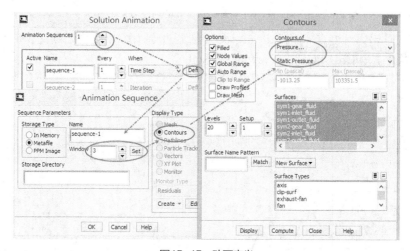

图15-45 动画定义

Step 15：Run Calculation设置

单击模型树节点Run Calculation进入求解参数设置对话框，如图15-46所示。

设置时间步长Time Step Size为5e-6，设置迭代次数Number of Time Steps为3000，设置内迭代次数Max Iterations/Time Step为40，单击Calculate按钮进行计算。

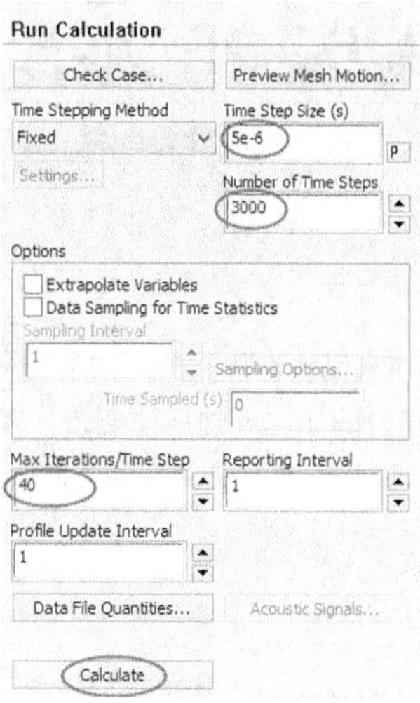

图15-46 计算参数设置

15.6.3 计算后处理

1. 流量监测曲线

图15-47所示为计算过程中监测的出口流量随时间变化曲线。图中Y轴为负值代表方向，表示流体流出计算域。从图中可以看出，齿轮泵在计算初期流量持续增大，随后呈现随时间周期波动的情况。波动间隔为齿轮泵的旋转周期。监测结果与实际齿轮泵出口流场特征相符。

2. 动画输出

选择模型树节点Graphics and Animations，在右侧设置面板中选择列表框Animation中的列表项Solution Animation Playback，弹出如图15-48所示的动画预览及输出对话框，按图中所示设置Write/Record Format下拉框选项为MPEG，同时选择右侧的Animation Sequences列表框中的列表项，单击Write按钮即可输出动画。

> 💬 **说明**
>
> FLUENT制作动画的功能比较弱，若想要创建更为专业或对动画进行更多的控制，建议使用专业的后处理软件，如CFD-POST、Tecpolt、Ensight等。

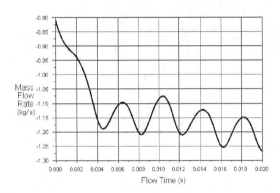

图15-47 流量监测曲线 　　　　　　　　　　图15-48 输出动画

更多的后处理内容读者可以自行尝试，这里不再一一赘述。

15.7 【实例15-2】利用6DOF计算船舶行驶情况

> 轮船在大海中航行，受波浪力影响会上下左右产生颠簸。本例利用FLUENT的6DOF模型计算船舶受波浪力影响下的扶摇及升沉情况。

FLUENT中的6DOF模型主要用于计算刚体在流体作用下的运动学特征（速度、加速度、力矩等）。该模型将运动部件作为刚体，忽略其变形。为了计算刚体在力的作用下的运动姿态，在计算之前需要输入其质量、惯性矩等参数。关于6DOF模型的细节，读者可以参阅FLUENT随机文档，其中有关于此模型详细的描述。

本例中用到的技术要点包括以下内容。

（1）VOF多相流模型求解明渠流动。

（2）使用明渠波浪边界产生浅波。

（3）利用Numerical Beach选项抑制出口位置的数值反射。

（4）利用6DOF模型模拟船体的运动。

（5）利用UDF控制船体的运动自由度。

其中关于多相流模拟方面的内容在后续章节介绍，本章主要针对6DOF模型。

15.7.1 问题描述

船体在波浪中航行，波浪参数见表15-2。

表15-2 波浪参数

参 数 项	参 数 值
波速	1.5m/s
波幅	0.01925m
波长	3.85m
相位角	-270°

已知水深2.75m，流动方向沿X轴，侧面为Y轴方向，船体在水中的状态如图15-49所示。

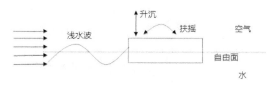

图15-49 问题描述

15.7.2 FLUENT前处理设置

Step 1：启动FLUENT14.5

如图15-50所示，以3D、Double Precision方式启动FLUENT14.5。其他参数保持默认设置。

Step 2：读入msh文件

启动FLUENT后，利用该菜单【File】>【Read】>【Mesh…】，在弹出的文件对话框中选择本例网格文件ex7-2.msh，单击OK按钮加载网格文件。

Step 3：检查网格尺寸

单击模型操作树节点General，在右侧的操作面板中单击Scale…按钮检查网格尺寸。

本例中的网格尺寸与实际要求的网格尺寸相符，因此不需进行缩放工作。

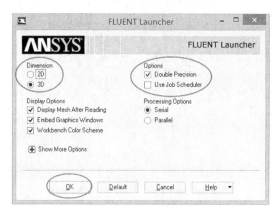

图15-50 启动FLUENT

Step 4：检查网格

在进行模型前处理之前，需要检查模型网格最小体积，单击模型操作树节点General，在右侧操作面板中单击按钮Check，网格检查结果会显示在命令输出窗口中。如图15-51所示。从图中可以看出，最小网格体积为正值，满足计算要求。

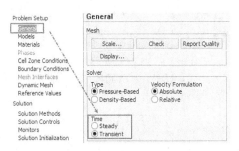

```
Domain Extents:
   x-coordinate: min (m) = -3.500000e+00, max (m) = 9.700000e+00
   y-coordinate: min (m) = -3.500000e+00, max (m) = 3.500000e+00
   z-coordinate: min (m) = -2.750000e+00, max (m) = 5.000000e-01
Uolume statistics:
   minimum volume (m3): 1.350173e-07
   maximum volume (m3): 3.042794e-02
     total volume (m3): 3.002083e+02
Face area statistics:
   minimum face area (m2): 4.647353e-05
   maximum face area (m2): 2.091215e-01
Checking mesh........................
Done.
```

图15-51　检查网格

可以利用操作按钮Report Quality检查网格质量，FLUENT会输出网格质量检查后的结果。由于在FLUENT中难以改善网格质量，因此建议网格质量检查的操作放在网格生成之后。

Step 5：General设置

本例采用瞬态分析，单击General按钮，在右侧的面板中设置Time项为Transient。其他参数保持默认设置，如图15-52所示。

图15-52　General设置

Step 6：Model设置

本例需要设置的模型包括湍流模型及VOF多相流模型。

1. 湍流模型

本例采用SST k-w模型。如图15-53所示，单击模型操作树节点Model，在右侧的设置面板中双击列表项Viscous，在弹出的黏性模型设置面板中选择SST k-omega模型。

图15-53　选择SST k-w模型

2. 多相流模型

关闭湍流模型设置面板。双击Model列表中的Multiphase列表项，弹出如图15-54所示的多相流设置对话框，按图15-54中所示设置。选择VOF多相流模型，同时开启明渠流动。由于本例涉及重力驱动流动，因此选择Implicit Body Force选项。

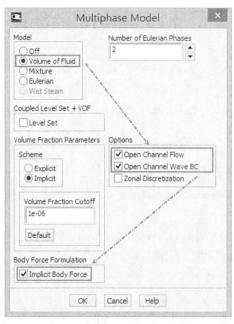

图15-54　多相流设置

在选择Open Channel Flow及Open Channel Wave BC时，会弹出警告对话框，其原因在于选择这两项时需要设置重力加速度，由于前面并未设置重力加速度所以发出警告。重力加速度的设置将在后面进行。

Step 7：编译UDF

本例使用6DOF模型，需要利用UDF定义刚体属性，如图15-55所示。UDF程序如下。

```
#include "udf.h"
DEFINE_SDOF_PROPERTIES(sdof_properties, prop, dt, time, dtime)
{
   prop[SDOF_MASS] = 36.5323;
   prop[SDOF_IXX] = 0.306272;
   prop[SDOF_IYY] = 10.4112;
   prop[SDOF_IZZ] = 10.3074;
prop[SDOF_ZERO_TRANS_X] = TRUE;
prop[SDOF_ZERO_TRANS_Y] = TRUE;
  prop[SDOF_ZERO_ROT_X] = TRUE;
  prop[SDOF_ZERO_ROT_Z] = TRUE;
   printf ( "\n updated 6DOF properties" );
}
```

程序中：

DEFINE_SDOF_PROPERTIES：定义6DOF属性的宏；

prop[SDOF_MASS]=36.5323;//定义刚体质量为36.5323kg;

prop[SDOF_IXX]=0.306242;//定义x方向转动惯量;

prop[SDOF_IYY]=10.4112;//定义y方向转动惯量;

prop[SDOF_IZZ]=10.3047;//定义z方向转动惯量;

prop[SDOF_ZERO_TRANS_X] = TRUE;释放x方向平动自由度

prop[SDOF_ZERO_TRANS_Y] = TRUE;释放y方向平动自由度

prop[SDOF_ZERO_ROT_X] = TRUE;释放x方向转动自由度

prop[SDOF_ZERO_ROT_Z] = TRUE;释放z方向转动自由度

利用菜单【Define】>【User Defined】>【Functions】>【Compiled】打开文件编译对话框，如图15-55所示。

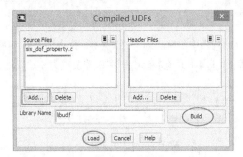

图15-55　编译UDF

（1）单击Add…按钮，在弹出的文件选择对话框中选择UDF文件six_dof_property.c
（2）单击Build按钮编译UDF文件
（3）单击按钮Load加载UDF。

Step 8：Material设置

本例中所采用的材料为液态水。单击模型操作树节点Materials，打开材料操作面板。进行以下步骤操作。
（1）保留默认介质air。
（2）从FLUENT材料数据库中添加材料water-liquid(h2o<l>)。
（3）单击材料对话框中的Change/Edit按钮添加材料。

Step 9：设置相

本例中将air作为主相，water为第二相。
单击模型操作树节点Phase，在右侧的设置面板中进行相的设置，如图15-56所示。
（1）选择phases列表项中的phase-1，单击Edit…按钮，进入如图15-57所示的主相设置对话框，在Phase Material下拉列表中选择air，同时修改相的名称为air，单击OK按钮确认并关闭对话框。

图15-56　设置相

图15-57　设置主相

（2）用同样的操作步骤设置第二项为water，如图15-58所示。

Step 10：Boundary Conditions设置

在边界条件设置中，需要定义进出口边界及创建波浪。
单击模型操作树节点Boundary Conditions，操作面板如图15-59所示。

图15-58　设置第二相

图15-59　设置边界条件

1．入口边界设置

在Zone列表框中选择边界up-inlet，单击按钮Edit…，进入如图15-60所示的对话框。
激活Open Channel Wave BC选项，设置入口速度为1.5m/s，设置湍流指定方法为Intensity and Viscosity Ratio，并设置湍流强度及湍流黏度比分别为2%及2。

切换至标签页Multiphase，在其中设置波参数，如图15-61所示。

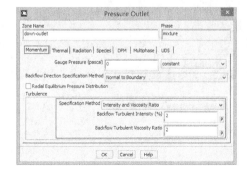

图15-60 入口边界定义

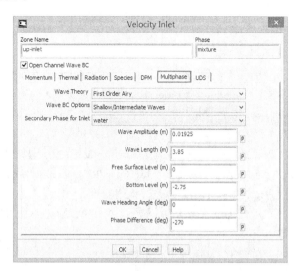

图15-61 波浪参数

设置的参数包括以下内容。

（1）Wave Amplitude：设置波幅为0.01925m。

（2）Wave Length：设置波长为3.85m。

（3）Free Surface Level：设置自由面水位为0。

（4）Bottom Level：设置水底坐标为-2.75m。

（5）Wave Heading Angle：设置波头角为0°。

（6）Phase Difference：设置相位差-270°。

单击OK按钮确认边界设置并关闭对话框。由于本例使用了明渠边界，因此无需设置第二相的条件。

2. 定义出口边界

选择zone列表框中的down-outlet，单击Edit…按钮进行边界设置。

进入Momentum标签页，设置湍流强度及湍流黏度比为2%和2，其他参数保持默认，如图15-62所示。

进入Multiphase标签页设置出口多相流条件，如图15-63所示。

（1）激活Open Channel选项。

（2）保持Pressure Specification Method及Density Interpolation Method选项为默认。

（3）设置Free Surface Level为0m。

（4）设置Bottom Level为-2.75m。

单击OK按钮确认边界条件设置并关闭对话框。

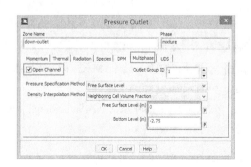

图15-62 出口边界　　　　　　　　　　　图15-63 出口边界设置

其他边界条件采用软件默认设置，无需进行修改。

Step 11：Cell Zone Conditions设置

1. 设置操作条件

单击模型操作树节点Cell Zone Conditions，在右侧的操作面板中单击按钮Operating Conditions…，在弹出的操作条件设置对话框中进行如图15-64所示的操作。

（1）保持操作压力为默认值101325Pa。

（2）激活重力项，勾选Gravity，设置重力加速度为Z方向-9.81。

（3）激活相对密度。勾选Specified Operating Density，设置操作密度为1.225。操作密度一般选择轻相密度。

（4）设置参考压力坐标为（-3.5，0，2），该位置压力值在计算过程中变化较小。

单击OK按钮确认并关闭对话框。

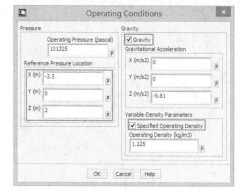

图15-64　操作条件设置

2. 区域设置

鼠标选择区域fluid，确认phase下拉框中选择项为mixture，单击Edit…按钮进入区域设置对话框，如图15-65所示。

（1）进入Multiphase标签页。

（2）激活Numerical Bech选项。

（3）设置Compute From Inlet Boundary下拉框为up-inlet。

（4）软件会自动填充其他参数，可以拖动右侧的滚动条进行确认。

单击OK按钮确认操作并关闭对话框。

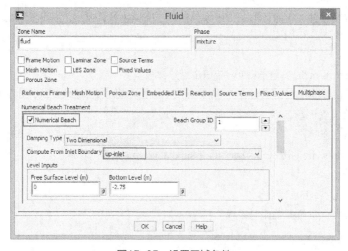

图15-65　设置区域条件

Step 12：Dynamic Mesh设置

单击模型操作树按钮Dynamic Mesh，在右侧面板中设置动网格条件，如图15-66所示。

（1）激活Dynamic Mesh选项。

（2）在Mesh Methods中激活选项Smoothing及Remeshing。

（3）激活Six DOF选项。

1. Mesh Methods Settings

单击Mesh Methods中的按钮Settings…，进入网格参数设置对话框，如图15-67所示。

（1）进入Smoothing标签页，设置Spring Constant Factor为0.5。

（2）进入Remeshing标签页，设置Minimum Length Scale为0.011m，设置Maximum Length Scale为0.65，设置Maximum Cell Skewness为0.8，改变Size Remeshing Interval为10，其他参数保持默认。

单击OK按钮确认参数并关闭对话框。

图15-66　动网格设置

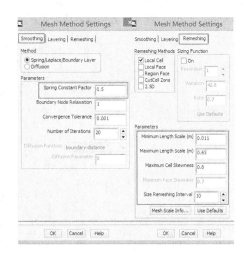

图15-67　动网格参数

2. Six DOF Settings

单击options下方的Settings…按钮，在弹出对话框的Six DOF标签页中激活选项Write Motion History，这样在计算过程中软件会自动记录刚体重心的坐标。

3. 定义运动区域

单击图15-66中Dynamic Mesh Zones下方的按钮Create/Edit…，在弹出设置对话框中进行运动区域的定义。本例中需要定义的运动区域为船体hull，如图15-68所示。

（1）在Zone Names下拉项中选择hull。

（2）设置Type为Rigid Body。

（3）在Six DOF UDF中选择前面编译的UDF sdof_properties::libudf。

（4）在Six DOF Option中选择选项On。

其他参数保持默认即可。

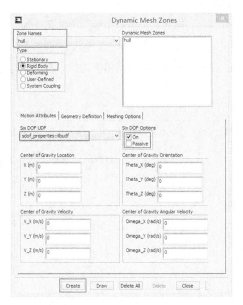

图15-68　运动区域定义

单击Create按钮创建运动区域。

Step 13：Solution Methods

单击模型操作树节点Solution Methods，在右侧面板中进行如图15-69所示的设置。修改Pressure为PRESTO!，修改Volume Fraction为Compressive，其他参数保持默认设置。

图15-69　求解方法

Step 14：Reference Values设置

由于后面要对阻力系数进行监测，因此需要准确设置参考值，如图15-70所示。

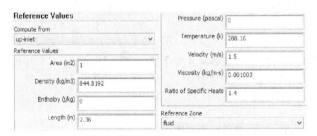

图15-70　设置参考值

设置步骤如下。

（1）选择Compute from下拉项为up-inlet。

（2）程序自动对下方的各参数进行填充，确认其中参数值与图中保持一致，尤其是密度与长度参数。

Step 15：Solution Controls

单击模型树节点Solution Controls，对求解变量的亚松弛因子进行修改。本例无需进行修改，所有参数保持默认值即可。

Step 16：Monitors设置

如图15-71所示，进入模型树节点Monitors，在右侧面板中单击Create右侧的箭头，选择Drag…。

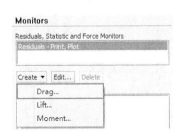

图15-71　定义监测

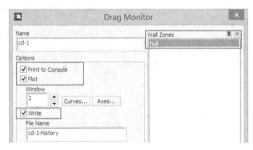

图15-72　定义阻力监测

如图15-72所示，激活选项Print to Console、Plot、Write，同时在Wall Zones列表框中选择列表项hull，单击OK按钮确认操作并关闭对话框。

Step 17：Solution Initialization

单击模型操作树节点Solution Initialization，在右侧面板中进行如图15-73所示设置。

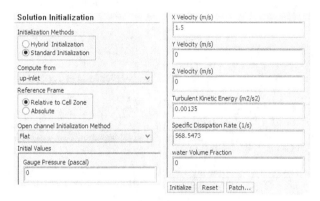

图15-73 初始化设置

在Compute from下拉列表中选择up-inlet，选择Open channel Initialization Method为Flat，其他参数使用软件自动计算，单击按钮Initialize完成初始化。

Step 18：Calculation Activities设置

在该节点下设置自动保存频率为200时间步。单击该节点后在右侧设置面板中的Autosave Every(Time Steps)项中设置参数为200，如图15-74所示。

图15-74 自动保存设置

Step 19：Run Calculation设置

单击模型操作树节点Run Calculations，在右侧面板中进行如图15-75所示设置。

（1）设置Time Step Size为0.005。

（2）设置Number of Time Steps为3000。

（3）设置Max Iterations/Time Step为20。

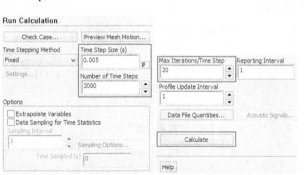

图15-75 计算设置

单击Calculate按钮进行迭代计算。

至此，FLUENT前处理工作完成。

15.7.3 计算后处理

Step 1：阻力系数监测曲线

如图15-76所示为计算过程中监测得到的阻力系数随时间变化曲线。从图中可以看出，在船航行过程中，其阻力系数呈周期振荡变化。

计算完毕后，可以通过等值面查看航迹水位。

1. 创建等值面

单击菜单【Surface】>【Iso-Surface…】，弹出等值面定义对话框。按图15-77所示定义等值面。

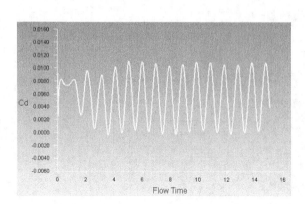

图15-76　阻力系数随时间变化曲线

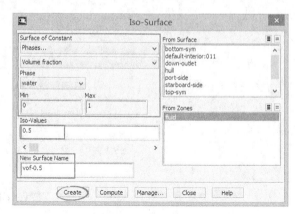

图15-77　定义等值面

2. 查看水位等值面

单击模型操作树节点Graphics anD Animations，在右侧面板Graphics列表框中选择Contours，并单击按钮Set Up…，弹出设置对话框，如图15-78所示。

主要设置步骤如下。

（1）取消激活Global Range。

（2）Contours of下拉框中选择Mesh…及Z-Coordinate。

（3）Phase下拉框选择mixture。

（4）Levels参数设置为25。

（5）Surfaces列表框中选择列表项vof-0.5。

其他参数保持默认设置，单击Display按钮显示等值线云图，如图15-79所示。

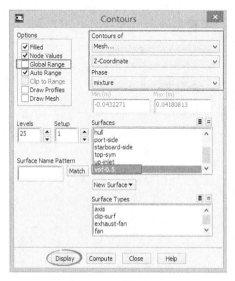

图15-78　等值面设置

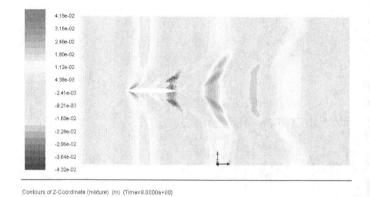

Contours of Z-Coordinate (mixture) (m) (Time=8.0000e+00)

图15-79　波浪高度云图

可以通过6DOF写出的数据文件研究船只在波浪力作用下的运动状况。计算完毕后，在工作目录下存在6DOF计算输出的数据文件motion_history_sdof_properties，可以利用记事本打开。其文件内容如图15-80所示。

```
# Fluent dynamic mesh motion history
#
#                    Location (meters)              Orientation (degrees)
#   time        CG_X           CG_Y           CG_Z      THETA_X  THETA_Y  THETA_Z
#
  0.00000e+00  0.00000e+00  0.00000e+00   0.00000e+00    0.00    0.00    0.00
  5.00000e-03  0.00000e+00  0.00000e+00   5.67577e-06    0.00    0.00    0.00
  1.00000e-02  0.00000e+00  0.00000e+00  -3.50492e-06    0.00    0.03    0.00
  1.50000e-02  0.00000e+00  0.00000e+00  -3.60457e-06    0.00    0.05    0.00
  2.00000e-02  0.00000e+00  0.00000e+00  -1.06142e-05    0.00    0.07    0.00
  2.50000e-02  0.00000e+00  0.00000e+00  -1.52514e-05    0.00    0.09    0.00
```

图15-80 数据文件

数据文件中，time列为时间，CG_X、CG_Y、CG_Z为X、Y、Z方向的位移，THETA_X、THETA_Y、THETA_Z为X、Y、Z方向的偏移角度。可以将数据文件中的行列分开或将文件导入至数据处理软件中。本例中将数据导入至Origin中进行处理，如图15-81所示。

	A(X)	B(Y)	C(Y)	D(Y)	E(Y)	F(Y)	G(Y)
Long Name	时间	位移	位移	位移	角度	角度	角度
Units	s	m	m	m	degree	degree	degree
Comments	时间	CG_X	CG_Y	CG_Z	THETA_X	THETA_Y	THETA_Z
1	0	0	0	0	0	0	0
2	0.005	0	0	5.67577E-6	0	0	0
3	0.01	0	0	-3.50492E-6	0	0.03	0
4	0.015	0	0	-3.60457E-6	0	0.05	0
5	0.02	0	0	-1.06142E-5	0	0.07	0
6	0.025	0	0	-1.52514E-5	0	0.09	0
7	0.03	0	0	-2.18153E-5	0	0.11	0
8	0.035	0	0	-2.90545E-5	0	0.13	0
9	0.04	0	0	-3.73276E-5	0	0.15	0

图15-81 导入数据至Origin

绘制Z方向位移及Y方向偏移角度随时间变化曲线，如图15-82和图15-83所示。从图中可以看出，Z方向位移及Y方向偏移均随时间呈周期波动。

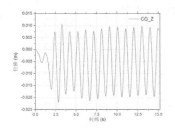

图15-82 Z方向位移

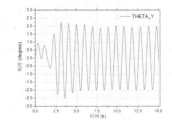

图15-83 Y方向偏移角度

💠小技巧

　　读者可以将FLUENT计算数据导出至其他专业数据处理软件中进行数据处理和图形生成，这在后处理过程中经常会遇到。

15.8 【实例15-3】止回阀流场计算

15.8.1 问题描述

止回阀是一种常见的泄压装置。本例所要计算的止回阀结构如图15-84所示。阀体内部存在一个直径4mm的小球，小球的后端连接有一个刚度系数300N/m的弹簧。小球密度7800kg/m³，在计算模型中作为一个重力区域，其重心初始位置为（0，0.0023，5e-5）。容器内充满甲醇，高压液体（2atm）导致球体向上运动，从而允许流体释放至外界环境中。

小球上的作用力包括弹簧力、流体流动作用力、重力。

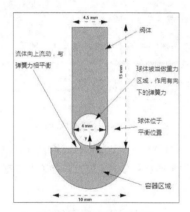

图15-84　几何模型结构

本例不考虑小球的变形，利用UDF确定小球运动速度及位置。核心技术在于动网格及6DOF模型。

15.8.2　FLUENT前处理设置

Step 1：启动FLUENT

以2D、double Precision启动FLUENT14.5。

Step 2：网格操作

（1）利用菜单【File】>【Read】>【Mesh…】读入网格文件check_valve.msh。

（2）利用General设置面板中的Scale…按钮检查模型尺寸，本例模型无需修改。

（3）单击Check按钮，检查最小网格体积，确认其为正值。

（4）单击Units…按钮，将压力单位修改为atm。

Step 3：General设置

单击模型操作树按钮General，设置Time列表为Transient，如图15-85所示。

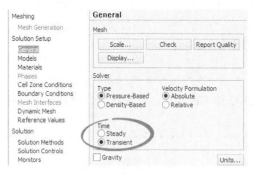

图15-85　设置瞬态计算

Step 4：Models设置

设置湍流模型为Standard k-epsilon模型。

单击模型操作树节点Models，在右侧设置面板中双击Viscous列表项，在弹出的湍流模型选择对话框中选择湍流模型为Standard k-epsilon模型。采用默认模型参数。

Step 5：Materials设置

本例中使用的材料介质为甲醇。FLUENT材料数据库中包含该材料，其名称为methyl-alcohol-liquid，从材料数据库中添加该材料，如图15-86所示。

Step 6：Cell Zone Conditions设置

本例包括两个计算域：Tank及Valve，在计算域设置中确保两个计算域中介质均为甲醇。

单击模型操作树节点Cell Zone Conditions，在右侧面板Zone列表框中选择列表项Tank，单击按钮Edit…，在弹出的设置对话框中选择Material Name下拉框为methyl-alcohol-liquid，如图15-87所示。

图15-86　添加甲醇

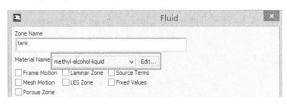

图15-87　设置计算域材料

确认计算域Valve采用相同的设置。

Step 7：Boundary Conditions设置

1. 入口边界设置

（1）单击模型操作树节点Boundary Conditions，在右侧面板中选择Zone列表框中inlet列表项，修改边界类型Type为pressure-inlet，单击Edit…按钮，弹出边界条件设置对话框，如图15-88所示。

（2）设置Gauge Total Pressure为2atm。

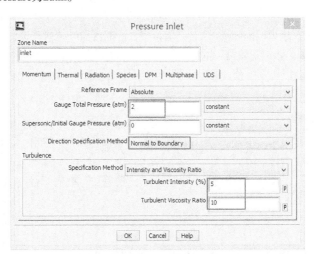

图15-88　入口边界设置

（3）设置Direction Specification Method为Normal to Boundary。

（4）设置湍流强度Turbulent Intensity为5%。

（5）设置湍流黏度比Turbulent Viscosity Ratio为10。

单击OK按钮确认参数设置并关闭对话框。

2. 出口边界设置

本例中出口边界保持默认设置即可。即出口静压为0，湍流强度5%，湍流黏度比为10。

Step 8：编译UDF

（1）选择菜单【Define】>【User Defined】>【Functions】>【Compiled】，弹出文件编译对话框，如图15-89所示。

（2）单击Add按钮，在弹出的文件选择对话框中选择文件check_valve_motion.c。

（3）单击Build按钮进行文件编译。

（4）单击Load按钮加载UDF。

1. 激活动网格模型及相关参数

（1）单击模型操作树按钮Dynamic Mesh，在右侧面板中激活Dynamic Mesh选项。

（2）激活Mesh Methods列表框中的Smoothing选项。

（3）激活Option列表框中的Six DOF选项。

（4）单击Mesh Methods下方的Settings…按钮，在弹出的设置对话框中选择Smoothing标签页，切换光顺方法为Diffusion。采用默认参数。单击OK按钮确认操作并关闭对话框。

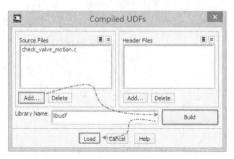

图15-89　编译UDF

图15-90　动网格设置

2. 指定运动区域

（1）变形区域设置。变形区域为symmetry开头的所有区域，按图15-90所示进行设置。

①在Zone Name中选择变形区域symmetry1-valve。

②设置Type为Deforming。

③激活Smoothing选项。

④区域参数按图15-91所示设置。

图15-91　变形区域设置

按相同的步骤设置区域symmetry1-tank、symmetry2-tank、symmetry2-valve。

（2）刚体运动区域设置。

①单击Dynamic Mesh Zones下方的Create/Edit…按钮，弹出运动区域设置对话框，如图15-92所示。

②Zone Names下拉列表中选择列表项ball。

③设置区域类型Type为Rigid Body。

④Six DOF UDF下拉列表项中选择spring_check_valve::libudf。

⑤输入重心坐标（0，0.0023，5e-5）。

⑥确保Six DOF Options选项为On。

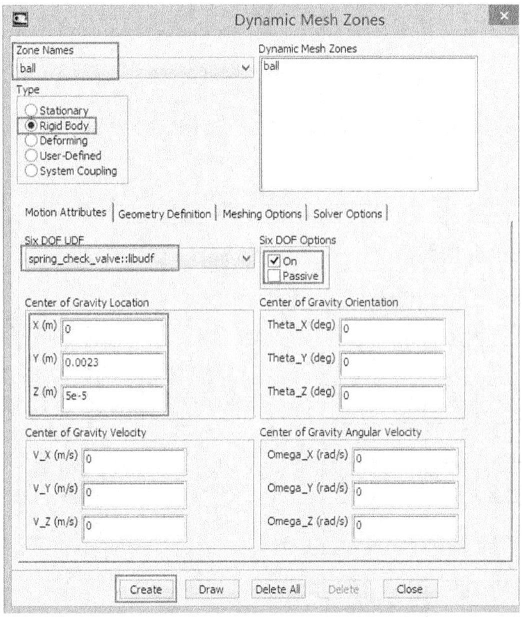

图15-92 运动区域设置

Step 10：Solution Method

采用Coupled算法求解压力速度耦合方程，压力空间离散采用PRESTO!算法。其他参数保持默认设置。

Step 11：Monitor设置

读者可以在模型操作树节点Monitor中定义监测ball的y坐标变化。

Step 12：Solution Initialization设置

利用Hybrid Initialization方法进行初始化。

Step 13：Calculation Activities设置

设置自动保存频率为每25时间步保存一次cas与dat文件。读者可以自己定义动画。

Step 14：Run Calculation

定义时间步长为5e-5s，时间步数150，最大内迭代步数20，如图15-93所示。

图15-93 迭代设置

单击Calculate按钮进行迭代计算。

15.8.3 计算后处理

Setp 1：重心变化

小球沿y轴方向运动。通过记录的6DOF数据或者监测小球y方向位移可以查看其运动随时间变化的曲线。图15-94所示为Y轴位移随时间变化曲线。

Step 2：ball表面静压力变化

图15-95所示为小球表面静压力变化曲线。

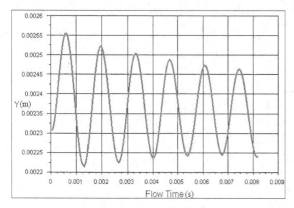

图15-94　Y轴位移变化

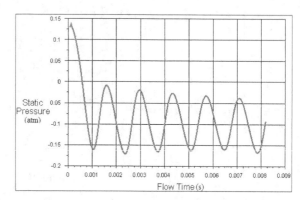

图15-95　静压力变化

其他后处理操作，如动画制作、出口流量随时间变化曲线等，读者可以自行尝试，本例不再赘述。

第16章

多相流模型

16.1 多相流概述

16.1.1 多相流定义

相指的是物质的状态。在现实工程应用中，物质通常具有三相：气相、液相和固相。多相流通常指在流动区域内存在两种或两种以上的相，可以是包含气体与液体的流动、气体与固体的流动或者固体与液体的流动，也可以是包含气液固三相物质的流动。

在CFD计算中的多相流则具有更加广泛的含义，其可以是具有不同化学属性的材料，但具有相同的状态和相，如具有明显物质属性差异的液体-液体流动可以视作多相流。在多相流问题中，经常涉及主相（Primary Phase）和次相（Secondary Phase）的概念。

主相通常认为是连续介质，在流动区域中占主要部分。主相也称基础相。

次相通常认为是分散在主相中的相。在多相流中，除主相外的所有材料均为次相。可以有多中不同尺寸的颗粒次相。次相有时也称为从属相。

16.1.2 多相流形态

根据多相流动特征，可以将其分为以下几种流态。

（1）气泡流。连续介质中存在离散气泡，如减振器、蒸发器、喷射装置等。

（2）液滴流。连续介质中存在离散液滴，如喷雾器、燃烧室等。

（3）弹性流。液相中存在大的气泡，如段塞流。

（4）分层/自由表面流。被清晰界面分开的互不相混的液体，如自由表面流。

（5）粒子流。连续介质中存在固体颗粒，如旋风分离器、吸尘器等。

（6）流化床。如沸腾床反应堆。

（7）泥浆流。流体中含有颗粒、固体悬浮物、沉淀、水力输运等。

各种不同多相流态如图16-1、图16-2所示。

（a）气泡流/液滴流

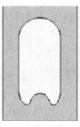
（b）弹性流

（c）自由表面流

图16-1　多相流态

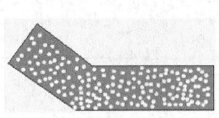
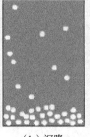

（a）泥浆流/气力输运 　　　（b）沉降 　　　（c）流化床

图16-2　多相流态

16.2　FLUENT中的多相流模型

FLUENT中计算多相流问题，可以采用的计算模型包括以下几种。

1. Volume of Fluid模型（VOF模型）

VOF模型主要用于跟踪两种或多种不相容流体的界面位置。在VOF模型中，界面跟踪是通过求解相连续方程完成，通过求出体积分量中急剧变化的点来确定分界面的位置。混合流体的动量方程方程采用混合材料的物质特性进行求解，因而混合流体材料物质特性在分界面上会产生突变。VOF模型主要应用于分层流、自由液面流动、晃动、液体中存在大气泡的流动、溃坝等现象的仿真计算，其可以计算流动过程中分界面的时空分布。图16-3为利用VOF模型计算的油箱晃动情况下的燃油体积分布。

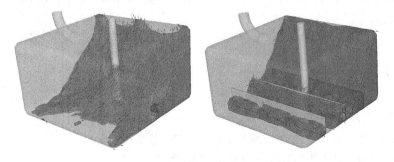

图16-3　VOF实例（油箱晃动）

2. Mixture模型（混合物模型）

混合物模型可用于两相或多相流计算。由于在欧拉模型中，各相被处理为互相贯通的连续体，混合物模型求解的是混合物的动力方程，并通过相对速度来描述离散相。混合物模型的应用领域包括低负载的粒子负载流、气泡流、沉降、旋风分离器等。混合物模型也可以用于没有离散相相对速度的均匀多相流。如图16-4所示为利用Mixture模型计算的搅拌器流场。

混合物模型是一种简化的欧拉模型，其简化的基础是假设Storkes数非常小（粒子与主相的速度大小方向基本相同）。

3. Eulerian模型（欧拉模型）

欧拉模型是FLUENT中最为复杂的多相流模型，其建立了一套包含有n个动量方程及连续方程的模型来求解每一相。压力项和各界面交换系数是耦合在一起的。耦合方式则依赖于所含相的情况。颗粒流与非颗粒流的处理方式是不同的。欧拉模型应用领域包括气泡柱、上浮、颗粒悬浮和流化床等。利用欧拉模型计算三维气泡柱如图16-5所示。

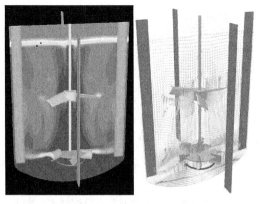

图16-4 利用Mixture模型计算的搅拌器流场

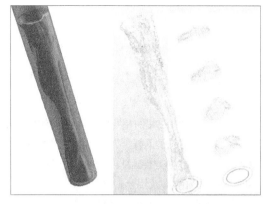

图16-5 利用欧拉模型计算三维气泡柱

16.2.1 多相流模型的选择

针对不同的多相流流动情况，需要选择最合适的多相流模型。

1. 一般选取规则

对于多相流模型，通常可以采用以下一些情况进行选择。

（1）对于气泡流、液滴流、存在相混合及分散相体积分数超过10%的粒子负载流，使用混合物模型或欧拉模型。

（2）对于弹状流、活塞流，使用VOF模型。

（3）对于分层流、自由表面流，使用VOF模型。

（4）对于气力输运，均匀流使用混合模型，颗粒流使用欧拉模型。

（5）对于流化床，使用欧拉模型。

（6）对于泥浆流及水力输运，使用混合模型或欧拉模型。

（7）对于沉降模拟，使用欧拉模型。

通常来说，VOF模型适合计算分层或自由表面流动，混合物模型及欧拉模型适合于计算域内存在相混合或分离且分散相体积分数超过10%的情况（分散相体积分数低于10%时适合于使用离散相模型进行计算）。

对于混合物模型及欧拉模型的选取，可以采取以下规则。

（1）当分散相分布很广时，选择使用混合物模型。若分散性只是集中于区域的某一部分，则选择使用欧拉模型。

（2）若相间曳力规则可利用，使用欧拉模型可以获得更及精确的计算结果。否则选择混合物模型。

（3）混合物模型比欧拉模型计算量更小，且稳定性好，但是精度不如欧拉模型。

2. 量化的选取规则

可以利用一些物理量帮助用户选择更合适的多相流模型，这些物理量包括粒子负载 β 及Stokes数St.

（1）粒子负载（Particulate Loading）。粒子负载定义为离散相与连续相的惯性力的比值。其定义式为

$$\beta = \frac{\alpha_d \rho_d}{\alpha_c \rho_c} \tag{16-1}$$

式中，α_d、ρ_d 分别为离散相的体积分数与密度；α_c、ρ_c 为连续相的体积分数与密度。

材料密度比为

$$\gamma = \frac{\rho_d}{\rho_c} \tag{16-2}$$

气固流动中 γ 大于1000，液固流动中 γ 大致为1，气液流动中 γ 小于0.001。

可以利用式（16-3）估计粒子相间的平均距离：

$$\frac{L}{d_{\mathrm{d}}} = \left(\frac{\pi}{6}\frac{1+k}{k}\right)^{\frac{1}{3}} \qquad (16\text{-}3)$$

式中，$k = \dfrac{\beta}{\gamma}$。这些参数对于决定分散相的处理方式非常重要。例如对于粒子负载为1的气固流动，粒子间距 $\dfrac{L}{d}$ 约为8，可认为粒子是非常稀薄的（也即是说，粒子负载非常小）。

利用粒子负载，相间相互作用可以分为以下几类。

①非常低的粒子负载，此时相间作用为单向（也就是说，连续相通过曳力及湍流影响例子，但是粒子不会影响到连续相流动）。离散相模型、混合物模型及欧拉模型均可解决此类问题。由于欧拉模型计算开销较大，因此此类问题建议使用离散相模型及混合物模型。

②对于中等粒子负载，相间作用为双向（粒子与连续相间相互影响）。离散相、混合模型及欧拉模型均可应用于此类问题，但是在如何选择最合适的模型上，需要配合其他参数（如Stokes数）进行综合判断。

③对于高粒子负载情况下，相间存在双向耦合、粒子压力及黏性压力，只有欧拉模型可以解决此类问题。

（2）Stokes数。

对于中等强度的例子负载，估计Stokes数有助于选择最合适的模型。Stokes数为粒子间响应时间与系统响应时间的比值：

$$St = \frac{\tau_{\mathrm{d}}}{t_{\mathrm{s}}} \qquad (16\text{-}4)$$

式中，$\tau_{\mathrm{d}} = \dfrac{\rho_{\mathrm{d}} d_{\mathrm{d}}^2}{18\mu_{\mathrm{c}}}$，$\tau_{\mathrm{c}}$ 定义为特征长度 L_{s} 与特征速度 V_{s} 的比值，$\tau_{\mathrm{c}} = \dfrac{L_{\mathrm{s}}}{V_{\mathrm{s}}}$。

对于 $St < 1$ 的情况下，任意三种模型（离散相、混合模型、欧拉模型）均可使用，此时可以选择最廉价的模型（大多数情况下为混合模型）或者根据其他因素选取最合适的模型。

对于 $St > 1$ 情况下，粒子运动独立于连续相流场，此时可选用离散相模型或欧拉模型。

对于 $St \approx 1$ 情况下，三种模型同样有效，用户可以选择最廉价或根据其他因素选择最合适的模型。

16.2.2 FLUENT多相流模拟步骤

在FLUENT中使用多相流模型，通常有以下步骤。

1. 激活湍流模型

单击FLUENT模型树Models，在面板中双击列表项Multiphase，如图16-6所示。弹出如图16-7所示的多相流模型选择对话框，在该对话框中选择需要使用的多相流模型。离散相模型不在此面板中设置。

2. 设置材料

从FLUENT材料数据库中添加材料，若要定义的材料不在数据库中，还需要定义新材料。需要注意的是，若模型中包含有颗粒相，则定义材料时需要从流体类材料中选择，而不是从固体类材料中选择。

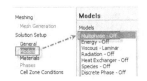

图16-6　激活多相流模型设置

图16-7　选择多相流模型

3. 设置Phase

指定主相及次相，同时还需要指定相间相互作用。如在VOF模型中指定表面张力，在混合模型中指定滑移速度函数，在欧拉模型中指定曳力函数。

通过单击模型树节点Phase进行相的定义，如图16-8所示。选择图中Phase列表中的相，再单击Edit…按钮定义主相和次相，通过单击Interaction…按钮进行相间模型定义。

图16-8 定义相

4. 设置操作条件

对于一些涉及重力的模型，需要在操作条件设置面板中设置重力加速度及参考密度等参数。利用模型树节点Cell Zone Conditions，在设置面板中单击Operating Conditions…按钮进行操作条件设置。

5. 边界条件设置

多相流边界条件设置与单相对流动问题边界条件设置存在差别，其不仅要设置混合相的边界条件，还需要设置每一相的边界条件。

6. 其他设置

其他设置方式与单相流动问题求解设置相同，如求解方法设置、求解控制参数设置、初始化设置等。

16.2.3 VOF模型设置

1. VOF模型参数

VOF多相流模型用于相间分界面的捕捉。单击FLUENT模型树节点Models，在相应的设置面板中选择列表项Multiphase，弹出如图16-9所示设置窗口，在Model中选择Volume of Fluid，即可激活VOF模型。

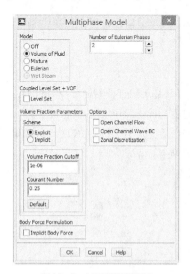

图16-9 VOF模型设置

设置面板中的一些参数含义如下。

Coupled Level Set + VOF：在VOF模型中耦合水平集方法。

水平集方法（Level Set）是一种广泛应用于具有复杂分解面的两相流动问题界面追踪的数值方法。在水平集方法中，分界面通过水平集函数进行捕捉及跟踪。由于水平集函数具有光滑及连续的特性，其空间梯度能够精确地进行计算，因此可以精确地估算界面曲率及表面张力引起的弯曲效应。然而，水平集方法在保持体积守恒方面存在缺陷。

VOF方法是天然体积守恒的，其在每一个单元内计算和追踪每一相的体积分数。VOF方法的缺点在于VOF函数（特定相的体积分数）在横跨界面过程中是非连续的。

为了解决界面守恒与连续的问题，可以在FLUENT中使用水平集方法与VOF方法耦合的方式进行分界面计算与追踪。

> **注意**
>
> 使用耦合水平集方法存在以下一些限制：水平集方法只能用于两相流动区域，且两种流体互补渗透；水平集方法仅仅只在VOF模型被激活时才可使用，且不允许存在传质；水平集方法与动网格模型不兼容；在激活level set选项时，建议使用几何重构（geo-reconstruct）方法。

Number of Eulerian Phases：设置相的数量。

Volume Fraction Parameters：设置VOF参数，主要设置VOF算法，包括显式（Explicit）与隐式（Implicit）。

Body Force Formulation：体积力格式。对于计算中应用了重力计算速度的模型，通常需要激活Implicit Body Force选项，可以增强计算稳定性。

Option：一些可选参数。包括Open Channel Flow（明渠流动）、Open Channel Wave BC（明渠波浪边界）、Zontal Discretization（区域离散）。可以根据实际情况进行选择。

2. VOF使用限制

在FLUENT中使用VOF模型，存在以下一些限制。

（1）VOF模型只能应用于压力基求解器。在密度基求解器中无法使用。

（2）每一控制体必须充满一种或多种流体。VOF模型不允许区域中不存在任何流体的情况。

（3）仅有一相可定义为可压缩理想气体，但对于使用UDF定义的可压缩液体则无限制。

（4）流向周期流动（指定质量流率或指定压力降）无法与VOF一起使用。

（5）二阶隐式时间步格式无法与VOF显式格式一起使用。

（6）当利用并行计算进行粒子追踪时，在共享内存选项被激活情况下，DPM模型无法与VOF模型一起使用。

16.2.4 Mixture模型设置

1. Mixture模型参数设置

Mixture模型设置与VOF模型相类似。单击FLUENT模型树节点Models，在对应面板中选择列表项Multiphase…，弹出如图16-10所示设置对话框。在Model中选择Mixture即可激活混合模型。

Slip Velocity：激活滑移速度选项。若激活此选项，FLUENT会计算相间滑移，否则会当作均质多相流动计算（即所有相具有相同的速度）。默认情况下该选项被激活。

混合模型的其他选项与VOF模型相同。

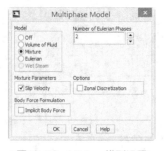

图16-10　Mixture模型设置

2. Mixture模型使用限制

Mixture模型具有以下一些使用限制。

（1）只能应用于压力基求解器。在密度基求解器中无法应用Mixture模型。

（2）仅有一相可被定义为可压缩理想气体。但是对于UDF定义的可压缩液体不受限制。

（3）当使用Mixture模型时，不能指定质量流率的周期流动模型。

（4）不能使用Mixture模型模拟凝固与熔化问题。

（5）在Mixture模型与MRF模型一起使用时，不能使用相对速度格式。

（6）Mixture模型无法应用于无黏流动计算。

（7）壁面壳传导模型无法与Mixture模型一起使用。

（8）当使用共享内存并行模式计算粒子轨迹时，DPM模型与混合模型不兼容。

Mixture模型与VOF都是采用单流体方法，它们之间的差异在于以下两个方面。

（1）Mixture模型允许相间渗透。即每一网格单元内各相体积分数之和可以是0～1间的任何值。但是VOF模型每一单元内体积分数必为1。

（2）Mixture模型允许存在相间滑移。即各相可以具有不同的速度。但VOF模型各相均具有相同的速度，相间没有滑移。

16.2.5 Eulerian模型设置

1. Eulerian模型参数设置

单击FLUENT模型树节点Models，双击列表项Multiphase…即可激活欧拉模型（Eulerian模型）设置对话框，如图16-11所示。选择Model中的Eulerian项激活欧拉模型。

对话框中的一些选项参数如下。

Dense Discrete Phase Model：激活稠密离散相模型。

Boiling Model：激活蒸发模型。

Multi-Fluid VOF Model：激活采用多流体VOF模型。

Volume Fraction Parameters：界面追踪方法选择，与VOF模型相同。

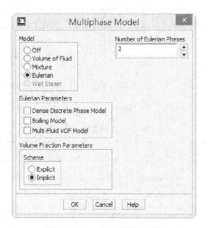

图16-11 欧拉模型参数

2. Eulerian模型使用限制

欧拉模型（Eulerian模型）是FLUENT中应用范围最广泛的多相流模型，但是对于以下一些情况不适用。

（1）雷诺应力湍流模型无法在每一相上使用。

（2）粒子跟踪（使用拉格朗日分散相模型）只与主相相互作用。

（3）指定质量流率的流向周期流动模型无法与欧拉模型一起使用。

（4）不能使用无黏流动。

（5）凝固和熔化模型无法与欧拉模型一起使用。

（6）当使用共享内存模式的并行模式进行粒子轨迹计算时，无法使用欧拉模型。

16.3 【实例16-1】空化现象仿真计算（Mixture模型）

16.3.1 物理现象描述

在流动情况下，当区域压力低于介质的饱和蒸汽压时，在该区域即会发生空化。如图16-12所示为最常见的风琴管空化发生装置。流体在流经该模型过程中，在孔径变化剧烈位置形成局部低压，容易形成空化，如图16-12中vapor所在区域。

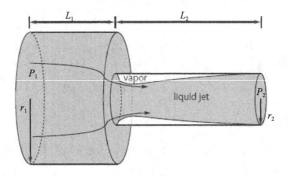

图16-12 模型几何

模型几何尺寸见表16-1。

表16-1 模型尺寸

长 度	尺 寸（mm）
L_1	16
L_2	32
r_1	11.5
r_2	4

进出口边界条件为：入口边界压力：P_1=250MPa；出口边界压力P_2=95000Pa；水的饱和蒸汽压P_{vapor}=3540Pa。计算过程中涉及两种材料类型：液态水及其汽化后的水蒸气。其所涉及的材料物理性质见表16-2。

表16-2 材料的物理性质

名 称	数 值	单 位
水密度	1000	kg/m³
水的黏度	0.001	kg/(m·s)
水蒸气密度	0.02558	kg/m³
水蒸气黏度	1.26e-6	kg/(m·s)

16.3.2 几何模型

本例中的模型既可以采用3D模型，也可以根据图16-12所示的对称性采用2D轴对称模型。本例采用2D轴对称模型进行计算。创建如图16-13所示的2D面域。

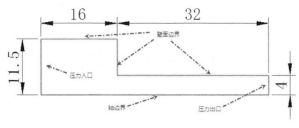

图16-13 几何模型

几何模型可以使用专业CAD软件创建，也可以在ANSYS DM中创建。由于本例较为简单，模型建立过程这里略过。

16.3.3 建立模型并划分网格

本例模型在workbench中的DM模块中创建，网格划分也利用mesh模块进行。

Step 1：启动workbench

启动workbench，自组建窗口中利用鼠标拖拽Fluid Flow(Fluent)至工程窗口中，添加FLUENT模块，如图16-14所示。单击Save按钮保存工程文件为Cavitation.wbpj。

图16-14 工程模块

Step 2：设置几何属性

在A2单元格上右击，选择菜单Properties，如图16-15所示。在属性设置面板中，设置Advanced Geometry Options下子节点Analysis Type为2D。

🌐注意

此步操作并非必要，但为了避免后续不必要的麻烦，建议进行此步操作。

图16-15 设置属性

双击A2单元格Geometry，进入DM操作环境。

Step 3：创建几何模型

选择单位为Millimeter。单击OK按钮，如图16-16所示。

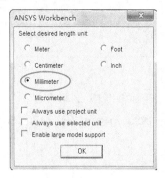

图16-16　选择单位

选择XY Plane进行绘制。选择Tree Outline中的XY Plane节点，单击工具栏按钮 使XY平面正对用户。绘制如图16-17所示草图。

选择菜单【Concept】>【Surface from Sketch】，在Base Object中选择创建的草图，如图16-18所示。然后单击工具栏按钮Generate，生成几何模型，如图16-19所示。

图16-17　草图　　　　　　　　图16-18　选择创建的草图　　　　　　　　图16-19　生成几何模型

关闭DM，返回至工程窗口中。

Step 4：网格划分

双击A3单元格进入网格划分模块。如图16-20所示，在模型操作树节点Mesh上右击，选择菜单【Insert】>【Mapped Face Meshing】，在属性设置框中的Geometry中选择所有几何。

图16-20　插入映射网格

同样的步骤，利用鼠标右键单击Mesh节点，选择菜单【Insert】>【Sizing】，插入Sizing，选择全部几何，设置最小网格尺寸0.1mm。

右击Mesh节点，选择菜单Generate Mesh，生成网格。

右击图形显示窗口中的几何，选择菜单Create Named Selection，在弹出的对话框中设置边界名称，为计算域边界命名。

 注意 --

在进行边选择时，需要激活工具栏按钮 切换至边选择模式。

X轴最左侧竖直边：Pressure_inlet；X轴最右侧竖值边：Pressure_outlet；Y轴最下侧水平边：Axis；其他边界：walls。

关闭mesh模块，返回至工程面板中。可以看出A3单元格图表为雷电形状，表示需要进行数据更新。右击A3单元格，选择菜单Update，如图16-21所示。

图16-21　进行数据更新的菜单选项

16.3.4 FLUENT前处理设置

双击A4单元格（Setup），进入FLUENT设置。

Step 1：启动界面设置

如图16-22所示，激活Double Precision，采用双精度计算。其他参数采用默认设置。

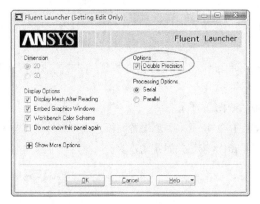

图16-22　启动界面

🔵 小技巧 ┄┄┄

　　若需要采用并行计算，可选择Parallel设置多核计算。

单击OK按钮进入FLUENT。

Step 2：General面板设置

如图16-23所示，设置求解选项为Steady（稳态计算）以及Axisymmetric（轴对称）。

其他参数采用默认即可。如使用Pressure-Based（密度基求解）及绝对速度格式。

单击Scale按钮查看模型尺寸，如图16-24所示。设置View Length Unit In参数为mm，查看Domain Extents是否满足要求，否则需要设定缩放因子进行模型缩放。

🔵 小技巧 ┄┄┄

　　一般通过workbench建模导入至FLUENT中的模型都能够满足尺寸要求。其中View Length Unit In中的单位只是显示单位，方便用户进行模型设置，不会真正改变模型的尺寸。而利用Scale与UnScale按钮则会真正改变模型几何尺寸。

图16-23　General面板

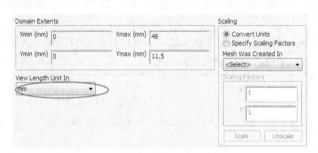

图16-24　Scale面板

单击Check按钮，查看最小网格体积，确保最小体积为正值，如图16-25所示。

```
Domain Extents:
   x-coordinate: min (m) = 0.000000e+00, max (m) = 4.800000e-02
   y-coordinate: min (m) = 0.000000e+00, max (m) = 1.150000e-02
Volume statistics:
   minimum volume (m3): 3.141593e-12
   maximum volume (m3): 7.194247e-10
     total volume (m3): 8.256105e-06
   minimum 2d volume (m3): 1.000000e-08
   maximum 2d volume (m3): 1.000000e-08
Face area statistics:
   minimum face area (m2): 1.000000e-04
   maximum face area (m2): 1.000000e-04
Checking mesh..........................
Done.
```

图16-25　检查网格

可以单击按钮Report Quality输出网格质量。

Step 3：设置物理模型

由于空化计算，涉及多相流计算，因此需要启用多相流模型。同时流动过程为湍流，需要开启湍流模型。本例不考虑温度效应，不求解能量方程。

单击Model节点，模型设置面板如图16-26所示。

双击列表项Multiphase，弹出如图16-27所示多相流设置面板。设置多相流模型为Mixture，设置Number of Eulerian Phase为2，其他参数保持默认设置。单击OK按钮关闭此面板。

图16-26　模型设置面板

图16-27　多相流设置面板

双击图16-26中的列表项Viscous Model，弹出如图16-28所示湍流模型设置面板。在Model中选择k-epsilon(2 eqn)湍流模型，同时选择Realizable模型，选择增强壁面函数模型（Enhanced Wall Treatment）。

其他参数保持默认即可。

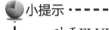 小提示

对于FLUENT新版本，建议使用增强壁面函数替代标准壁面函数。

Step 4：设置材料

单击模型树节点Materials进入材料模型设置面板，如图16-29所示。

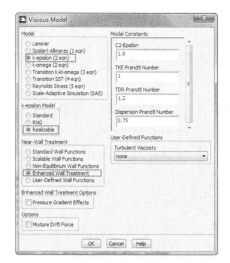

图16-28　湍流模型设置

图16-29　材料面板

单击Create/Edit按钮，进入FLUENT材料创建/编辑面板，如图16-30所示。单击Fluent Database…按钮进入FLUENT材料数据库，从中选择材料water-liquid(h20<l>)与water-vapor(h2o)，单击Copy按钮将材料添加到工程中。

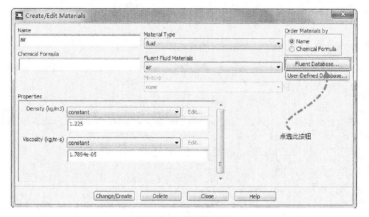

图16-30　选择材料

修改材料属性，在图16-29中选择材料water-liquid，单击Create/Edit…按钮修改其密度为1000kg/m³、黏度值为0.001kg/(m·s)，如图16-31所示。

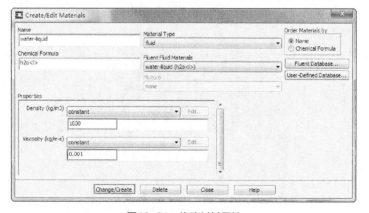

图16-31　修改材料属性

同理，修改材料water-vapor材料属性为：密度值0.02558kg/m³，黏度值1.26e-6 kg/(m·s)。

Step 5：设置相

单击模型树节点Phases进行相的设置，如图16-32所示。

选择列表项Phase 1，单击按钮Edit…可进行主相设置。如图16-33所示，设置主相材料为Water-liquid，修改Name参数为water。

同理设置第二相材料为water-vapor，设置气泡半径为0.01mm，设置次相名称为vapor，如图16-34所示。

图16-32　设置相

图16-33　主相设置

图16-34　次相设置

单击图16-32中的Interaction…按钮进行相间作用设置。空化作用主要考虑的是相间传质。如图16-35所示，在弹出的面板中设置如下参数。

Number of Mass Transfer Mechanisms：1（设置后自动开启其他设置项）。

From Phase：water。

To Phase：vapor。

Mechanism：cavitation。

单击右侧的Edit…按钮进行空化参数设置。

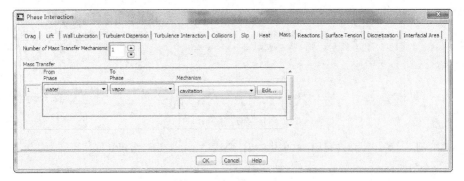

图16-35　设置相间质量传递

空化参数设置如图16-36所示。

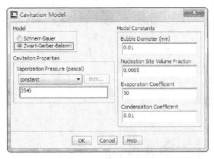

图16-36　空化参数设置

选择空化模型为Zwart-Gerber-Belamri，设置空化压力为3540Pa。

Step 6：设置边界条件

单击模型树节点Boundary Conditions按钮，进入计算模型边界条件设置。如图16-37所示。

设置入口边界条件

选择边界列表中的Pressure-inlet，Phase下拉框中选择Mixture，Type下拉框中选择Pressure-inlet，如图16-37所示。单击Edit按钮进入边界条件设置，如图16-38所示。

设置入口总压：25000000Pa。

入口静压：95000Pa。

入口湍流强度：2%。

入口水力直径：22mm。

单击OK按钮关闭设置面板，返回至图16-37所示的设置面板中。

图16-37 选择入口设置

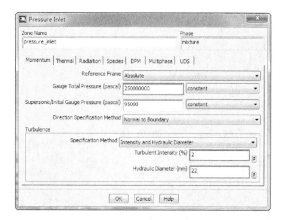

图16-38 压力入口设置

在图16-37所示面板中，选择Phase下拉框选项为Vapor，单击Edit···按钮进入第二相设置，选择Multiphase标签页，设置其值为0，意味着入口没有水蒸气注入，如图16-39所示。

同样的设置步骤，设置出口Mixture边界条件如下。

边界类型：Pressure-outlet。

出口静压：95000Pa。

湍流强度：2%。

水力直径：8mm。

图16-39 设置入口气相体积分数

设置出口第二相体积分数为0。

⚠️ **注意**

设置出口第二相体积分数为0是假定出口没有气体溢出，事实上这是不符合现实条件的，为了降低这方面的误差，可以采用瞬态计算以及延长出口长度的方式。

其他边界条件（如axis及walls保持默认参数）。

Step 7：Solution Methods

单击模型树中的Solution Methods节点可设置求解算法，如图16-40所示。

选择压力-速度耦合求解算法为Coupled。

压力方程采用Second Order。

其他方程采用QUICK。

激活Pseudo Transient选项，采用伪瞬态求解。

Step 8：Solution Controls

该节点下的参数采用默认设置。

Step 9：Monitor

设置计算残差1e-6。

Step 10：Solution Initialization

采用Hybrid Initialization进行初始化，如图16-41和图16-42所示。

图16-40　设置求解方法　　　　图16-41　初始化设置　　　　图16-42　迭代设置

Step 11：Run Calculation

设置迭代次数为3000，如图16-42所示。单击Calculate按钮进行计算。计算完毕后关闭FLUENT。

16.3.5　后处理分析

Step 1：查看气相分布

单击树形节点Graphics and Animations，选择Graphics中的Contours，按图16-43所示进行设置。

激活Filled选项，在Contours of中选择Phases…、Volume fraction以及vapor，单击Display按钮进行显示。

图16-43　查看气相分布

气相分布如图16-44所示。可以看出在内径变化剧烈的位置，生成较多的水蒸气。

Step 2：压力分布

查看计算域压力分布，如图16-45所示。从图中可以看出，在小口径位置出现低压。

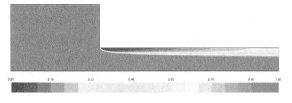

图16-44　气相分布

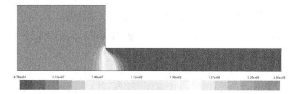

图16-45　压力分布

Step 3：计算流量系数

流量系数定义为出口实际流量与理论流量的比值。可以使用下式进行计算：

$$C_d = \frac{\dot{m}}{A\sqrt{2\rho(P_1 - P_2)}} \tag{16-5}$$

式中，$\dot{m}$ 为出口位置质量流量；A 为出口面积，本例中出口面积 $A = \pi r^2 = 3.14 \times 0.004^2 = 50.24 \times 10^{-6} \text{ m}^2$；$\rho$ 为液体的密度，1000kg/m³；P_1 为入口位置压力，$P_1 = 250000000$Pa；P_2 为出口位置压力，$P_2 = 95000$Pa。

利用Reports功能获取出口位置质量流量。单击Reports按钮，选择Fluxes计算出口边界质量流量，如图16-46进行设置。选择Option为Mass Flow Rate，选择边界位置为Boundaries，单击Compute按钮进行计算。

从图中可以得出，出口位置质量流量为21.68658kg/s，负值表示流出计算域。

可以计算出流量系数：

$$C_d = \frac{21.6865}{50.24 \times 10^{-6} \times \sqrt{2 \times 1000 \times (250000000 - 95000)}} = 0.612$$

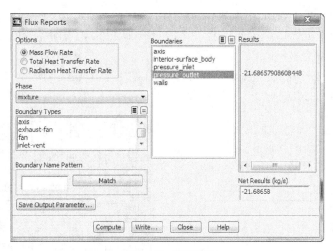

图16-46　流量计算

试验测定[1]该风琴管喷嘴流量系数 $C_d = 0.62$，相对误差1.29%。

16.4 【实例16-2】溃坝模拟（VOF模型）

溃坝是一种自然灾害，发生溃坝时，大量的水从崩溃位置溢出，可能对周边环境造成巨大破坏。利用VOF多相流模型可以很方便地模拟仿真溃坝过程。

---

① W.H. Nurick. "Orifice Cavitation and Its Effects on Spray Mixing". Journal of FluidsEng. Vol.98. 681-687. 1976.

16.4.1 问题描述

所要模拟的问题如图16-47所示。采用2D平面计算模型，域长6 m，宽5 m，水位高4 m，宽1.5 m，计算水在重力作用下的流动情况。重力沿Y轴方向-9.81m/s^2。材料介质采用FLUENT材料数据库中的空气（Air）与液态水（water-liquid）。计算域只有一个压力出口，出口位置压力为大气压（相对压力为0），其他边界为光滑无滑移壁面。

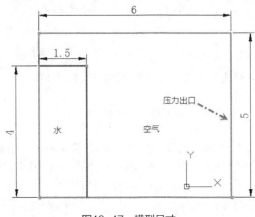

图16-47　模型尺寸

16.4.2 建立模型及划分网格

本例几何比较简单，启动Workbench，添加FLUENT组件，如图16-48所示。双击A2单元格进入DM工作界面，建立一个6 m×5 m的矩形，具体建模过程这里不再详述。内部子区域可以在FLUENT中利用Patch功能实现，在几何建模过程中无需考虑。

设定网格尺寸为0.1m，划分网格。生成的网格如图16-49所示。为最右侧边界创建命名Pressure_outlet，其他边界命名walls。保存工程文件dambreak.wbpj。

图16-48　工程面板

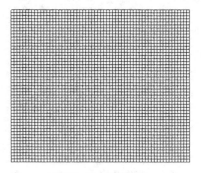

图16-49　网格模型

16.4.3 FLUENT前处理设置

启动FLUENT，激活Double Precision以使用双精度求解器。

1. General面板设置

单击模型树中General面板，设置Time选项为Transient，采用瞬态求解。激活Gravity，并设置Y方向重力加速度为

-9.81m/s²，如图16-50所示。其他参数保持默认。

2. Models设置

模型设置面板中主要设置多相流模型。双击如图16-51所示Models面板中的Multiphase列表项，在弹出的多相流设置面板中按图16-52所示进行设置。

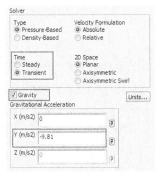

图16-50　General面板设置

图16-51　Models面板

> 💬 **说明** -------------------------------
>
> 　　若从Workbench中进入FLUENT，则无需进行网格检查。否则需要单击Check及Report Quality按钮检查网格。

主要设置项如下。

（1）激活Volume of Fluid项，开启VOF多相流模型。

（2）激活Implicit Body Force。对于本例这类重力驱动流动，激活该选项可使计算结果更精确。

其他参数保持默认。

3. Materials设置

本例涉及两种材料：空气与水。其中空气为默认材料参数，而水需要从FLUENT材料数据库中添加。从材料数据库中添加材料water-liquid(h2o<l>)后的数据库面板如图16-53所示。

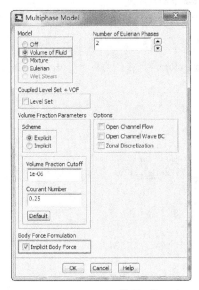

图16-52　VOF模型设置

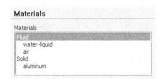

图16-53　材料面板

4. Phases设置

将空气作为主相，水作为第二相。同时修改相的名称，如图16-54和图16-55所示。

图16-54　设置主相　　　　　　　　　　　　图16-55　设置第二相

5. Cell Zone Conditions

计算域并无特别需要设置的内容，保持默认参数即可。

6. Boundary Conditions

出口压力为0，设置Phase下拉列表项为water，单击Edit…按钮，在弹出的设置对话框中打开Multiphase标签页，设置Backflow Volume Fraction为0，如图16-56所示。

单击Boundary Conditions面板中的Operating Conditions…按钮，按图16-57所示的操作条件进行设置。激活Specified Operating Density，设置其值为1.225。

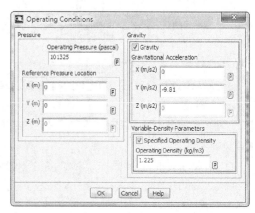

图16-56　设置出口边界　　　　　　　　　　图16-57　操作条件设置

> **小技巧**
>
> 对于由重力驱动的多相流流动问题，操作密度通常选择轻质密度。

7. Solution Methods

如图16-58所示，选择Pressure-Velocity Coupling为PISO，设置Momentum离散方法为First Order Upwind，其他参数保持默认。

8. Solution Controls

设置Pressure的亚松弛因子为0.9，如图16-59所示。

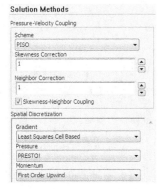

图16-58　求解方法设置　　　　　　　　　　图16-59　亚松弛因子设置

单击Advanced…按钮进入高级求解参数设置，在Multigrid标签页中，设置Pressure的Termination参数为0.001。

9. Solution Initialization

进入初始化面板，使用默认参数，单击Initialize按钮进行初始化。

单击菜单【Adapt】>【Region…】，在打开的设置对话框中进行如图16-60所示设置。

单击Mark按钮进行区域标记。

返回至初始化面板，单击Patch…按钮，进行Patch操作。如图16-61所示，选择Phase下拉项为water，选择variable为volume Fraction，设置value为1，选择区域为hexahedro-r0。通过以上操作，可以设置前面标记的区域为水。

图16-60 区域设置

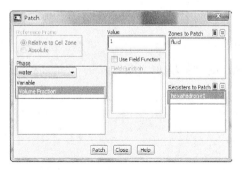

图16-61 Patch操作

此时可以利用后处理观察液相体积分数云图，如图16-62所示。

10. Calculation Activities

利用该面板进行自动保存及动画设置。按图16-63所示设置每一个时间步自动保存数据。

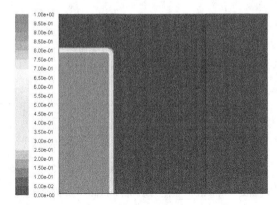

图16-62 液相体积分数云图

图16-63 设置自动保存

设置动画观察每一时间步水位变化，如图16-64所示。

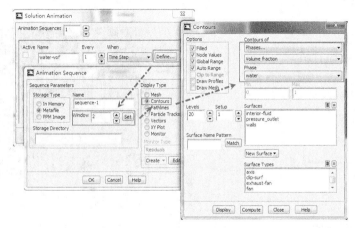

图16-64 动画设置

11. Run Calculation

瞬态计算需要估计时间步长。通常可以采用库朗数进行估计。

$$Courant = \frac{\Delta t}{\Delta x_{cell}} v_{fluid} \qquad (16\text{-}6)$$

$$\rho gh = \frac{\rho}{2} v_{fluid}^2 \qquad (16\text{-}7)$$

$$v_{fluid} = \sqrt{2gh} \approx 10\text{m/s} \qquad (16\text{-}8)$$

$$\Delta t = \Delta x_{cell}/v_{fluid} \approx 0.01\text{s} \qquad (16\text{-}9)$$

设置Time Step Size为0.01s，设置Number of Time Steps为120，设置Max Interations/Time Step为40，如图16-65所示。

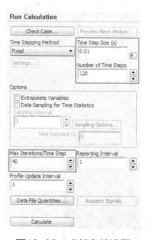

图16-65 求解参数设置

16.4.4 后处理分析

Step 1：查看各时刻水位云图

查看水位主要是观察水相体积分数分布。进入Graphics and Animations面板，双击Contours列表项，进入云图设置。

按图16-66所示进行云图设置：激活Filled选项，设置Contours of下拉列表项为Phases…与Volume fraction，设置Phase下拉项为water。

1.2s时刻水位分布如图16-67所示。

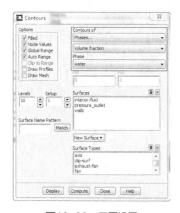

图16-66 云图设置

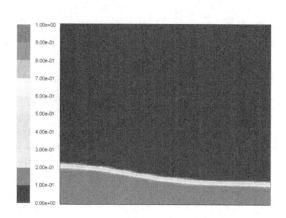

图16-67 水位分布（1.2s）

可以通过菜单【File】>【Solution Files…】弹出其他时刻选择对话框，如图16-68所示。可以选择相应时刻数据，单击Read按钮加载数据。

如图16-69和图16-70所示分别为加载0.5s与0.75s数据后显示的水位云图。

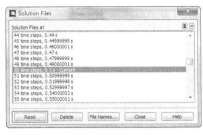

图16-68　时刻选择

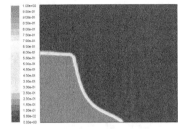

图16-69　水位云图（0.5s）

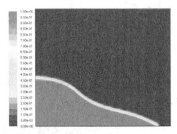

图16-70　水位云图（0.75s）

Step 2：导出水位数据

利用Iso surface可以导出各时刻水位数据。

鼠标单击菜单【Surface】>【Iso-Surface…】，在如图16-71所示的操作对话框中，选择Surface of Constant下拉列表为Phases…及Volume fraction，选择Phase为water，设置Iso-Values为0.5，命名为volume-fraction-0.5，单击Create按钮创建。

单击模型树节点Plots，双击列表项XY Plot，弹出XY曲线图，按图16-72所示进行设置。取消Position on X Axis，选择Y Axis Function为Mesh…及Y-Coordinate，Phase设置为Mixture，同理设置X Axis Function为X-Coordinate，选择Surface项为创建的ISO曲面volume-fraction-0.5，单击按钮Plot进行显示，如图16-73所示。

若读者嫌FLUENT后处理的图形不够美观，可以在图16-72中激活选项Write to File，将各时刻水位数据输出至第三方软件进行曲线绘制。

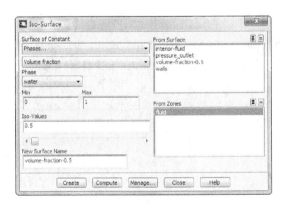

图16-71　创建ISO Surface

图16-72　绘制水位图

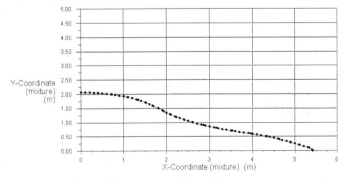

图16-73　水位图（0.75s）

16.5 【实例16-3】鼓泡塔仿真计算（Eulerian模型）

16.5.1 问题描述

鼓泡塔（Bubble Column）是一种常见的化工设备。其试验装置如图16-74和图16-75所示。在一个直径0.5 m的圆柱形玻璃管底部开有一个直径4 cm的孔，玻璃管中注满水，空气从底部小孔注入。气泡直径约为3 mm，以速度6.6e-4m/s注入玻璃管中。3D几何模型如图16-75所示。

图16-74 试验装置

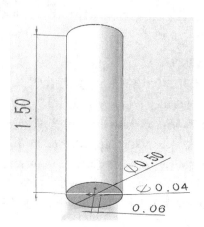

图16-75 3D几何模型

16.5.2 几何模型

考虑模型的轴对称性，采用2D平面模型进行仿真计算，模型尺寸如图16-76和图16-77所示。其中底部0.04m线段位置为气泡入口。建立如图16-77所示的矩形面，设置网格尺寸0.005m，共生成网格29700个。输出网格文件ex9-3.msh。

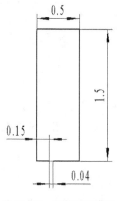

图16-76 二维几何模型

图16-77 网格模型

16.5.3 FLUENT前处理设置

Step 1：基本设置

使用2D求解选项启动FLUENT14.5，利用菜单【File】>【Read】>【Mesh】读取网格文件ex9-3.msh。

单击模型树节点General，在弹出的面板中单击Scale按钮，弹出模型缩放对话框，检查模型尺寸并确保模型尺寸与所要进行仿真计算的模型尺寸一致。

单击Check按钮，命令窗口中出现如图16-78所示的模型统计信息。从图中可以看出，模型尺寸在X方向为0～0.5m，在y方向为0～1.5m，满足计算的要求。最小网格体积为2.5e-5m³，同样满足计算要求。

General面板中的其他设置如图16-79所示。即使用Pressure-Based求解器，采用Transient瞬态计算，2D Space使用Planar，Velocity Formulation采用Absolute。

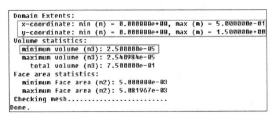

图16-78 模型参数

图16-79 Solver设置

Step 2：Models设置

在Models节点页中需要设置的是多相流模型。本例为层流，因此黏性模型可以使用默认的层流模型。单击模型树节点Models，在右侧的面板中双击列表项Multiphase…，设置面板如图16-80所示。选择Eulerian模型，设置Number of Eulerian Phases为2。

Step 3：设置材料

从FLUENT材料数据库中添加材料water-liquid(h2o<l>)，可以使用默认的材料参数。单击Copy按钮加载材料。

Step 4：Phase设置

如图16-81所示，单击模型树节点Phase进行相的设置。双击列表项Primary Phase，在弹出的对话框中按图16-82所示进行设置。设置water-liquid为主相，并命名为water。单击OK按钮关闭对话框。

在图16-81所示面板中双击列表项Secondary Phase进行次相设置，如图16-83所示。

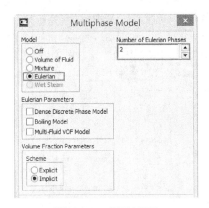

图16-80 多相流设置

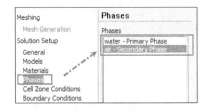

图16-81 设置相

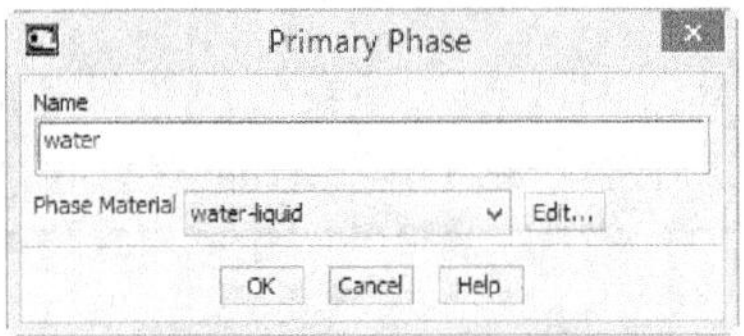

图16-82 设置主相

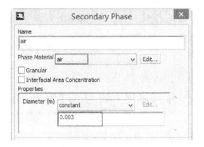

图16-83 次相设置

在Phase Material下拉列表中选择air，并在Diameter参数中设置粒径0.003m。

Step 5：Cell Zone Condition设置

如图16-84所示，单击选择模型树节点Cell Zone Conditions，确保设置面板中的Type下拉项选择为fluid，单击Operating Condition按钮，在弹出的对话框中按图16-85所示进行设置。

设置参考压力坐标为（0，1.5），激活Gravity设置重力加速度为Y方向-9.81m/s^2，同时设置操作密度为1.225kg/m^3。

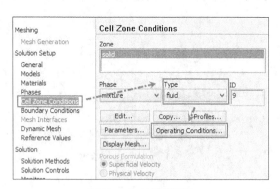

图16-84　计算域设置

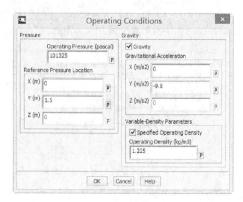

图16-85　操作条件设置

Step 6：边界条件设置

如图16-86所示进行边界条件设置。单击模型树节点Boundary Conditions，选择列表项Velocity_inlet，选择Phase列表项为water，单击按钮Edit…进行水相设置。采用默认设置参数。

单击OK按钮关闭边界条件设置对话框，返回至图16-86所示面板。选择Phase下拉列表项为air，单击Edit…按钮进行气相设置，如图16-87所示，设置速度为6.6e-4m/s。切换至Multiphase标签页，设置Volume Fraction参数为1，表示输入全为气相，如图16-88所示。

修改边界wall_top的边界类型为degassing，参数项保持默认即可，如图16-89所示。

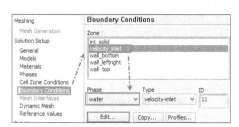

图16-86　边界条件设置

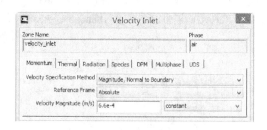

图16-87　water相设置

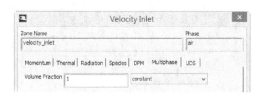

图16-88　气相设置

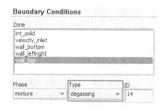

图16-89　设置出口边界

> **注意**
>
> degassing边界禁止连续流体流出，允许离散气泡流出。对于鼓泡塔类的问题模拟非常合适。Degassing边界只出现在FLUENT14.5之后的版本，且多相流模型选用了Eulerian模型的情况下。

Step 7：Solution Methods设置

求解方法设置如图16-90所示。设置Momentum求解方法为QUICK，设置Volume Fraction求解方法为QUICK，其他参数保持默认值。

对于本例中的网格模型，采用QUICK格式具有三阶精度。

Step 8：Solution Controls

进入Solution Controls设置面板，设置各物理量的亚松弛因子。修改Pressure松弛因子为0.5，修改Momentum参数值为0.2，修改Volume Fraction参数值为0.8，其他参数保持默认值设置，如图16-91和图16-92所示。

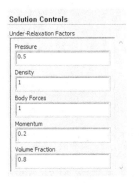

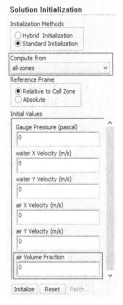

图16-90 求解方法设置　　图16-91 亚松弛因子设置　　图16-92 初始化设置

Step 9：Monitors

监视器设置采用默认设置。本例中无需进行额外的参数监测。

Step 10：Initialization

初始化设置如图16-92所示。设置Compute from下拉列表框为all zones，设置air Volume Fraction为0，单击Initialize按钮进行初始化。

Step 11：Calculation Activities

在Calculation Activities面板中设置自动保存参数及求解动画参数。单击FLUENT模型树节点Calculation Activities，设置Autosave Every参数为20，如图16-93所示。

单击Solution Animations设置下的Create/Edit…进行动画设置，在弹出的对话框（见图16-94）中设置Name为vof，设置Every为1，设置When为Time Step，单击Define…按钮，弹出动画参数设置对话框，如图16-95所示。

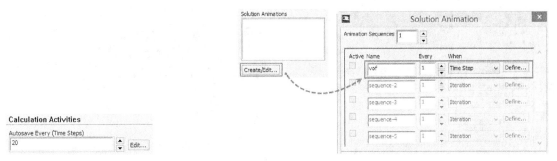

图16-93 自动保存　　　　　　　　图16-94 动画设置

在图16-95所示对话框中，选择Storage Type为默认类型Metafile，设置windows参数为2，单击按钮Set，同时选择Display Type为Contours，FLUENT会自动弹出云图设置对话框，如图16-96所示。

在图16-96所示的云图设置对话框Options中，取消激活除Filled与Node Values之外的所有选项，选择Contours of下拉列表项为Phases…及Volume fraction，选择Phase下拉列表项为air。设置Min参数为0，Max参数为0.003，其他参数保持默认。单击Display按钮显示云图。

定义完毕后，单击Close按钮关闭所有对话框，回到Fluent设置面板。

Step 12：Run Calculation

单击FLUENT模型树节点Run Calculation进入计算面板，如图16-97所示。

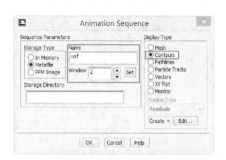

图16-95　动画参数设置

图16-96　云图参数设置

图16-97　计算设置

设置Time Step Size参数为0.01s，设置Number of Time Steps为5000，设置Max Iterations/Time Step为20。单击Calculate按钮进行计算。

16.5.4　后处理分析

Step 1：气体含量分布

如图16-98所示，单击模型操作树节点Graphics and Animations，双击右侧Graphics列表项中的Contours，弹出如图16-99所示的Contours设置对话框。

在云图设置对话框中，激活Filled、Node Values及Global Range选项，设置Contours of列表项为Phase…及Volume fraction，设置Phase项为air，设置Min值为0，设置Max值为0.002，单击Display按钮，观察此时刻的气相分布。

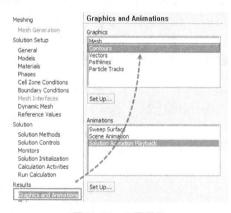

图16-98　云图显示

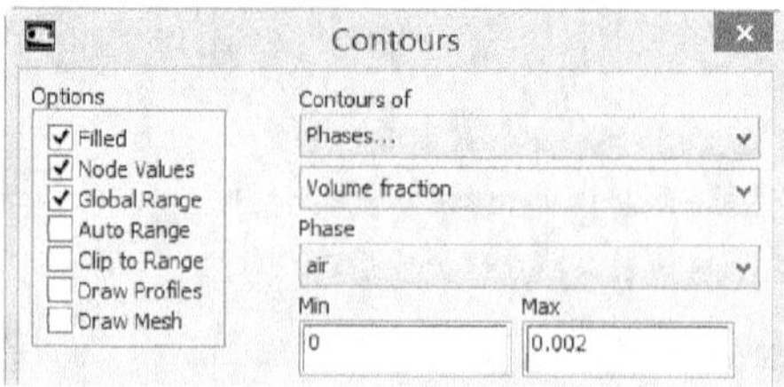

图16-99　Contours设置对话框

如图16-100所示为气相体积分布云图。

Step 2：动画制作

按图16-101所示顺序进行动画参数设置。单击模型树节点Graphics and Animations，在右侧面板中Animations列表下选择Solution Animation Playback，单击按钮Set up…，弹出如图16-102所示的动画播放及输出面板。设置Write/Record Format为MPEG，单击Write按钮以视频文件格式输出动画。

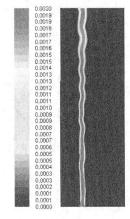

图16-100 气相云图分布

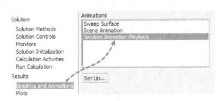

图16-101 动画设置

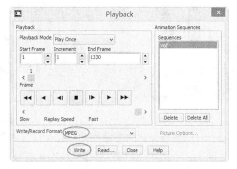

图16-102 动画输出

第 17 章

组分输运及反应流模型

多相流模型解决的是宏观概念上的多种流体混合输运问题，若多种介质处于分子混合水平上，则无法应用多相流模型。此时，应当使用组分输运模型进行解决。FLUENT提供了组分输运模型。利用组分输运模型及反应流模型，可以进行以下物理现象模拟。

（1）混合物扩散及传输。如从烟囱中喷出的烟流随风扩散过程。

（2）化学反应及燃烧过程。如燃烧炉中可燃物质的燃烧过程、气体燃烧和煤粉燃烧等均可以采用组分输运模型解决。

在学习本章内容时，建议读者配合阅读一些化学反应动力学及燃烧理论方面的书籍。

17.1 FLUENT中的组分输运及反应流模型

单击FLUENT模型操作树节点Models，在右侧面板中的Models列表框中选择Species列表项，如图17-1所示，即可打开组分输运模型选择面板。

如图17-2所示，Fluent中包括以下几种组分模型：Species Transport、Non-Premixed Combustion、Premixed Combustion、Partially Premixed Combustion及Composition PDF Transport。

图17-1 选择组分输运模型

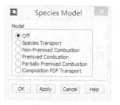

图17-2 选择组分模型

1. Species Transport（组分输运）

组分输运模型可以用于求解组分输运过程及化学反应，包括壁面化学反应及燃烧过程。可以考虑详细化学反应机理，其包括层流有限速率模型、涡耗散模型以及涡耗散概念模型。

2. Non-Premixed Combustion（非预混燃烧）

图17-3所示为典型的非预混燃烧模型，燃料与氧化剂从不同的入口进入反应器。非预混燃烧模型利用混合分数方法（Mixture Fraction Function）求解计算燃烧过程，通过计算反应物及生成物的组分来间接反映燃烧过程。该模型无法在密度基求解器中使用。

3. Premixed Combustion（预混燃烧）

图17-4所示为预混燃烧模型。在进入反应器之前，燃料与氧化剂在分子水平上混合。预混燃烧模型通过求解过程变量（Progress Variable）来反映火焰阵面的位置。此模型无法在密度基求解器中使用。

4. Partially Premixed Combustion（部分预混燃烧）

部分预混模型是预混模型与非预混模型的混合，如图17-5所示。该模型无法与密度基求解器共用。

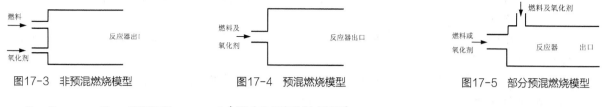

图17-3 非预混燃烧模型　　　　图17-4 预混燃烧模型　　　　图17-5 部分预混燃烧模型

5. Composition PDF Transport（组合PDF传输模型）

组合PDF传输模型与组分输运模型中的层流有限速率模型及涡耗散概念模型类似，当对湍流反应流中的有限速率化学动力学效应感兴趣时使用该模型。通过使用合适的化学反应机理，能够预测CO和氮氧化物的生成、火焰的熄灭与点燃等。

17.2　组分输运模型前处理

17.2.1　无反应组分输运模型

对于不涉及化学反应的组分输运过程求解，可以采用无反应的组分输运模型。采用该模型可以求解计算组分在对流扩散过程中各组分的时空分布，其基于组分守恒定律。

可以利用如图17-6所示操作选择组分输运模型。

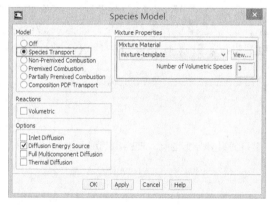

图17-6　选择组分输运模型

在FLUENT中使用无化学反应的组分输运模型的基本步骤如下。

1. 选择组分属于模型

在模型操作树Model节点中选择Species Transport模型，如图17-6所示。

2. 设置混合材料

组分输运模型通常涉及多组分物质，用户需要在材料模型中定义这些组分。也可以在图17-6所示面板中单击View…按钮进行混合物定义。

如图17-7所示，单击模型操作树节点Materials，在右侧操作面板中的Materials列表框中选择混合物（该混合物名称为图17-6中所选择的混合物），单击Create/Edit…按钮进入混合物材料定义面板，如图17-8所示。

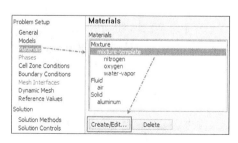

图17-7　设置混合物材料

在Material Type下拉列表框中选择Mixture，在FLUENT Mixture Materials下拉列表框中选择前一步选择的混合物名称。

单击Properties中的Mixture Species下拉框右侧按钮Edit…，进入混合物组分定义面板，如图17-9所示。

面板中的参数如下。

Avaliable Materials：可以被添加至混合物的候选组分。选择列表项中的组分，单击按钮Add即可将组分添加至混合物中。添加后的组分放置于Selected Species列表框中。

Selected Species：已添加的组分。用户可以选择该列表中的组分，然后单击按钮Remove删除该组分。删除后的组分被放置到Avaliable Materialsie列表中。

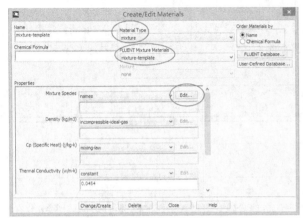

图17-8　设置混合物

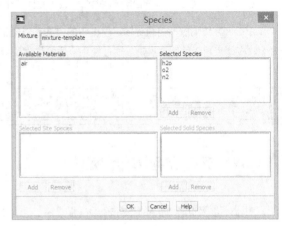

图17-9　定义混合物组分

> **注意**
>
> 混合组分需要进行排序，通常选择量较多的组分为最后一种组分。如燃烧现象模拟，通常选择N$_2$作为最后一种组分。FLUENT在计算时，最后一种组分的体积分数是通过前面的组分含量进行计算的。

3. 边界条件设置

组分输运模型需要设置入口和出口的组分分布情况，如图17-10所示。

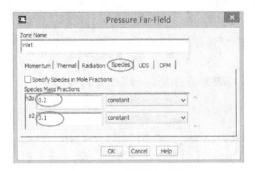

图17-10　边界条件设置

对于入口和出口边界，通常都需要设置组分分布。需要注意的是，用户需要设置的组分比所具有的组分少一个，即最后一种组分质量分数或摩尔分数不需要设置。FLUENT软件会用1减去前几种组分的含量，即为最后一种组分的含量。

4. 其他设置

其他前处理设置和单组分设置相同。

17.2.2 有限反应速率模型

FLUENT中的有限反应速率模型主要包括层流有限速率模型（Laminar Finite-Rate）、涡耗散模型（Eddy-Dissipation）及涡耗散概念模型（Eddy-Dissipation Concept）。

如图17-11所示，通过选择【Species Trasnport】>【Volumetric】后，即可在Turbulence-Chemistry Interaction中选择反应速率模型。

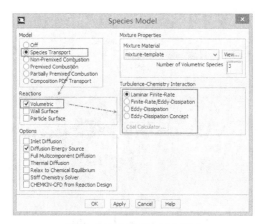

图17-11 有限反应速率模型

1. 层流有限速率模型

通过计算阿累尼乌斯定律获得化学反应速率。该模型可以用于层流和湍流情况下。

2. 涡耗散模型

将湍流速率作为化学反应速率，不计算阿累尼乌斯公式。该模型只能用于湍流情况下，只有在选择了湍流模型后才能被激活。

3. 有限速率/涡耗散模型

同时计算阿累尼乌斯公式及湍流速率，取二者较小值作为化学反应速率。该模型也只能用于湍流环境下。

4. 涡耗散概念模型

计算详细化学反应动力学，用户可以自定义化学反应机理，也可以导入外部化学反应机理（如CHEMKIN机理）。

17.3 【实例17-1】引擎着火导致气体扩散

本例计算汽车引擎着火形成的废气在一个通风良好的停车库中扩散情况。假定燃烧已达到稳定状态，高温废气从汽车引擎盖中以稳定的流量向外部扩散，本例采用稳态计算。

17.3.1 问题描述

本例模型如图17-12所示。

图17-12中各边界条件及计算域条件如下。

（1）混合气体包括N_2、O_2、CO_2和H_2O。

（2）气体出口inlet_exhaust为速度出口，其速度为6m/s。

（3）fluid_jet采用动量源80N/m^3。

（4）采用k-epsilon湍流模型。

（5）采用DO辐射模型。

（6）空气入口温度为300K。

（7）引擎内释放气体H_2O及CO_2温度1200K，质量流量0.1kg/s。

本例主要演示以下内容。

（1）利用多组分传输模型计算气体扩散。

（2）定义气体的辐射吸收系数。

（3）为浮力驱动流动定义重力及操作条件。

（4）定义体积源项。

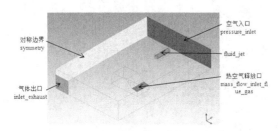

图17-12　几何模型及边界条件

17.3.2　FLUENT前处理操作

Step 1：启动FLUENT并导入网格

（1）以3D、Double Precision启动FLUENT14.5。

（2）选择菜单【File】>【Write】>【Mesh..】，在文件选择对话框中选择ex9-1.msh文件。

（3）选择菜单【File】>【Check】，在命令输出窗口弹出网格检查结果，如图17-13所示，确保最小网格体积为正值。

Step 2：General设置

（1）单击模型操作树节点General。

（2）设置Time选项为Steady。

（3）激活Gravity选项。

（4）设置重力加速度为Z方向-9.81，如图17-14所示。

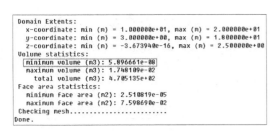

图17-13　网格检查

图17-14　General设置

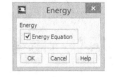

图17-15　激活能量方程

Step 3：Models设置

（1）单击模型操作树节点Models。

（2）在右侧操作面板Models列表框中双击列表项Energy，在弹出的对话框中激活Energy模型，如图17-15所示。

（3）双击列表项viscous，在弹出的对话框中选择Standard k-epsilon湍流模型，采用Enhance wall function。

（4）双击列表项Radiation，在弹出的设置对话框中选择Discrete Ordinate(DO)辐射模型，设置Energy Iterations per Radiation Iteration参数为1，其他参数保持默认。

（5）双击列表项Species，在弹出的组分输运模型设置面板中选择选项Species Transport，其他参数保持默认设置。

Step 4：Materials设置

（1）单击模型操作树节点Materials。

（2）从FLUENT材料数据库中添加材料carbon-dioxide(co2)、water-vapor、oxygen以及nitrogen。

（3）在材料设置面板中双击列表项mixture-template进入混合材料定义对话框，单击Mixture Species右侧按钮Edit…，进入组分定义对话框，如图17-16所示，确保选择的材料包括H_2O、O_2、CO_2及N_2。单击OK按钮确认操作并关闭对话框。

（4）修改材料参数Thermal Conductivity、Viscosity为mass-weighted-mixing-law，设置Absorption Coefficient为wsggm-domain-based。

（5）新建固体材料concrete，如图17-17所示修改材料参数。

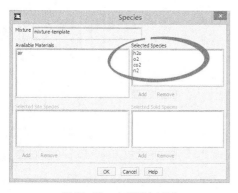

图17-16　定义混合材料

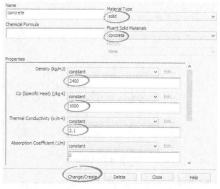

图17-17　定义固体材料属性

Step 5：Cell Zone Conditions设置

（1）在Cell Zone Conditions中设置源项。

（2）单击模型操作树节点Cell Zone Condtions。

（3）双击zone列表项fluid_jet。

（4）激活Source Terms选项。

（5）在Source Terms标签页，单击Y Momentum右侧的Edit…按钮，在弹出的设置对话框中设置动量源-80n/m³，如图17-18所示。

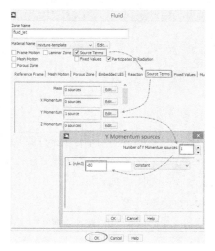

图17-18　源项定义

Step 6：Boundary Conditions设置

单击模型操作树节点Boundary Conditions。

1. 设置inlet_exhaust边界

双击zone列表项inlet_exhause，在弹出的边界条件设置对话框中进行如下设置。

（1）Momentum标签页中，设置velocity Magnitude为-6m/s。

（2）设置Turbulent Intensity为5%，设置Turbulent Viscosity Ratio为5。

（3）单击OK按钮确认边界条件，如图17-19所示。

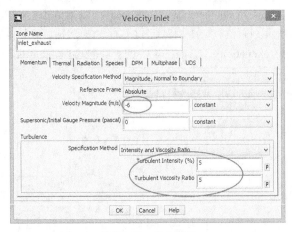

图17-19　出口设置

2. 设置pressure_inlet边界

双击列表项pressure_inlet，弹出该边界条件设置对话框。

（1）Momentum标签页中保持默认设置，即总压为0（环境大气），湍流强度5%，湍流黏度比5。

（2）Thermal标签页中，设置Total Temperature为293.15K。

（3）Radiation标签页设置如图17-20所示。

（4）Species标签页中，设置O_2质量分数为0.23，如图17-21所示；此时FLUENT会自动计算N_2质量分数为0.76。

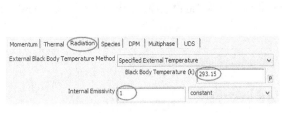

图17-20　辐射设置

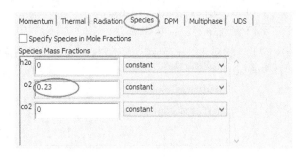

图17-21　组分设置

3. 设置mass-flow-inlet-flue_gas边界

双击列表项mass-flow-inlet-flue_gas，在弹出的边界条件对话框中进行如下设置。

（1）Momentum标签页中，设置Mass Flow Rate为0.1kg/s；设置Direction Specification Method为Normal to Boundary，设置湍流强度为5%，湍流黏度比为5；如图17-22所示。

（2）Thermal标签页，设置Total Temperature为1200K。

（3）切换至Species标签页，激活选项Specify Species in Mole Fractions，设置H_2O摩尔分数为0.65，CO_2的摩尔分数0.35，如图17-23所示。

图17-22 边界设置

图17-23 组分设置

单击OK按钮关闭边界设置。

4. 设置wall边界条件

双击边界列表项wall，弹出边界条件设置对话框。进行如图17-24所示设置。

（1）进入Thermal标签页。

（2）选择Temperature项，设置Temperature为300K，Internal Emissivity为0.9。

（3）设置Wall Thickness为0.3m，激活选项Shell Conduction。

（4）选择Material Name下拉框选项为前方创建的固体材料concrete。

单击OK按钮确认参数设置并关闭对话框。

5. 其他wall边界设置

由于其他壁面边界条件参数与wall边界相同，因此这里采用复制的方式进行设置。

（1）单击边界条件设置面板中的Copy…按钮，弹出边界复制对话框，如图17-25所示。

（2）From Boundary Zone中选择边界wall。

（3）To Boundary Zones中选择wall _celling及wall_floor。

单击Copy按钮完成边界条件复制。

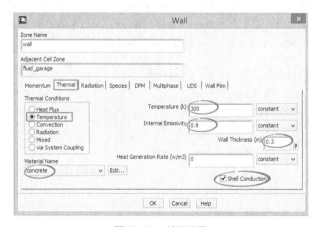

图17-24 壁面设置

图17-25 边界复制

Step 7：Operating Condition设置

（1）单击边界条件设置面板中的按钮Operating Conditions…，弹出操作条件设置对话框，如图17-26所示。

（2）激活选项Gravity，设置重力加速度为Z方向-9.81。

（3）设置Operating Temperature为288.16K。

（4）激活选项Specified Operating Density，设置操作密度1.1989kg/m³。

🌐 **小技巧**

（1）ANSYS FLUENT通过使用相对压力（绝对压力与操作压力的差值）避免产生舍入误差。对于计算域内压力变化较小的情况，可以将操作压力设置为接近边界值。

（2）操作温度仅用于Boussinesq密度模型，因此在本例中，操作温度的设置没有任何意义。

（3）操作密度的作用也是防止产生舍入误差。对于存在压力边界条件的仿真模型，正确设置操作压力非常重要，否则边界压力可能会出现错误从而导致非物理流动。此处所设置的密度值为压力入口气体在293.15K情况下，其中包含23%的O^2与67%的N^2。读者可以先进行初始化然后在后处理器中获取操作密度值（利用Report > Volume Integral）。

Step 8：Solution Methods设置

（1）单击模型操作树节点Solution Methods。

（2）设置Pressure项为Body Force Weight，设置Energy项为Second Order Upwind，如图17-27所示。

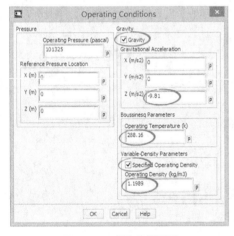

图17-26　操作条件设置

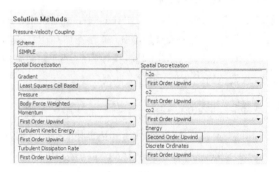

图17-27　求解方法设置

Step 9：Solution Controls设置

单击模型操作树节点Solution Controls，设置各变量的亚松弛因子，如图17-28所示。

Pressure：0.3；Density：1；Body Force：1；Momentum：0.7；Turbulent Kinetic Energy：0.5；Turbulent Dissipation Rate：0.5；Turbulent Viscosity：0.7；h2o：1；O2：1；co2：1；Energy：1；Discrete Ordinates：1。

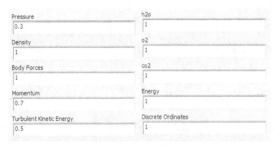

图17-28　亚松弛因子设置

Step 10：Monitors设置

（1）单击模型操作树节点Monitors。

（2）选择右侧设置面板中Residuals列表框中的Residuals列表项，单击Edit..按钮，弹出残差监视器设置对话框，在对话框中设置Convergence Criterion下拉框内容为none。

说明 --

Convergence Criterion下拉列表框默认选择项为absolute，即在计算过程中当残差满足设置的残差标准时停止计算。当将该选项设置为none时，则计算过程中不会利用残差标准作为计算停止的标准，则计算时会将设定的迭代次数作为计算终止条件。

（3）定义流量监视器。单击Surface Monitors下的Create…按钮，选择Report Type为Mass Flow Rate，选择Surface列表框下的列表项interior_jet_in，激活选项Print to Console及Plot。单击OK按钮完成监视器定义。

（4）定义壁面通量监视器。单击Surface Monitors下的Create…按钮，选择Report Type为Integral，设置Field Variable为Wall Fluxes…，设置Surface列表中的列表项wall_floor，激活选项Print to Console及Plot。单击OK按钮完成监视器定义。

说明 --

类似本例中的浮力驱动流动问题通常表现为与时间相关的瞬态行为。因此，利用稳态求解器计算此类问题，其残差通常表现为振荡。基于此类原因，通常采用变量及通量监测的方式来判断收敛。

Step 11：Solution Initialization设置

读者可以利用Hybrid Initialization或Standard Initialization进行初始化。本例采用手动输入初始值进行初始化，按图17-29中的参数进行初始化操作。

Step 12：Run Calculation设置

单击模型操作树节点Run Calculation，在右侧面板中设置迭代次数为400，单击Calculate按钮进行迭代计算，如图17-30所示。

图17-29　初始化设置　　　　　　　　图17-30　迭代参数

17.3.3　计算后处理

Step 1：检查流量守恒

（1）单击模型操作树节点Reports，在右侧面板中Reports列表框中双击列表项Fluxes。

（2）在弹出的设置对话框中进行如图17-31所示设置。从图中可以看出，流量净通量为-0.0410343kg/s，说明计算并未完全收敛。读者可以尝试增加迭代次数进行改善。

Step 2：导出结果至CFD-POST中

读者可以将FLUENT计算结果输出至CFD-POST中进行后处理。CFD-POST能够提供更为专业的后处理效果。关于CFD-POST的内容，在后续的章节有详细描述。

（1）单击菜单【File】>【Export to CFD-Post…】，弹出设置对话框。

（2）在对话框中选择所有的变量，按图17-32进行设置。

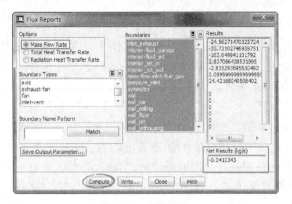

图17-31　流量报告

图17-32　输出至CFD-POST

单击Write…按钮后会弹出文件存储对话框，读者可以自己命名CFD-POST处理文件。程序自动启动CFD-POST并自动载入数据。

Step 3：创建面组

为了显示所有壁面温度分布，由于存在多个wall面，可以先创建面组。

（1）选择【Location】>【Surface Group】，在面组命名中设置为walls。

（2）在属性定义面板中，设置Location为wall、wall_car、wall_celling、wall_floor、wall_jet、wall_jethousing，如图17-33所示。

（3）进入Color标签页，设置Variable为Temperature，设置Range为Local，单击Apply按钮，如图17-34所示。

图17-33　定义面组

图17-34　温度显示设置

壁面上的温度显示如图17-35所示。

Step 4：创建CO$_2$体积分数等值面

（1）单击【Location】>【Iso Surface】，在弹出的名称对话框中输入等值面名称Gas。

（2）单击Apply按钮显示CO$_2$质量分数等值面，如图17-36所示。

图17-35　温度显示

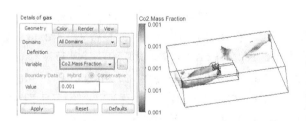

图17-36　等值面显示

读者可以根据需要查看更多的后处理内容，如各不同截面上的组分分布及统计等。

17.4 【实例17-2】锥形燃烧器燃烧模拟（有限速率模型）

17.4.1 实例简介

本例主要描述在ANSYS FLUENT中利用有限速率模型进行燃烧化学反应问题求解。本例主要进行以下方面工作。

（1）建立并求解甲烷-空气在锥形反应器中燃烧过程。

（2）使用有限速率化学反应模型。

（3）建立物理模型并进行求解。

（4）计算结果数据后处理。

17.4.2 问题描述

如图17-37所示的锥形燃烧器，在中心区域包含有一个小的喷嘴，甲烷-空气混合气体从喷嘴中以速度60m/s、温度650K喷入燃烧器中。燃烧过程中涉及的化学反应如下。

（1）$CH_4 + 1.5O_2 \longrightarrow CO + 2H_2O$

（2）$CO + 0.5O_2 \longrightarrow CO_2$

（3）$CO_2 \longrightarrow CO + 0.5O_2$

（4）$N_2 + O_2 \xrightarrow{CO} 2NO$

（5）$N_2 + O_2 \longrightarrow 2NO$

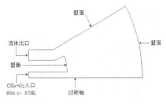

图17-37 模型描述

17.4.3 FLUENT前处理设置

Step 1：启动FLUENT并读入网格文件

（1）以2D、Double Precision方式启动FLUENT。

（2）利用菜单【File】>【Read】>【Mesh···】，在弹出的文件选择对话框中选择网格文件ex9-2.msh。

（3）利用菜单【Mesh】>【Check】检查网格，确保最小网格体积为正值。

（4）单击菜单【Mesh】>【Scale···】，在弹出的网格缩放对话框中检查网格模型尺寸，确保尺寸满足计算要求。本例网格模型无需缩放。

Step 2：General设置

（1）单击模型操作树节点General。

（2）设置2D Space为Axisymmetric。由于本例采用的是轴对称模型，故选择此项。其他参数保持默认设置。

Step 3：Models设置

单击模型操作树节点Models，在相应的面板中进行模型设置。本例主要设置能量模型、湍流模型及组分模型。

1．激活Energy模型

（1）双击列表项Energy，弹出能量方程设置对话框。

（2）在弹出的模型设置对话框中，激活Energy Equation选项。

2．设置湍流模型

（1）双击列表项Viscous，进行黏性模型设置。

（2）选择Standard k-epsilon湍流模型。

（3）选择标准壁面函数standard Wall Functions。

其他参数保持默认设置。

3．设置组分模型

（1）双击列表项Species，弹出图17-38所示的组分传输模型设置对话框。

（2）Model列表框中选择Species Transport，选择激活选项Volumetric。

（3）在Mixture Material下拉列表框中选择methane-air-2step。

（4）选择Turbulence-Chemistry Interaction为Finite-Rate/Eddy-Dissipation。

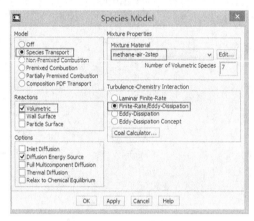

图17-38　组分模型设置

单击OK按钮确认参数设置并关闭对话框。

Step 4：Material设置

在材料设置中，需要定义混合组分及化学反应。单击模型操作树节点Materials，在右侧面板中进行材料设置。

1．添加组分

FLUENT的材料数据库中包含有methane-air-2step，选择了该混合材料后，FLUENT会自动定义混合物组分。由于本例计算的是5步甲烷-氧气化学反应，因此需要添加NO。

（1）单击Create/Edit…按钮，进入材料创建/修改对话框，如图17-39所示。

（2）单击对话框中按钮Fluent Database…，设置Material Type为fluid。

（3）选择材料nitrogen-oxide(no)。

（4）单击Copy按钮添加材料，单击close按钮关闭对话框。

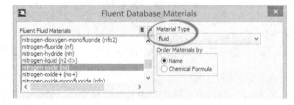

图17-39　添加NO

2. 添加组分NO至混合组分中

（1）材料操作面板中，双击材料methane-air-2step，弹出混合材料定义对话框。

（2）单击面板中Mixture Species右侧按钮Edit…，弹出组分定义对话框。

（3）由于需要将N_2作为最终气体，故需要先移除N_2，然后添加NO，最后再添加N_2，定义完毕后组分如图17-40所示。

图17-40　组分定义

3. 定义化学反应

本例包括5个化学反应，需要读者手动添加。

（1）单击Create/Edit Materials设置对话框中Reaction右侧对话框Edit…，弹出化学反应定义对话框。

（2）设置Total Number of Reactions为5。

（3）设置ID为1，定义ID为1的化学反应。

（4）设置Number of Reactants为2，设置Number of Products为2。即包含2个反应物和2个生成物。

（5）定义Reactants为CH_4与O_2，定义Products为CO与H_2O，参数如图17-41所示。

（6）定义Pre-Exponential Factor为1.6596e+15，Activation Energy为1.72e8。

（7）Mixing Rate参数保持默认设置。

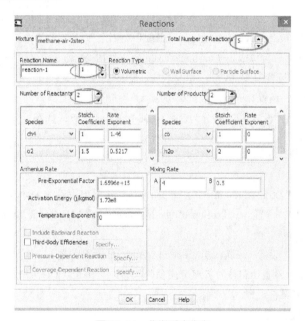

图17-41　化学反应定义

单击OK按钮完成第一个化学反应定义。

其他化学反应定义见表17-1，表中PEF为指前因子（Pre-Exponential Factor），AE为活化能（Activation Energy），TE为温度因子（Temperature Exponent）。

表17-1　化学反应定义

Reaction ID	1	2	3	4	5
Number of Reactants	2	2	1	3	2
Species	CH_4,O_2	CO,O_2	CO_2	N_2,O_2,CO	N_2,O_2
Stoich. Coefficient	CH_4=1 O_2=1.5	CO=1 O_2=0.5	CO_2=1	N_2=1 O_2=1 CO=0	N_2=1 O_2=1

续表

Rate Exponent	$CH_4=1.46$ $O_2=0.5217$	$CO=1.6904$ $O_2=1.57$	$CO_2=1$	$N_2=1$ $O_2=1$ $CO=0$	$N_2=1$ $O_2=1$
Arrhenius Rate	PEF=1.6956e15 AE=1.72e8	PEF=7.9799e14 AE=9.654e7	PEF=2.2336e14 AE=5.177e8	PEF=8.8308e23 AE=4.4366e8	PEF=9.2683e14 AE=5.7276e8 TE=-0.5
Number of Products	2	1	2	2	1
Species	CO,H_2O	CO_2	CO,O_2	NO,CO	NO
Stoich Coefficient	CO=1 $H_2O=2$	$CO_2=1$	CO=1 $O_2=0.5$	NO=2 CO=0	NO=2
Rate Exponent	CO=0 $H_2O=0$	$CO_2=0$	CO=0 $O_2=0$	NO=0 CO=0	NO=0
Mixing Rate	默认	默认	默认	A=1e11 B=1e11	A=1e11 B=1e11

Step 5：Boundary Conditions设置

单击模型操作树节点Boundary Conditions，进入边界条件设置面板。本例需要设置的边界包括入口Velocity-inlet-5与出口边界Pressure-outlet-4。

1. 设置速度入口边界

（1）选择zone列表框中的列表项velocity-inlet-5，单击Edit…按钮。

（2）选择Momentum标签页，设置Velocity Magnitude为60m/s，设置Specification Method为Intensity and Length Scale，设置湍流强度5%，湍流长度尺度0.003m。

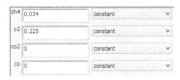

（3）切换至Thermal标签页，设置Temperature为650K。

（4）切换至Species标签页，设置入口组分为$CH_4=0.034$，$O_2=0.225$，如图17-42所示。

图17-42　入口组分设置

2. 设置压力出口边界

（1）选择Zone列表框中列表项Pressure-outlet-4，单击Edit…按钮弹出边界定义对话框，如图17-43所示。

（2）在Momentum标签页中，设置Specification Method为Intensity and Hydraulic Diameter，设置Backflow Hydraulic Diameter为0.003m。

（3）切换至Thermal标签页，设置Backflow Total Temperature为2500K。

（4）切换至Species标签页，设置出口位置各组分质量分数为：$O_2=0.05$，$CO_2=0.1$，$H_2O=0.1$。

（5）单击OK按钮确认边界条件设置。

其他边界条件保持默认设置。

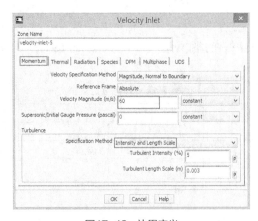

图17-43　边界定义

Step 6：冷态场计算

涉及复杂化学反应问题时，可以先计算冷态场（即不计算化学反应，只是计算组分流场），然后在冷态场的基础上继续包含化学反应的计算。

1. 取消化学反应计算

（1）单击模型操作树节点Models，单击Models列表框中列表项Species，进入组分输运模型设置对话框。

（2）取消Reactions下方选项Volumetric，单击OK按钮确认操作。

2. 设置亚松弛因子

单击模型操作树节点Solution Controls，设置所有组分及energy的亚松弛因子为0.95。

3. Solution Initialization设置

（1）单击模型操作树节点Solution Initialization。

（2）利用velocity-inlet-5进行计算域初始化。

（3）单击Initialize完成初始化。

4. Run Calculation

（1）单击模型操作树节点Run Calculation。

（2）设置Number of Iterations为200，单击Calculate按钮进行计算。

Step 7：反应场计算

1. 激活化学反应模型

（1）单击模型操作树节点Models，在右侧的模型设置面板中选择列表项Sepcies，单击Edit…按钮，弹出组分输运设置对话框。

（2）单击选择激活选项Volumetric。

2. 设置亚松弛因子

（1）单击模型操作树节点Solution Controls。

（2）设置Under-Relaxation Factors为：Density=0.8，Momentum=0.6，Turbulent Kinetic Energy=0.6，Turbulent Dissipation Rate=0.6，Turbulent Viscosity=0.6，所有组分及Energy设置为0.8。

3. Solution Initializations设置

（1）单击模型操作树节点Solution Initialization。

（2）单击Patch…按钮，进行如图17-44所示操作，设置fluid-6初始温度1000K。

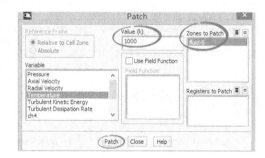

图17-44　Patch操作

4. Run Calculation设置

（1）单击模型操作树节点Run Calculation。

（2）设置迭代次数Number of Iterations为500。

（3）单击Calculate进行迭代计算。

17.4.4　计算后处理

Step 1：查看温度场分布

（1）单击模型操作树节点Graphics and Animations。

（2）双击右侧设置面板中Graphics列表框中列表项Contours，弹出Contours对话框。

（3）在设置对话框中，激活选项Filled。

（4）设置Contours of下拉列表项为Temperature…及Static Temperature。

（5）单击Display按钮显示温度云图，如图17-45所示。

Step 2：显示各组分分布

按步Step1相同的设置，选择Contours of为Species，选择相应的组分进行设置，如图17-46所示。各组分分布如图17-47、图17-48所示。

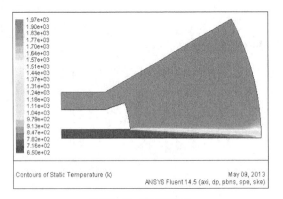

图17-45　温度场显示

图17-46　显示组分质量分数

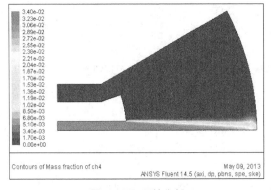

图17-47　甲烷分布

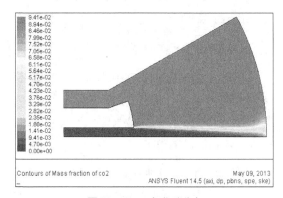

图17-48　二氧化碳分布

17.5　【实例17-3】锥形燃烧器燃烧模拟（zimount预混模型）

17.5.1　实例概述

本例采用实例17-2的网格模型，但对于燃烧的模拟采用预混燃烧模型（Zimount）。在本例中，使用绝热和非绝热预混燃烧模型。几何模型如图17-49所示。

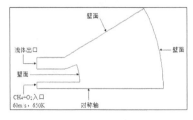

图17-49　几何模型

甲烷-空气混合气体（当量比0.6）以速度60m/s、温度650K从燃烧器中心喷嘴进入燃烧器，燃烧产物从与之同心的环形出口流出。对于当量比为0.6的化学甲烷-氧气化学反应，可写为

$$CH_4+3.33(O_2+3.76N_2)=CO_2+2H_2O+1.33O_2+12.35N_2$$

预混气体性质见表17-2。

表17-2 预混气体性质

参　　数	参　数　值
Mass of air（当量比0.6）	457.6
1mol燃料气的质量	13
燃料质量分数	0.0338
燃烧热（J/kg）	3.84e7
绝热温度（K）	1950
临界应变率（1/s）	5000
Laminar Flame Speed（m/s）	0.35

17.5.2 FLUENT前处理设置

Step 1：启动FLUENT并读入网格文件

（1）以2D、Double Precision方式启动FLUENT。

（2）利用菜单【File】>【Read】>【Mesh…】，在弹出的文件选择对话框中选择网格文件ex10-3.msh。

（3）利用菜单【Mesh】>【Check】检查网格，确保最小网格体积为正值。

（4）单击菜单【Mesh】>【Scale…】，在弹出的网格缩放对话框中检查网格模型尺寸，确保尺寸满足计算要求。本例网格模型无需缩放。

Step 2：General设置

（1）单击模型操作树节点General。

（2）设置2D Space为Axisymmetric。由于本例采用的是轴对称模型，故选择此项。

其他参数保持默认设置。

Step 3：Models设置

单击模型操作树节点Models，在相应的面板中进行模型设置。本例主要设置能量模型、湍流模型及组分模型。

1. 激活Energy模型

（1）双击列表项Energy，弹出能量方程设置对话框。

（2）在弹出的模型设置对话框中，激活Energy Equation选项。

2. 设置湍流模型

（1）双击列表项Viscous，进行黏性模型设置。

（2）选择Standard k-epsilon湍流模型。

（3）选择标准壁面函数standard Wall Functions。

其他参数保持默认设置。

3. 设置组分模型

（1）双击列表项Species，弹出如图17-50所示的组分传输模型设置对话框。

（2）Model选项中选择Premixed Combustion。

（3）设置Turbulent Flame Speed Constant为0.637。

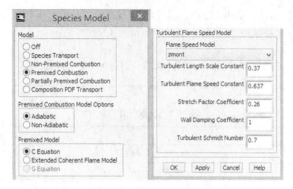

图17-50　燃烧模型设置

其他参数保持默认设置，单击OK按钮完成参数定义并关闭对话框。

Step 4：Materials设置

（1）单击模型操作树节点Materials。

（2）右侧面板中单击按钮Create/Edit…，进入材料编辑对话框，如图17-51所示。

（3）设置Name为premixed-mixture。

（4）设置Density为premixed-combustion。

（5）设置Adiabatic Unburnt Density为1.2。

（6）设置Adiabatic Unburnt Temperature为650K。

（7）设置Adiabatic Burnt Temperature为1950K。

（8）设置Laminar Flame Speed为0.35。

（9）设置Critical Rate of Strain为5000。

（10）其他参数保持默认设置，单击Change/Create按钮修改材料属性。

图17-51　材料设置

单击Change/Create按钮，弹出是否覆盖air材料的对话框，选择No，保留air。

Step 5：Cell Zone Conditions设置

（1）单击模型操作树节点Cell Zone Conditions，在右侧设置面板中Zone列表框中选择列表项fluid-6，单击按钮Edit…，如图17-52所示。

（2）在弹出的对话框中设置Material Name为上一步创建的材料premixed-mixture。

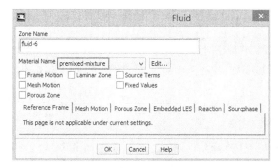

图17-52 计算域设置

1. 入口边界设置

（1）单击模型操作树节点Boundary Conditions，在右侧设置面板Zone列表框中选择列表项velocity-inlet-5，单击Edit…按钮，弹出设置对话框，如图17-53所示。

（2）设置velocity Magnitude为60。

（3）设置specification Method为Intensity and Hydraulic Diameter，设置Turbulent Intensity为10%，设置Hydraulic Diameter为0.003。

（4）切换至Species标签页，确认Progress Variable为0。该参数为0则表示未反应，1表示已反应。

（5）单击OK按钮确认参数设置并关闭对话框。

2. 出口边界条件设置

（1）选择zone列表框中列表项pressure-outlet-4，单击Edit…按钮弹出边界设置对话框。

（2）设置Specification Method为Intensity and Hydraulic Diameter，设置Backflow Hydraulic Diameter为0.003。

（3）单击Species标签页，设置Backflow Progress Variable参数值为1。

（4）单击OK按钮确认参数设置并关闭对话框。

3. 其他边界条件设置

其他边界均采用默认设置。

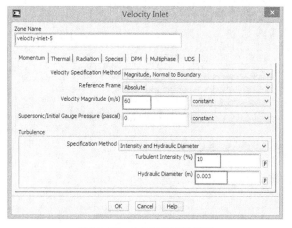

图17-53 入口边界条件设置

1. Solution Controls设置

（1）单击模型操作树节点Solution Controls，选择Equations…按钮，弹出如图17-54所示对话框。

（2）取消对方程Premixed Combustion的选择，单击OK按钮确认操作。

图17-54　方程选择　　　　　　　　　　　　　图17-55　初始化设置

2. Solution Initialization设置

（1）单击模型操作树节点Solution Initialization。

（2）在右侧设置面板中进行如图17-55所示设置。在Compute from下拉框中选择all-zones，单击按钮Initialize进行初始化

3. Run Calculation设置

（1）单击模型操作树节点Run Calculation。

（2）设置Number of Iterations为250，单击Calculate按钮进行计算。

计算完毕后，激活预混燃烧方程计算。

4. Solution Controls设置

（1）单击模型操作树节点Solution Controls，单击右侧面板中的Equations…按钮。

（2）选择所有方程，确保选择了Premixed Combustion方程。

（3）单击OK按钮关闭对话框。

5. Solution Initialization设置

（1）单击模型操作树节点Solution Initialization，在右侧面板中单击按钮Patch。

（2）在弹出的对话框中进行如图17-56所示设置，设置fluid-6的progress variable为1。

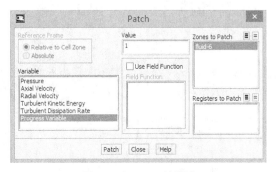

图17-56　Patch计算域

6. Run Calculation设置

（1）单击模型操作树节点Run Calculation。

（2）单击Calculate节点进行计算。

17.5.3　计算后处理

Step 1：查看过程变量

（1）单击模型操作树节点Graphics and Animations。

（2）在右侧面板中Graphics列表框中选择列表项Contours，单击按钮Set Up…。

（3）在弹出的对话框中，激活选项Filled，如图17-57所示。

（4）设置Contours of为Premixed Combustion…及Progress Variable。

（5）单击Display按钮显示过程变量云图，如图17-58所示。

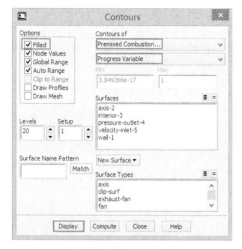

图17-57 后处理设置

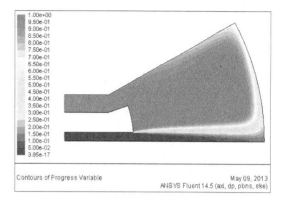

图17-58 过程变量

Step 2：查看速度矢量

（1）单击模型操作树节点Graphics and Animations。

（2）在右侧面板中Graphics列表框中选择列表项Vectors，单击按钮Set Up…。

（3）在弹出的对话框中，设置Scale参数为10。

（4）其他参数保持默认设置，单击Display按钮进行显示，如图17-59所示。

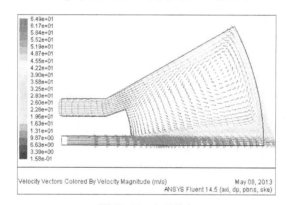

图17-59 矢量分布

读者可以采用类似的方式显示其他后处理内容，如温度、流函数等，这里不再赘述。

说明

采用预混燃烧模型无法获取组分分布，由于混合燃料在进入燃烧器之前即在分子水平进行混合，因此可将其当作单组分气体对待。FLUENT求解预混燃烧模型的核心在于求解过程变量。

关于此例，读者可以尝试进行非绝热预混燃烧模型求解。

第四部分

计算后处理及工程应用

第18章 流体计算后处理

利用CFD软件计算得到的数值结果实际上是存储在硬盘中的数据文件，其对应着计算域中每一个计算网格中的物理量。如果用户直接读取这些数据，很难对流场有感官上的认识，而借助后处理工具，则可以以图形图像方式显示数据，给用户以更直接的感觉。后处理工具还可以对计算数据进行深加工，衍生出更加有价值的物理量，直接指导产品设计。

本章主要讲述流体计算后处理及常用的后处理工具所具有的特色及优势。

18.1 流体计算后处理概述

计算后处理是指视觉化计算数据并对计算数据进一步加工处理，从而指导用户进行产品设计的方法或工具。

在后处理过程中可以生成点、切平面、点样本、等值面、表面、边界以及与表面相交形成的体、多段线、表面组、表面偏移或外部数据形成的表面等为位置；位置本身可以表征变量的大小，也可以通过在位置上插入流线、云图、矢量图等方法等表征变量的大小或方向；通过注释功能，可以生成图例和文本标记；通过动画功能绘制关键图形对象的快速动画、帧动画等。

通过量值计算功能对节点数、流量、长度、面积和体积进行估算，基于平均或积分的长度、面积、体积和流量，力和力矩计算，上述所有功能支持表达式、表达式评估，用户定义变量，网格质量分析，可配置的单位定义，数据输出；通过创建数据可以得到变量的个体数据，再导入Excel或Origin等软件对数据进行处理；计算后处理本身也提供了报告输出功能，通过添加用户生成的图表、对象、数据、表格等直接生成后处理的结果报告。

18.2 常用的流体计算后处理工具

目前用于流体计算后处理的专业工具很多，如商用后处理软件Ensight、Tecplot、FieldView等，也有一些开源后处理软件，如ParaView等。

18.3 CFD-POST计算后处理一般流程

采用CFD-POST进行流体计算后处理的一般流程如下。

（1）启动CFD-POST。

（2）加载一个或多个结果文件。

（3）创建表达式或后处理所涉及的宏。

（4）创建用于量化显示的新变量。

（5）检查已存在的位置（线框或面边界），创建任何需要的额外位置。

（6）对于所有的位置，选择可见性、颜色显示方法、渲染以及变换。

（7）创建额外的对象（如线、矢量、云图等）

（8）对于每一个对象，选择可见性、颜色显示方法、渲染以及变换。

（9）使用3D View显示图形对象以及创建动画。

（10）创建表格数据。

（11）创建并显示曲线。

（12）生成或编辑图例以及标签。

（13）若需要的话，保存3D视图中的图形。

（14）显示报告以及修改报告。

（15）输出报告为HTML文件。

（16）保存动画。

第19章 CFD-POST应用

CFD-POST的前身是CFX后处理模块CFX-POST，如今作为ANSYS CFD的后处理模块，不仅可以处理CFX的计算数据，同时可以导入并处理FLUENT计算数据。

19.1 CFD-POST的启动方式

CFD-POST有以下3种启动方式。

（1）直接启动。

（2）从Workbench中以模块方式启动。

（3）直接从计算软件中启动。

19.1.1 直接启动CFD-POST

可以采用如图19-1所示方式直接启动CFD-POST。

图19-1　直接启动ICEM CFD

在开始菜单中【ANSYS 14.5】>【Fluid Dynamics】下找到CFD-POST14.5，单击即可启动CFD-POST。

需要注意的是，只有在ANSYS安装过程中选择了独立CFD-POST才会出现该选项。若没有选择独立安装CFD-POST，用户可以选择单击CFX-14.5。单击CFX14.5运行之后，出现如图19-2所示对话框，用户可以选择CFD-POST 14.5按钮启动CFD-POST。

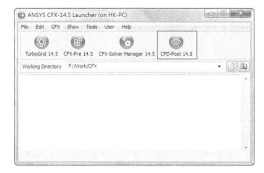

图19-2　直接启动CFD-POST

19.1.2 从Workbench中启动CFD-POST

在Workbench中，CFD-POST是以模块的方式存在的。用户可以直接从组建库中将Results模型拖曳至工程窗口中，即可使用CFD-POST，如图19-3所示。

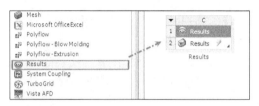

图19-3　Workbench中启动CFD-POST

19.1.3 从计算软件中启动CFD-POST

目前CFX及FLUENT软件中均具有直接启动CFD-POST的命令接口，用户可以在这些求解器计算完毕后，直接进入CFD-POST进行后处理。其中从CFX-solver Manager中启动CFD-POST的位置如图19-4所示。

在FLUENT中，当求解计算停止后，可以通过菜单【File】>【Export to CFD-Post】进入CFD-POST后处理，如图19-5所示。

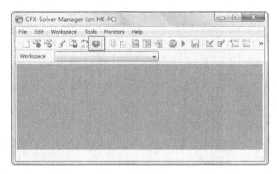

图19-4　从CFX中启动CFD-POST

图19-5　从FLUENT中进入CFD-POST

19.2　CFD-POST软件工作界面

CFD-POST采用Windows风格界面，整体操作界面如图19-6所示，包括以下一些区域。

（1）菜单栏。包含了CFD-POST后处理的绝大部分操作。

（2）工具栏。包括一些常用操作按钮，如文件打开、输出、后处理控制等。

（3）图形显示窗口。显示几何、表格、曲线、报告等。

（4）模型操作树。所有操作均作为节点添加到模型操作树上。

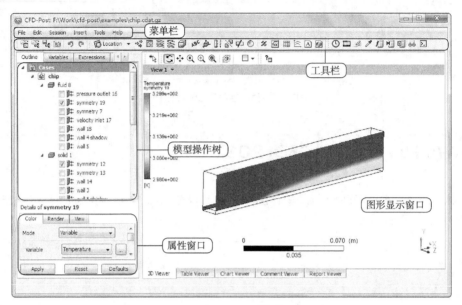

图19-6　CFD-POST操作界面

（5）属性窗口。设置操作项的属性。

19.2.1　CFD-POST的菜单项

CFD-POST的【File】菜单如图19-7所示。

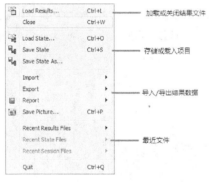

图19-7　File菜单

【Edit】菜单项如图19-8所示。

【Session】菜单项内容如图19-9所示。

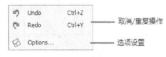

图19-8　Edit菜单

图19-9　Session子菜单

【Insert】菜单项内容如图19-10所示。

【tool】菜单如图19-11所示。

图19-10 Insert菜单   图19-11 Tool菜单

19.2.2 工具栏按钮

CFD-POSTd的工具栏按钮如图19-12所示。

（a）输入、输出功能按钮   （b）后处理功能按钮   （c）其他功能按钮

图19-12 工具栏按钮

1. 输入、输出功能按钮

如图19-12（a）所示，从左至右的按钮依次如下。

Load Result：加载结果文件。选择该按钮后将会弹出结果文件选择对话框，用户可以选择CFD-POST兼容的结果文件。

Load State：加载CST文件，CST文件中保存了用户进行后处理的所有操作。

Save State as：保存CST文件。

Save Picture：将图形显示区域输出为图片。

Undo：撤销操作。

Redo：重复操作。

2. 后处理功能按钮

如图19-12（b）所示，这一部分工具按钮几乎包含了后处理的所有操作，其对应着【Insert】菜单中的菜单项。稍后将对这部分工具按钮进行详细描述。

3. 其他功能按钮

如图19-12（c）所示，该部分工具按钮对应【Tool】菜单中的菜单项。

19.3 CFD-POST后处理功能

19.3.1 创建后处理位置

利用CFD-POST可以创建数据所在的位置。在工具栏按钮Location上单击，弹出创建位置菜单，如图19-13所示。

图19-13　创建位置菜单　　　　　　　图19-14　位置生成属性设置面板中的按钮

在CFD-POST中可创建的位置类型包括点（Point）、点云（Point Cloud）、线（Line）、平面（Plane）、体（Volume）、等值面（Isosurface）、等值切片（Iso Clip）、涡核区域（Vortex Core Region）、旋转面（Surface of Revolution）、多义线（Polyline）、自定义表面（user Surface）、面组（surface group）、旋转机械面（turbo surface）及旋转机械线（turbo line）等。

单击位置创建按钮后，在属性窗口中将会出现与该位置设定相关的参数。每个位置生成属性设置面板中均会包含如图19-14所示的3个按钮，其中Apply表示确认生成位置，Reset表示恢复参数设定为保存设定，Default表示使所有参数设定为默认设定。

1. Point（创建点）

单击Location按钮下的点生成按钮+ Point，即可设置参数在计算域中生成点。

单击该命令按钮后，弹出如图19-15所示对话框，用户可以在该对话框中为所要创建的点命名。单击OK按钮确认后将会弹出如图19-16所示点属性定义按钮。

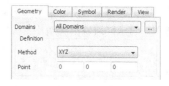

图19-15　设置点的名称　　　　　　　　图19-16　几何定义

在图19-16中，首先设置点所在的计算域，可以通过下拉列表进行选择。然后选择点定义方式，主要有以下几种方式。

（1）XYZ。通过输入点的XYZ坐标轴确定点的位置。

（2）node number。通过节点编号确定点的位置。

（3）variable Minimum及variable maximum。通过变量的最小或最大值指定点的位置。

🌐 **注意**

在利用变量最大或最小值定位点时，需要选择变量的类型，变量类型分为Hybird（混合型）与Conservative（守恒型）两种。混合型变量的值为其真实值，而守恒型数据值为网格节点内的平均值，在壁面位置守恒型变量比混合型变量更准确。该选项默认为混合型。

除了指定点的位置外，用户还可以指定点的颜色、标志以及显示。

单击Color标签页，可以通过设置如图19-17中的Mode类型对点的颜色进行设置。设置点的颜色主要有以下两种方式。

（1）constant。用户可以为点指定颜色，默认为黄色。

（2）variable。以变量值的方式设置点的颜色，如图19-17所示。

利用变量对点的颜色进行设置，首先需要在variable中选择变量，其次需要设置变量的范围类型，包括全局

（Global）、局部（Local）及自定义（user specified）。其中用得较多的是Local与自定义类型。使用自定义类型定义变量范围时，用户可以指定变量的上下限值。

另外还需要选择边界数据类型，若创建的点位于边界上，建议使用Conservative，否则使用默认Hybird类型即可。

可以对颜色范围进行缩放处理，通常可以使用线性（Linear）及对数（Logarithmic）方式。对于变量值分布较为集中的情况下可以使用默认的线性方式，而对于所选变量值分布尺度较宽（如横跨几个数量级）时，可以使用对数方式进行显示。

在Symbol标签页下，用户可以设置点的形状及大小。可选的点形状包括Crosshair、Octahedron、Cube及Ball型。通过设置Symbol Size的数值大小可以控制点的显示大小，如图19-18所示。

图19-17 点的颜色设置

图19-18 设置点的形状

可以在View标签页下进行点的变换操作，包括旋转、平移、镜像、缩放等操作，如图19-19所示。

2. Point Cloud（创建点云）

点云创建属性设置面板如图19-20所示。

图19-19 点变换操作

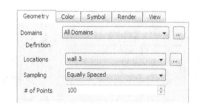

图19-20 创建点云

首先需要选择创建的点云所在的计算域，其次需要选择点云所在的位置，同时选择点云的取样方式。CFD-POST中提供了6种点云生成方式。

（1）Equally Spaced（等空间）。点云在所选的位置均匀分布，选择此种方式只需要设置所生成的点云数量即可。

（2）Rectangular Grid（矩形网格）。按设定间隔、设定比率及角度生成点云。

（3）vertex（顶点）。将点生成在所选位置网格的顶点。

（4）Face Center（面心）。将点生成在所选位置网格面的中心处。

（5）Free Edge（自由边）。将点生成在线段中心的外边缘位置。

（6）Random（随机）。生成随机点。

3. Line（生成线）

利用生成线按钮 ⁄ Line 即可在计算域内生成线。其属性设置窗口如图19-21所示。

CFD-POST中利用两点确定线，用户需要设定两个点的坐标。生成线有两种类型可选择。

（1）Cut。采用该方法生成的线自动延伸到计算域边界上，线上的点在线与网格节点的的交点位置。

（2）Sample。默认选项，用户可以设置线上的取样点数量。一般来说取样点越多越精确，但也更耗费内存。

4. Plane（创建平面）

通过单击Location工具按钮下的 ▣ Plane ，可进行平面创建。

图19-21 创建线   图19-22 平面创建面板

如图19-22所示为平面创建面板。首先设定面所在的计算区域，然后指定面定义方法，主要包括以下几种定义方式。

（1）切平面。包括ZX、ZY、XY三种类型平面。

（2）点与法向。指定一个点的坐标及法向向量确定平面。

（3）三点。指定三个点的坐标确定平面。

确定了面的位置之后，可以对面边界进行修剪，主要包括以下几种方式。

（1）None。不进行限制，则生成的面将会横截整个计算域。

（2）Circle。面边界为圆形。

（3）Rectangular。指定X、Y、Z三方向的尺寸修剪面的横纵长度。

CFD-POST中创建的平面有以下两种类型。

（1）Slice。平面边界由面边界与计算域边界决定。

（2）Sample。平面边界由指定的长度决定。

与创建点与线相比，创建平面可以设置平面的渲染，如图19-23所示。

图19-23 平面渲染

对于一般工程来说，平面渲染选项采用默认值即可。

> 小技巧
>
> 可以在渲染标签页下的Draw Mode选项中选择Draw as Line项来显示边界面上网格，对于计算域内部则显示为网格被切割后的线。

5. Volume（生成体）

CFD-POST中可以生成体，以便在体上显示物理量数据。如图19-24所示为生成体属性设置面板。在该操作面板中，首先选择体生成的区域位置，然后选择体的网格类型，包括四面体（Tet）、金字塔（Pyramid）、棱柱体（Wedge）、六面体（Hex）以及多面体（Polyhedron）。

用户可以定义体的类型，包括以下几种类型。

（1）Sphere：球形体。指定球心坐标及半径。共有3种体定义模式：Intersection（选择此模式，创建的体为球形表面）、BlowIntersection（选择此模式，则创建的体为球形表面以下整体）、AboveIntersection（选择该模式，创建球形表面以上的整体）。

（2）From Surface：由表面形成体。从所选择的平面上节点形成体。

（3）IsoVolume：等值体。以设定的变量值确定体。

（4）Surrounding node：围绕节点。指定节点编号，节点处的网格形成体。

图19-24　生成体

6. Isosurface（生成等值面）

利用等值面可以观察某取值区间的物理量在计算域内的分布。

利用Location工具按钮下的等值面创建按钮 ⊗ Isosurface 可以创建等值面。

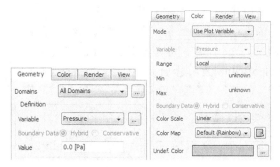

图19-25　创建等值面

如图19-25所示，在创建等值面时，需要先选择Domain，然后选择用于创建等值面的物理量，用户可以选择边界数据类型为Hybird或Conservative，同时指定物理量的值。此时单击AppLy按钮后会以设定的物理量的值绘制等值面。

用户可以指定等值面的颜色，主要有3种模式：Constant、variable及Use Plot Variable。指定物理量的范围为Global、Local及User Specified。

Color Scale设置与其他Location设置含义相同，此处不再赘述。

Colormap设定了颜色所定义的物理量模式，主要有以下几种。

（1）Default（Rainbow）：标准绘图模式，蓝色表示物理量的最小值，红色为最大值。

（2）Rainbow 6：扩展彩虹模式。蓝色为最小值，紫红色为最大值。

（3）GreyScale：黑色为最小值，白色为最大值。

（4）Blue to White：蓝色为最小值，白色为最大值。

（5）White to Blue：白色为最小值，蓝色为最大值。

（6）Zebra：将指定的范围划分为6个部分，每一部分均为黑色向白色过渡，此模式适合描述变化极大的物理量。

（7）FLUENT Rainbow：以Fluent的色条显示。

（8）Transparency：完全透明为最小值，白色为最大值。

7. ISO Clip（等值切片）

利用等值切片功能，用户可以创建以自定义的范围区间所形成的区域。利用Location工具按钮下的工具按钮 ⊗ Iso Clip 可以创建等值切片。

如图19-26所示为等值切片创建窗口，先选择区域，然后选择要在其上创建切片的位置，之后可以通过单击图19-26（a）中的新建按钮，创建切片条件，如图19-26（b）所示。图中创建的条件即为在位置pressure outlet 7上创建Pressure >=0 的切片。

（a）　　　　　　　　　　　　　　　　（b）

图19-26　创建等值切片

> **注意**
>
> （1）Iso clip位置插值使用的方法没有slice plane及isosurface精确。
> （2）Iso clip只能在面上创建切片，无法在体上切片。
> （3）Iso clip不能既存在线也存在面，即其切片要么是线，要么是面。
> （4）当设置Visible when[value]=时，所选择的Location只能是线。
> （5）当设置Visible when[value]为>或<时，所选择的Location只能是面。

8. Vortex Core Region（涡核区域）

通过创建涡核区域，用户可以更加方便地观察及定位涡流区域。在CFD-POST中可以通过以下几种方式插入vortex core region。

（1）在菜单栏中选择菜单【Insert】>【Location】>【Vortex Core Region】。

（2）在工具栏中，选择Location > Vortex Core Region。

（3）在模型操作树User Location and Plots上右击，选择上下文菜单【Insert】>【Location】>【Vortex Core Region】。

涡核区域创建属性面板如图19-27所示。

在创建涡核区域面板中，先要选择Domain，即所要创建的涡核所在区域。

其次要选择涡核定义方法，CFD-POST提供的涡核定义方法见表19-1。

图19-27　涡核区域

表19-1　涡核定义方法

方法名称	方法描述
Absolute Helicity	速度向量与涡向量的点积绝对值
Eigen Helicity	涡向量与旋转平面法向量的点积
Lambda 2-Criterion	The negative values of the second eigenvalue of the symmetry square of velocity gradient tensor. Derived through the hessian of pressure
Q-Criterion	The second invariant of the velocity gradient tensor. For a region with positive values, it could include regions with negative discriminants and exclude region with positive discriminants
Real Eigen Helicity	Dot product of vorticity and swirling vector that is the real eigen-vector of velocity gradient tensor
Swirling Discriminant	The discriminant of velocity gradient tensor for complex eigenvalues. The positive values indicate existence of swirling local flow pattern
Swirling Strength	The imaginary part of complex eigenvalues of velocity gradient tensor. It is positive if and only if the discriminant is positive and its value represents the strength of swirling motion around local centers
Vorticity	Curl of velocity vector

注意

通常最合适的涡核计算方法与所计算的问题值相关，因此没有最推荐的涡核计算方法，只有最合适的涡核计算方法。

Level：控制所要选择的涡核强度。

9. Surface of Revolution（旋转面）

通过多义线旋转可以生成旋转面。

在CFD-POST中可以通过以下几种方式插入旋转面。

（1）在菜单栏中选择菜单【Insert】>【Location】>【Surface of Revolution】。

（2）在工具栏中，选择Location >Surface of Revolution。

（3）在模型操作树User Location and Plots上右击，选择上下文菜单【Insert】>【Location】>【Surface of Revolution】。

如图19-28所示为旋转面生成设置面板。首先需要设置旋转面所在区域，然后需要指定旋转面的定义方式，主要有以下几种定义方法。

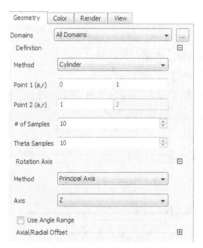

图19-28　旋转面

（1）Cylinder：生成圆柱面。Point 1设置底面位置及半径，Point 2用于设置圆柱面的高度。#sample设置圆柱面上取样点的个数，theta Sample设置形成圆柱面轮廓数量，该数值越大，圆柱面越光滑。

（2）Cone：生成圆锥面。第一个点设置底面位置及半径，第二个点设置顶面位置及顶面半径，其他参数与Cylinder相同。

（3）Disc：生成圆盘面。第一个点设置圆盘位置及外径大小，第二个点设置内径大小。

（4）Sphere：生成球面。设置球心位置及半径大小。

（5）From Line：利用已定义的Line绕轴旋转生成面。

用户可以设置Rotation Axis，默认旋转轴为z轴，用户可以将旋转轴设置为x轴或y轴，也可以利用两点坐标自定义旋转轴。

激活Use Angle Range可以设定旋转角度，默认值为-180°~180°。

可以通过Axial/Radial Offset选项设置轴向或径向的偏移量。

10. Polyline（多义线）

在后处理过程中，有时需要查看沿某一特定路径上的物理量分布，此时就需要利用多义线。在CFD-POST中可以很方便地定义多义线。可以利用以下几种方式定义：

（1）在菜单栏中选择菜单【Insert】>【Location】>【Polyline】。

（2）在工具栏中，选择Location > Polyline。

（3）在模型操作树User Location and Plots上右击，选择上下文菜单【Insert】>【Location】>【Polyline】。

多义线定义面板如图19-29所示。用户首先需要指定多义线所在的区域，然后指定多义线定义方法，主要有以下3种定义方式。

（1）From File：从文件定义。可以导入包含有定义多义线的点数据信息的文件。

（2）Boundary Intersection：利用边界交线作为多义线。

（3）From Contour：以选定的云图边界作为多义线。

11. User Surface（自定义表面）

在CFD-POST中，用户可以自定义表面以显示感兴趣区域的数据信息。如图19-30所示为自定义表面的设置面板。

图19-29　多义线定义

图19-30　自定义表面

可以利用以下几种方式定义表面。

（1）From File：从文件导入包含面信息的数据。文件格式为CSV。

（2）Boundary Intersection：利用边界相交形成面。

（3）From Contour：首先生成云图，通过设定不同的云图等级生成不同的面。

（4）Transformed Surface：通过变换已有的面生成新的面。

（5）Offset From Surface：偏移已有表面，形成新的表面。偏移类型包括沿法向（Normla）与平移（Translational）两种。当选择沿法向时，所选择的面将沿着法向偏移指定距离，当选择平移类型时，可以指定平移方向。

12. Surface Group（面组）

面组指的是一组面的集合。设置面板如图19-31所示。

先选择面所在的区域，然后按下CTRL键，选择多个面形成面组。

图19-31　生成面组

19.3.2 生成后处理对象

除了生成位置外，CFD-POST还可以生成流体后处理常用的对象，如矢量（Vector）、云图（Contour）、流线（Streamline）、粒子轨迹（Particle Track）、体渲染（Volume Rendering）、文本（Text）、坐标系（Coordinate Frame）、图例（Lengend）、实例转换（Instance Transform）、面切片（Clip Surface）、颜色图（Color map）等，如图19-32所示。

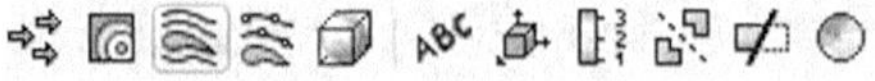

图19-32　对象创建按钮

1. Vector（矢量）

矢量是后处理中经常使用的对象，用于描述物理量在空间上大小与方向的分布。通过单击对象创建按钮中矢量命令按钮可以创建矢量。

图19-33为矢量创建设置面板。在创建矢量时，需要在Domain下拉框中选择矢量创建的区域，然后在Location下拉框中选择所在的位置。其位置类型可以是点、线、面、体等。

Sampling：该选项设定矢量在位置上的分布方式。其选项含义与点云相同。

Reduction：在矢量数量过多时，可以使用此参数较少矢量的显示数量，可以使用Reduction Factor（缩减因子）与Max Number of（最大点数量）。当使用缩减因子进行控制时，设置的值越大，则矢量显示的数量越少。当利用最大点数量时，可以指定显示的最大矢量点数量。

Variable：指定显示的变量，只有矢量才可以被选择。

Projection：设定矢量的投影方式。有几种方式可供选择：None（无投影，矢量方向为其本身方向）、Normal（矢量显示为与面垂直的方向分量）、Tangential（矢量显示为与面平行的方向分量）。

颜色标签页下的设置内容与Location中的变量定义相同，这里不再赘述。

可以在Symbol标签页下设置矢量的外观。Symbol标签页下的内容如图19-34所示。

图19-33　矢量创建设置面板

图19-34　设置矢量外观

可以通过选择Symbol下拉框中的内容设置矢量的外观，可以选择的类型包括line arrow（线性箭头）、arrow 2D（二维箭头）、arrow 3D（三维箭头）、arrowhead（箭尖符号）、arrowhead 3D（三维箭尖）、Fish 3D（三维鱼形）、Ball（球形）、crosshair（十字架形）、Octahedron（八面体形）、cube（立方体形）。

可以通过设置symbol size参数大小调整矢量显示的大小。

2. Contour（云图）

云图由某一变量的一系列等值线混合而成。在计算后处理过程中，云图是一种非常重要的数据呈现形式。

单击工具栏按钮◙可以创建云图。云图设置面板如图19-35所示。

图19-35　云图生成面板

图19-36　设置云图位置

在设置生成云图面板上，首先在Domain项下拉列表中选择所要生成的云图所在的区域，然后在Location下拉列表中选择云图生成位置，如图19-36所示。

在variable项中选择云图所需要显示的变量，并在Range项中选择变量的范围，可以选择为局部（local）、全局（Global）、用户指定（user specified）以及值列表（value list），如图19-37所示。

通过设置of Contours参数指定云图显示的级数，该值越大，显示的云图越精细。若激活了Clip to Range选项，则不显示用户指定范围外的值，如图19-38所示。

同时还可以通过设置Color Scale项设置云图的显示类型。

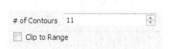

图19-37　云图变量设置　　　　　　　　　　　图19-38　云图level设置

通过设置of Contours参数指定云图显示的级数，该值越大，显示的云图越精细。若激活了Clip to Range选项，则不显示用户指定范围外的值。

在云图设置的label标签页中可以设置在云图中生成标志文字。文字对应着图例中的level编号，设置项如图19-39所示，云图实例如图19-40所示。

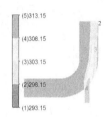

图19-39　设置label　　　　　　　　　　　　　图19-40　云图实例

> **提示**
>
> 在cfd-post中使用label并不能生成真正的等值线，要想生成真正的等值线图，只能借助更专业的CFD后处理工具。

3. Streamline（流线）

流线主要用于显示流动轨迹，在稳态计算中，流线与迹线重合。通过单击工具栏上的流线创建按钮 即可打开如图19-41所示的流线设置面板。

CFD-POST中的流线主要有两种类型：3D Streamline（3D流线）与Surface Streamline（面流线），如图19-42所示。三维流线允许在计算域内创建流线，在创建此类流线时，需要选择流线所在的域及流线的起始位置；面流线允许在面上创建流线，选择此类流线，需要选择流线所在的面。

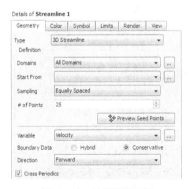

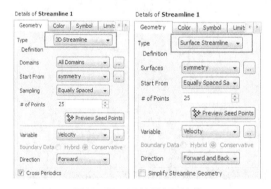

图19-41　流线设置面板　　　　　　　　　　　图19-42　3D流线与面流线

选择3D流线时，先要指定流线所在的区域，然后在start from项中选择流线的起始位置。而选择面流线时，则只需选择流线所在的面即可。

Variable：指定流线显示的物理量，通常都选择速度作为流线物理量。

Direction：流线流动方向。Forward表示向前，流线方向与矢量方向相同；Backward表示向后，流线方向与矢量方向相反；或者使用forward and backward，此时流线会根据矢量方向自动指定流线方向。

利用symbol标签页可以设置流线样式，如图19-43所示。在此标签页下可以设置最小、最大时间以及时间间隔，同时可以设置symbol的样式。

利用limit标签页可以对流线进行一些限制，在该标签页中用户可以更改公差、分段数、最大时间及最大周期，如图19-44所示。

图19-43　流线样式

图19-44　流线限制

Step tolerance：该参数决定了流线的准确性。参数值越小，准确性越高，但是需要消耗更多的计算资源。公差模式包括网格相关（grid relative）与绝对值（absolute）。当选择网格相关时，公差与网格尺寸相关，尺寸越小，公差越小。当选择绝对值时，所设定的参数值即为公差。

Max segments：最大线段数用于确保流线能充满整个计算域。若存在流线断开的情况，则需要增大此参数值。

Max time：绘制流线的全部时间。通常采用默认值。

Max periods：指一条流线离开一个周期进入下一个周期所用的最大次数。

4. Particle Track（粒子轨迹）

对于模型中涉及的离散相问题，CFD-POST提供了专门的粒子轨迹生成工具。通过工具栏按钮 可以进入粒子轨迹绘制设置面板。如图19-45所示为粒子轨迹设置面板。

Method：指定粒子轨迹数据文件。通常是计算结果文件。扩展名为trk。

Reduction type：粒子缩减类型。与矢量创建相同。

Max tracks：设置粒子轨迹的最大值。

Limit option：限定粒子跟踪线开始的时间。设定方法主要包括：up to current timestep（从当前时间步开始绘制）、since last timestep（从当前时间步的前一个时间步开始绘制）、user specified（自定义粒子线开始时间和截止时间）。

Filter：对粒子显示进行过滤。

5. Volume Rendering（体积渲染）

可以创建体积渲染，以某一变量对体进行渲染。通过单击工具栏按钮 创建体积渲染，如图19-46所示。

图19-45　粒子轨迹设置

图19-46　体积渲染设置

在该设置面板中，用户需要先在Domain选择项中选择要进行渲染的区域，然后在variable项下拉框中选择进行渲染的变量，设定Range类型。变量值作为透明度显示，即变量值越小，透明度越高。

6. Text（文本）

用户可以在图形显示窗口中插入文本。通过工具栏按钮 即可设置创建文本。

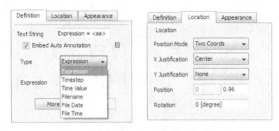 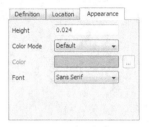

图19-47　Text设置面板　　　　　　　图19-48　Text设置面板

图19-47、图19-48为Text设置面板。

Text string：输入的字符串，将会被显示到图形窗口的标题位置。

Embed auto annotation：嵌入自动注释，可以选择需要添加的注释。

Type：注释内容，CFD-POST提供了以下几种注释类型。

①Expression，表达式，用户定义的表达式可以在此处添加，在标题位置会显示为表达式的值。

②Timestep，时间步长。

③Time value，在标题处显示时间值。

④Filename，在标题处显示文件名。

⑤File date，在标题处显示文件创建的日期。

⑥File Time在标题处显示文件创建的时间。

More：单击该按钮添加更多的注释内容。

使用Location标签页可以设定文本放置的位置。

使用Appearance标签页可以设置文本高度、颜色以及字体等。

7. Coordinate Frame（坐标系）

可以在CFD-POST中新建直角坐标系。利用工具栏按钮 可以打开坐标系创建面板，如图19-49所示。

目前只能创建笛卡尔坐标系，通过指定原点坐标、Z轴上的点以及XZ平面上的点来确定坐标系。Symbol size用于设定显示的坐标系大小。

8. Legend（图例）

用户可以自定义图例外观。利用工具栏按钮 进行图例定义。图例定义设置面板如图19-50所示。

图19-49　创建坐标系　　　　　　　　图19-50　图例定义

图例定义中包括两个标签页，Definition用于定义图例的位置，Appearance用于定义图例的外观。

在Definition标签页中，Plot用于选择图例所附加的位置。Title mode定义图例的模式，如显示变量及位置、只显示变量等。Show lengend unit用于设置是否显示单位。Vertical与Horizontal用于设置lengend的放置方式。Location用于设置图例的放置位置。

在Appearance标签页中，size parameters设置图例的大小，text parameters用于设置图例上文本类型，可以选择用科学计数法或是浮点数，value ticks设置图例上数字的个数，默认值为5个。Font用于设置图例中文本的字体，text rotation用于设置文本旋转角度，text height设置文本的高度。

9. Instance Transform（场景变换）

场景变换可以对对象实行旋转、移动、镜像等操作，适用于在前处理中使用了对称面、周期面或旋转对称面的情况下，如图19-51所示。

10. Clip Plane（平面切片）

利用工具栏按钮◪可以创建平面切片，如图19-52所示。利用平面切片可以隐藏图形显示区的部分内容，隐藏的部分可以是生成面前面部分，也可以是生成面后面部分。通过翻转状态选项（Flip Normal）可以调整隐藏的区域。平面切片可以通过坐标轴的方式生成，也可以通过设定面上点与法线方式生成，还可以通过三点创建平面。

图19-51 场景变换

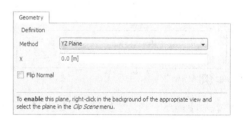

图19-52 修剪平面创建

在平面切片生成之后，默认情况下并不能隐藏几何体任何部分，需通过打开修建面的方法使平面切片生效。其方法为：在图形显示区域空白位置右击，在上下文菜单中选择生成的平面切片。

11. Color Map（颜色映射）

利用工具栏按钮◉可以创建颜色映射，如图19-53所示。

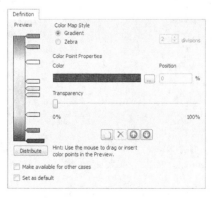

图19-53 颜色映射设置

19.3.3 数据操作

CFD-POST提供了一系列数据操作工具，能够对数值计算数据进行再加工处理。其数据操作工具主要包括变量定义、表达式、表格、曲线等。

1. Variable（定义变量）

利用工具栏按钮 ✗ 可以生成变量。单击该工具按钮，弹出如图19-54所示的变量命名对话框，在该对话框中可以给即将创建的变量命名。

Method：选择变量定义的方法，可以通过3种方式定义变量：Expression、Frozen Copy以及Gradient。

可以选择变量的类型是scalar还是vector。

若选择通过表达式创建变量，则需要在Expression项中选择所创建的表达式。

除了利用上述方式创建变量之外，用户还可以在模型树窗口中的variables标签页中右击，选择New菜单新建变量，如图19-55所示。

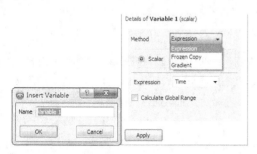

图19-54　定义变量

图19-55　创建变量

2. Expression（表达式）

表达式用于描述一些衍生变量。创建方式与变量类似。可以通过工具栏按钮 ⚏ 新建表达式，也可以在模型树的Expression标签页下右击。新建表达式，如图19-56所示。

单击new菜单之后，输入表达式名称，即出现如图19-57所示的表达式定义面板。用户可以在该面板中右击，在弹出的菜单中选择变量，也可以直接输入变量名称。表达式语法定义将在第3章中进行讲述。

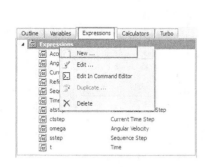

图19-56　新建表达式

图19-57　定义表达式

表达式定义界面包括以下3个标签页。

（1）Difinition。通过此标签页生成新的表达式或修改原表达式。

（2）Plot。绘制表达式的变化曲线。

（3）Evaluate。计算表达式在某个数据点上的值。

表达式的创建方式主要包括以下几种。

（1）Function。选用CFD-POST提供的函数或自定义函数编写表达式。

（2）Expression。通过已有的表达式形成新的表达式。

（3）variables。利用变量构建表达式。

（4）location。以位置作为表达式的内容。

（5）constants。设置表达式中的常量。

3. Table（表格）

在CFD-POST可以创建表格，将表达式或变量的值显示在表格中。在工具栏按钮上单击表格创建按钮 ▦ 即可进行表格的创建，如图19-58所示。

图19-58　创建表格

首先在表格中选择需要放置数据的单元格，然后在表头文本框中利用鼠标右键选择函数及变量，定义完毕后回车即将函数值放置在选择单元格中。如图19-58所示，即将pressure outlet 7的质量流量值放置在A1单元格中，其值为-1.919kg/s，此处负值表示流出。

4. Chart（图表）

Chart在后处理中应用较多，主要用于将多义线或直线上的变量间的关系绘制成曲线，或将某一变量与时间的关系绘制成曲线。利用工具栏按钮 ⬕ 可定义图表。

如图19-59所示，图表定义窗口中包括以下6个标签页。

（1）General。用于定义图表类型及标题。

（2）Data series。定义显示图表的数据系列。

（3）X Axis。定义X轴属性及外观。

（4）Y Axis。定义Y轴属性及外观。

（5）Line Display。定义线条外观。

（6）Chart Display。定义图表外观。

图19-59所示为General设置面板，其中面板中有以下选项。

Type：设置曲线类型，包括XY、XY-Transient or Sequence以及Histogram类型。其中XY为常规曲线图，需要选择X与Y坐标变量。XY-Transient or Sequence为瞬态曲线图，X轴坐标为时间变量。Histogram为直方图，常用于DPM模型中的粒径分布统计。

Display Title：激活此项则在图表上显示标题，用户可以在Title文本框中输入标题内容。

Report：定义报告中图表标题，在Caption文本框中进行定义。

Fast Fourier Transform：是否进行快速傅里叶变换，在气动声学后处理时可能会用到。

图19-59　定义图表

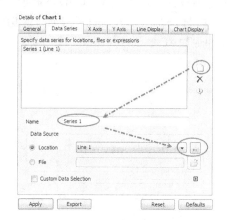

图19-60　数据系列设置

选择了曲线类型之后，即可定义data series，打开data series标签页，如图19-60所示。首先新建一个数据系列，然后为在Name文本框中定义数据系列的名称，同时在Location中选择位置，或者利用File导入位置。

 说明 --

> 要定义多个数据系列，可以使用Custom Data Selection。

坐标轴设置如图19-61所示，最主要设置的部分包括以下内容。

（1）选择坐标轴变量。在variable下拉列表中选择该坐标轴所表征的物理量。

（2）设置坐标轴上数据范围。在Axis Range中设置坐标轴的最大最小值，或者使用变量值自动确定。

（3）可以设置坐标轴上的数据形式，如科学计数法、浮点数等。

Y Axis标签页下设置与X Axis标签页相同。

Line Display标签页下主要进行线型设置，如图19-62所示。在该设置面板中，可以对不同的数据系列设置不同的线型。

Line Style：设置线型。默认为程序自动选择，用户可以为不同的数据序列指定线型，可以是None、Solid（实线）、Dash（虚线）、Dot（点线）、Dash Dot、Dash dot dot以及Automatic等。

除了可以设置线型外，通过设置symbols选项可以设置线上的标记类型，可以选择的标记点类型包括：None（无标记）、Ellipse（椭圆）、Rectangle（矩形）、Diamond（方块）、Triangle（三角形）、Cross（叉叉）、X Cross（X叉叉）、Horizontal Line（水平线）、Vertical Line（竖直线）、Star 1（星形）、Star 2（星形）、Hexagon（六边形）等。设置了symbol样式后，还可以设置颜色。

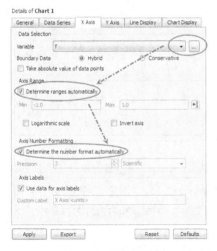

图19-61　设置坐标轴

图19-62　线显示选项

Chart Display标签页下可以设置图表的外观，如字体、字号设置，图表所处的位置等。

单击Apply按钮可以生成图表，单击Export可以导出数据，然后可以利用第三方软件对导出的数据进行处理。

通过菜单【File】>【Save Picture…】可以输出图表，如图19-63所示。

生成的图形曲线如图19-64所示。

图19-63　输出曲线

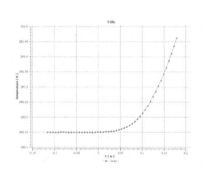

图19-64　图形曲线

19.3.4 其他工具

CFD-POST提供了一些工具方便进行后处理操作，这些工具位于菜单Tool下，或位于工具栏上，如图19-65所示。

图19-65 其他工具

这些工具包括以下内容。

Timestep Selector：时间步选择器。用于瞬态结果选择时间步。

Animation：动画创建。主要用于创建动画文件。

Quick Editor：快速编辑器。用于对对象的快速操作。

Probe：传感器。利用鼠标获取某一位置的物理量的值。

Function Calculator：函数计算器。计算函数的值。

Macro Calculator：宏计算器。利用CFD-POST集成的宏计算一些衍生物理量的值。

Mesh Calculator：网格计算器。查看网格数据信息。

Compare Cases：案例比较。当导入多个案例数据时，可以进行比较。

Command Editor：CCL编辑器。

这些工具的具体操作可以查看CFD-POST用户文档，本处不进行详述。

19.4 【实例19-1】CFD-POST基本操作

本例通过一个简单的后处理案例描述CFD-POST的基本操作及常用的后处理操作流程。

Step 1：导入结果数据文件

启动CFD-POST，选择菜单【File】>【Load Results…】，打开结果文件选择对话框。如图19-66所示，选择本例文件elbow1.cas，单击Open按钮导入结果文件。

Step 2：观察图形显示窗口

结果数据文件导入完成后，图形显示窗口如图19-67所示。

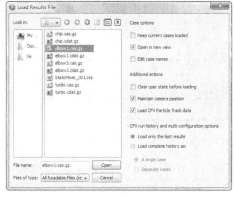

图19-66 选择结果文件

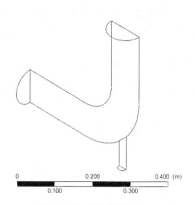

图19-67 图形显示窗口

图形窗口中的鼠标操作如下。

拖动鼠标左键：视图旋转。

滚动鼠标中键：缩放视图。

拖动鼠标右键：局部缩放。

鼠标右键单击：弹出上下文菜单。

Ctrl+鼠标左键：拖动平移视图。

Shift+鼠标中键：拖动缩放视图。

除了可以使用快捷方式操作外，点选图形显示窗口上的工具按钮也可以进行视图操作，如图19-68所示。

图19-68　视图操作按钮

从左至右依次为：对象选择按钮、旋转视图、平移视图、缩放视图、局部缩放视图、全屏显示视图。

Step 3：显示对称面速度云图

本例为对称几何，可以观察对称面上的云图分布。主要包括速度、压力以及温度分布。单击选择工具栏菜单上云图创建按钮▦，在弹出的云图命名对话框中输入速度云图名称velocity，如图19-69所示。

如图19-70所示为云图设置面板，此处设置Domain为默认的all Domains，设置Location为symmetry，设置variable为velocity，设置Range为Local，保持云图级数为默认值11。

🌑 小技巧 ‑‑‑
　　　若觉得云图不够精细，可增加#of Contours参数值。

单击OK按钮进入云图属性设置。

图19-69　命名云图

图19-70　云图设置

如图19-70所示为云图设置面板，此处设置Domain为默认的all Domains，设置Location为symmetry，设置Variable为Velocity，设置Range为Local，保持云图级数为默认值11。

🌑 小技巧 ‑‑‑
　　　若觉得云图不够精细，可增加#of Contours参数值。

云图显示结果如图19-71所示。对于图中的云图显示，可以修改图例中的数字显示。

Step 4：修改lengend

双击模型树节点Default Lengend View 1，图例设置面板如图19-72所示。这里设置title mode为user specified，设置title为速度，设置图例放置方式为vertical竖直放置。在appearance标签页中设置文本类型为Fixed，设置精度为3位有效数字。

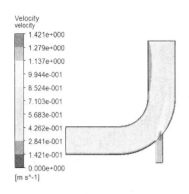

图19-71 云图显示

图19-72 legend设置

经过调整后的云图如图19-73所示。

Step 5：查看温度及压力云图

按与Step 3相同的步骤创建温度及压力云图，所有操作步骤基本相同，所不同的地方在于图19-70中的variable选择Temperature与pressure。所生成的温度及压力云图如图19-74所示。

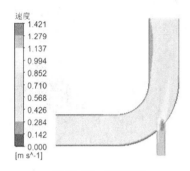

图19-73 云图显示

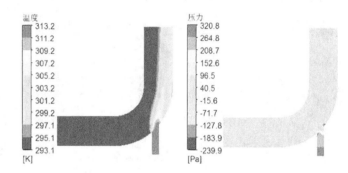

图19-74 温度与压力分布

Step 6：观察边界面温度分布

可以查看任意边界面上的物理量分布，这里以温度为例。

双击模型树上wall节点，如图19-75（a）所示。

（a）

（b）

图19-75 显示壁面数据

在颜色设置标签页中设置Mode为variable，设置variable为Temperature，设置Range为Local，单击Apply显示wall上温度分布，如图19-76所示。

Step 7：生成面与面组

分别生成y=0m、0.05m、0.1m、0.15m的平面。创建命名为y0的Plane，如图19-77（a）所示。选择method为ZX Plane，设置Y值为0m，单击apply创建平面。同样的方法创建其他4个面y005，y01，y015。

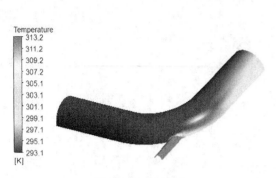

图19-76 温度分布

图19-77 创建面与面组

创建surface group，以默认名称命名。在location选项中利用Ctrl键选择所创建的4个plane。同时设置其color标签页，如图19-78所示。

在模型树中取消4个平面（y0、y005、y01、y015）前方的复选框，不显示这四个平面，如图19-79所示。同时调整wall边界显示透明度为0.75（双击wall边界，在设置面板中的Render标签页，设置Transparency参数值为0.75）。

最终形成的图形如图19-80所示。

图19-78 面组颜色设置

图19-79 取消平面显示

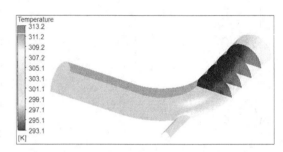

图19-80 面组显示

Step 8：显示对称面矢量

选择对称轴上矢量创建按钮，矢量名称采用默认设置。

如图19-81所示，对于Geometry标签页下，选择Location为symmetry，选择variable为velocity；设置Symbol标签页下symbol size为4。

图形显示窗口中矢量图如图19-82所示。由于矢量以速度为变量，因此矢量长度表示速度大小，矢量的方向为速度方向。

图19-81矢量设置

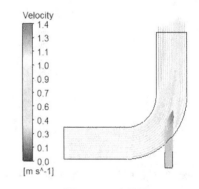

图19-82 矢量图

Step 9：创建流线

利用工具栏流线创建按钮，以默认名称创建流线。如图19-83所示，设置type为3D Streamline，设置流线起始位置velocity inlet 5、velocity inlet 6，设置Variable为Velocity。在Color标签页中，设置变量Range为Local。

单击Apply按钮创建3D流线，如图19-84所示。

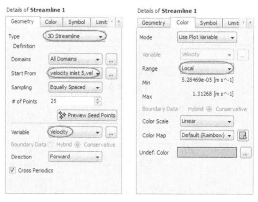

图19-83　创建流线

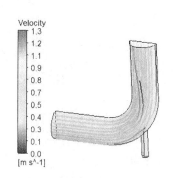

图19-84　流线图

Step 10：显示涡核及场景变换

利用菜单【insert】>【Location】>【votex Core Region】进行涡核区域创建。在弹出的命名对话框中采用默认名称设置，如图19-85所示。

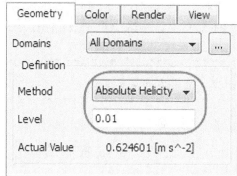

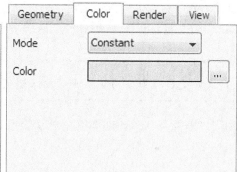

图19-85　涡核创建

在Geometry标签页中选择涡核定义方法Method为Absolute Helicity，设置Level为0.01。在Color标签页下设置Mode为Constant，选择Color为绿色，如图19-85所示。

以透明度0.75显示wall，形成的涡核如图19-86所示。

利用Instant Transformed对几何进行镜像操作。双击模型操作树节点Default Transform，在属性设置面板中激活Apply Reflection，设置Method为XY Plane，设置Z值为0m，如图19-87所示。

图19-86　涡核显示

图19-87　场景变换

单击Apply按钮后，涡核显示如图19-88所示。

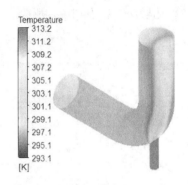

图19-88　涡核显示　　　　　　　　　　　　图19-89　体渲染

Step 11：体渲染

利用菜单【Insert】>【Volume Rendering】插入体渲染，在弹出的设置面板中，设置variable为Temperature，设置Range为Local，其他参数采用默认设置。生成的图形如图19-89所示。

Step 12：创建表达式及变量

创建表达式及变量dynamicHead，其函数表达式为

$$dynamicHead = \frac{\rho v^2}{2}$$

如图19-90所示，在Expressions标签页下的Expression节点上右击，选择New菜单，在弹出的命名对话框中输入表达式名称DynamicHead，在下方的表达式定义窗口中输入Density*Velocity^2/2，可以直接输入也可以利用右键菜单选择变量。

小技巧

在表达式定义过程中，为防止变量输入错误，建议使用右键菜单选择。

变量定义如图19-91所示，在variable标签页下任意节点上右击，选择New。

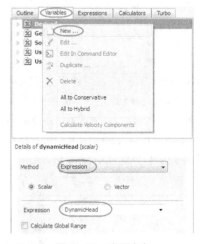

图19-90　表达式定义　　　　　　　　　　　图19-91　变量定义

在弹出的变量命名对话框中输入变量名称dynamicHead。在下方的设置面板中选择Method为Expression，选择Expression为前面创建的表达式DynamicHead。单击Apply按钮完成变量的定义。

定义YZ平面，显示变量dynamicHead，与前面定义方式相同，这里不再赘述。

Step 13：显示粒子轨迹

导入FLUENT计算的粒子轨迹。利用菜单【File】>【Import】>【Import FLUENT Particle Track File…】，如图19-92所示，在弹出的文件选择对话框中选择FLUENT输出的粒子文件elbow_tracks.xml。

文件导入后的图形如图19-93所示。

图19-92 导入粒子文件

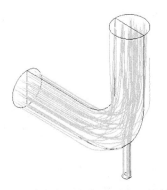

图19-93 显示粒子轨迹

可以对不同入射口喷入的粒子以不同的颜色进行显示。双击模型操作树节点FLUENT PT for Anthracite，在Geometry标签页下选择Injections为injection-0与injection-1，在Color标签页下选择Mode为Variable，选择variable为Anthracity. Injection，设置Range为Local，如图19-94所示。粒子显示如图19-95所示。

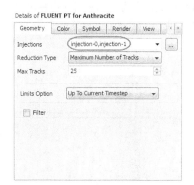

图19-94 粒子设置

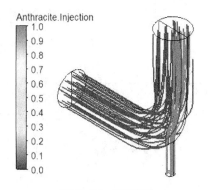

图19-95 粒子显示

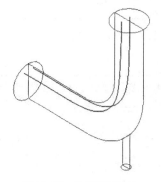

图19-96 54号粒子轨迹

可以绘制某一粒子在整个时间上的速度分布。首先需要设置过滤，在模型操作树上双击FLUENT PT for Anthracite节点，在Geometry标签页下激活Filter，同时勾选Track选项，设置捕捉粒子编号为54。单击Apply按钮，此时图形显示如图19-96所示。

利用菜单【Insert】>【Chart】插入一个Chart，取名为Particle54，单击OK按钮确定，此时自动打开chart view。在title中输入particle Time vs. particle velocity，在data series中选择series 1，设置location为FLUENT PT for Anthracite，在X Axis标签页中设置variable为Anthracite. Particle time，设置Y Axis标签页中variable为Anthracite.particle Y Velocity，单击Apply按钮生成曲线，如图19-97所示。

将Y Axis变量设置为pressure，则可观察压力随粒子时间的变化曲线，如图19-98所示。

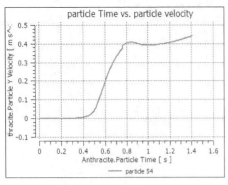

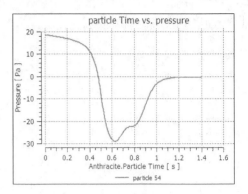

图19-97　粒子速度随时间变化曲线　　　　　　　　图19-98　压力随粒子时间变化曲线

可以利用函数计算器计算粒子轨迹上的压力平均长度。利用菜单【Tool】>【Function Calculator】激活函数计算器，在设置面板中设置Function为lengthAve，设置Location为FLUENT PT for Anthracite，设置variable为Pressure，激活Show equivalent expression，单击calculate即可计算出函数值，如图19-99所示。

Step 14：保存后处理文件

可以将所有操作保存为CST后缀的文件，在下次直接加载该文件即可自动完成所有后处理操作。利用菜单【File】>【save state】或【File】>【Save State As…】可以保存后处理文件，如图19-100所示。本例保存后处理文件为elbow1.cst，在后续的例子中还会用到。

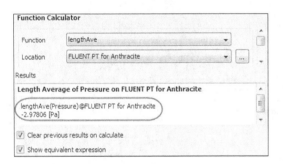

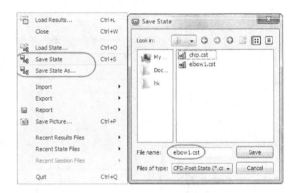

图19-99　计算函数值　　　　　　　　　　　　　图19-100　保存后处理文件

19.5 【实例19-2】定量后处理

后处理过程中经常用到量化工具，本例描述如何使用量化工具以呈现后处理数据。

1. 导入数据文件

启动CFD-POST，选择菜单【File】>【Load Result】，在弹出的文件选择对话框中选择结果数据文件chip.cas.gz。

可以将图形显示背景设置为白色，单击菜单【Edit】>【Option】，弹出Optios对话框，选择节点CFD-Post>Viewer，在右侧的Background项中设置Mode为Color，设置Color Type为Solid，在Color中选择颜色为白色，单击Apply或OK按钮即可将背景设置为白色，如图19-101所示。

2. 显示网格

CFD-POST有以下两种显示网格的方式，分别为选择模式与显示模式，如图19-102所示。

（1）显示整体网格。单击选择图形显示窗口上的选择模式按钮，如图19-103所示。

选择此菜单后显示的网格如图19-104所示。

图19-101 设置背景颜色

图19-102 选择模式与显示模式

图19-103 显示网格

图19-104 显示网格

（2）显示部分区域网格。例如要显示边界面wall 4 shadow上的网格，可以双击模型操作树节点wall 4 shadow，在弹出的设置面板中选择Render标签页，勾选激活Show Mesh Lines，单击Apply按钮。部分区域网格显示如图19-105所示。

利用工具栏上的网格计算器■可以计算网格信息。

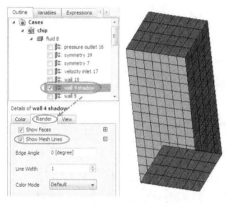

图19-105 显示部分区域网格

图19-106 网格计算器

在Function项中选择相应的计算函数，单击Calculate按钮即可将计算结果显示在文本框中，如图19-106所示。

3. Function Calculator（函数计算器）

利用函数计算器可以计算某一位置指定物理量的值。单击工具栏上的函数计算器按钮■进入设置面板，如要计算出口pressure outlet 16的质量流量，则可以在function中选择函数massflow，选择location为pressure outlet 16，单击按钮Calculate，函数值将会出现在Result文本框中，如图19-107所示。

4. 创建直线

利用菜单【Insert】>【Location】>【Line】，在弹出的命名对话框中输入线条名称topcenterline，单击OK按钮确认。

在Geometry标签页中设置Method为Two Points，设置point 1坐标为0.0508,0.01,0，设置Point 2坐标为0.06985,0.01,0，如图19-108所示。

图19-107 函数计算器

图19-108 创建线

5. 创建图表

选择菜单【Insert】>【Chart】插入图表，在弹出的图表名称对话框中输入Chip TopTemperature，单击OK按钮确认操作。

在图表操作设置面板General标签页中，设置Title为temperature along top of the chip，设置Caption为Graph of the temperature along the top of the chip。

在Data Series标签页中，设置Location为前面创建的线Topcenterline。

在X Axis标签页中，设置variable为chart count

在Y Axis标签页中，设置variable为temperature

在line display标签页中，高亮选择Chip TopTemperature，设置symbols为Rectangle。设置Symbol color为深绿色。

单击菜单【File】>【save picture】设置图片存储路径及图片大小，输出的图形如图19-109所示。

6. 创建第二条直线

利用菜单【Insert】>【Location】>【Line】，在弹出的命名对话框中输入线条名称bottomsideline，单击OK按钮确认。

在Geometry标签页中设置Method为Two Points，设置point 1坐标为0.0508,0.0027,0，设置Point 2坐标为0.06985,0.0027,0。

7. 创建图表

双击模型操作树节点Chip Temperature，在模型设置标签页中更改Title为Temperature Differences on the Chip，同时修改Caption为Graph of the Temperature Along the Top and Bottom of the Chip。

在Data Series标签页中，单击new按钮新建数据序列，设置新建的数据序列名称为Board-level Temperature，选择Location为bottomsideline。

在Line Display标签页中，选择Board-level Temperature，设置Symbols为Diamond。

单击Apply按钮确认操作，生成的图形如图19-110所示。

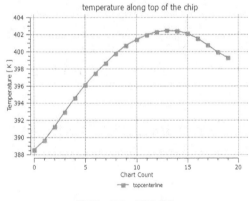

图19-109　温度分布

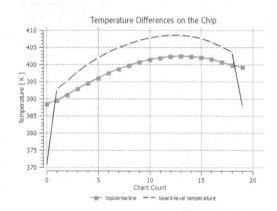

图19-110　不同位置温度比较

8. 创建平面

新建3个Plane，名称采用默认plane 1、plane 2、plane 3。其定义方式为YZ平面，X值分别为0.051m、0.0605m、0.0697m。均以变量Temperature进行颜色显示，如图19-111所示。

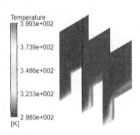

图19-111　创建平面

9. 创建表格

采用以下步骤创建表格。

（1）利用菜单【Insert】>【Table】，接受默认的表格名称，单击OK按钮创建表格。

（2）创建表头，如图19-112所示。

（3）在A2单元格（图中高亮位置）中输入=minVal(x)Plane 1 –minVal(X)@wall 4，如图19-113所示。

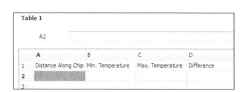

图19-112　表头

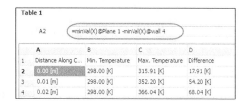

图19-113　插入公式

用同样的步骤插入其他单元格内容，表格公式见表19-2。

表19-2　表格公式

单　元　格	公　式	物理含义
A3	=minVal(X)@Plane 2 -minVal(X)@wall 4	Plane 2与wall4的X距离
A4	=minVal(X)@Plane 3 -minVal(X)@wall 4	Plane 3与wall4的X距离
B2	=minVal(T)@Plane 1	Plane 1最低温度
B3	=minVal(T)@Plane 2	Plane 2最低温度
B4	=minVal(T)@Plane 3	Plane 3最低温度
C2	=maxVal(T)@Plane 1	Plane 1最高温度
C3	=maxVal(T)@Plane 2	Plane 2最高温度
C4	=maxVal(T)@Plane 3	Plane 3最高温度
D2	=maxVal(T)@Plane 1 -minVal(T)@Plane 1	Plane 1上温度差
D3	=maxVal(T)@Plane 2 -minVal(T)@Plane 2	Plane 2上温度差
D4	=maxVal(T)@Plane 3 -minVal(T)@Plane 3	Plane 3上温度差

10. 输出报告

单击图形显示窗口中的report viewer标签页，会自动生成报告，单击报告视图中左上角工具栏上的Publish按钮，可将报告输出为htm格式文件进行保存，如图19-114所示。

图19-114　输出报告

19.6　【实例19-3】比较多个CASE

利用CFD-POST可以同时载入一个或多个数据文件，并且能够对多个数据文件进行比较操作。本例演示同时导入两个数据文件的情况。

Step 1：导入数据文件

启动CFD-POST，选择菜单【File】>【Load Result】，在弹出的加载结果文件对话框中利用Ctrl键选择结果文件elbow1.cas.gz与elbow3.cas.gz。如图19-115所示，单击Open按钮打开结果文件。

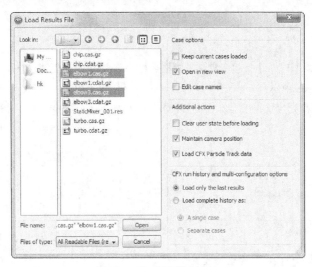

图19-115　导入数据文件

　　图形显示窗口自动分屏进行显示。可以设置每一个视图所对应的数据文件，如图19-116所示。单击图形显示窗工具栏按钮中的同步显示按钮，如图19-117所示，使多个视图保持同步。

图19-116　设置视图对应的数据文件

图19-117　显示按钮

Step 2：显示对称面温度

　　分别双击属性菜单中的symmetry节点，设置使用temperature显示颜色，如图19-118所示。可以看到图形显示窗口分别显示不同数据文件所对应的图形，如图19-119所示。

图19-118　设置使用temperature显示颜色

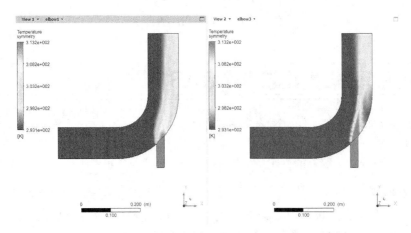

图19-119　显示对称面温度

Step 3：模型比较

当同时导入多个结果文件时，在模型操作数中将会出现Case Comparison节点。双击该节点或右击该节点选择Edit菜单，将会出现如图19-120所示的设置面板。可以设置用于比较的数据，单击Apply按钮完成比较。

如图19-121所示，图形显示窗口将会多出一个子窗口用于放置比较后的图形。双击子窗口标题栏可以放大全屏显示。

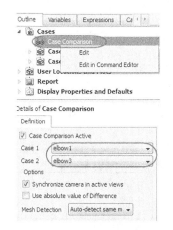

图19-120 设置面板

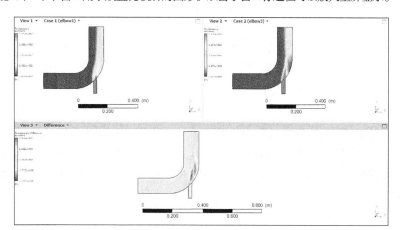

图19-121 模型比较

19.7 【实例19-4】瞬态后处理

瞬态后处理与稳态所不同的地方在于，瞬态计算结果包含不止一个文件，通常包含多个数据文件。在进行后处理过程中，需要处理与时间相关的数据，如某一物理量随时间的分布趋势。

Step 1：导入瞬态文件

利用菜单【File】>【Load Result】打开文件载入对话框，如图19-122所示。

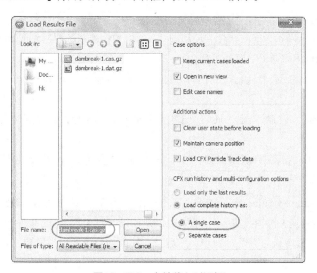

图19-122 文件载入对话框

选择瞬态文件dambreak-1.cas.gz，单击Open按钮，CFD-POST自动加载瞬态序列文件。

Step 2：显示液态相分布

选择模型操作树air symmetry 2与water symmetry 2节点前方的复选框，如图19-123所示。在对象设置窗口中设置以water Liquid. Volume Fraction显示颜色，如图19-124所示。

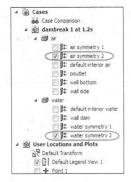

图19-123　模型操作树　　　　　　　　　图19-124　设置颜色显示

去除模型树中wireframe节点前方复选框，图形窗口中显示如图19-125所示。

利用菜单【Tool】>【Timestep Selector】可以打开时间步选择对话框，如图19-126所示，利用该对话框可以增加、删除时间步，还可以直接进入动画创建面板制作时间动画。在该对话框中可以通过双击时间步列表项查看不同时刻液相分布。

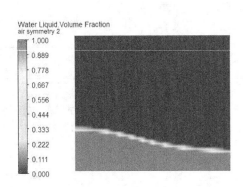

图19-125　图形窗口显示

图19-126　时间步选择对话框

Step 3：创建时间步动画

对于瞬态后处理，最常见的操作为动画创建。利用图19-126中的创建动画按钮▥或单击工具栏按钮▥可进入动画创建面板。CFD-POST中的动画创建包括以下两种类型。

（1）Quick Animation：快速动画，通常是利用瞬态时间步创建动画。动画比较精细，但耗费创建时间，且动画文件体积较大。

（2）Keyframe Animation：关键帧动画，通常用于变化比较平缓的场合，创建速度快，文件小，但是细节捕捉没有时间步动画精细。

通过激活save movie选项可以将动画保存为视频文件，单击播放按钮▶即开始动画创建工作，如图19-127所示。

Step 4：创建关键帧动画

利用菜单【Tool】>【Timestep Selector】打开时间步选择对话框，选择起始时间步。打开动画创建面板，选择Keyfram Animation选项，单击新建关键帧按钮▵，如图19-128所示操作。

打开时间步选择对话框，选择最后一个时间步。然后打开动画创建面板，再次单击新建关键帧按钮▵，创建第二个关键帧。

单击播放按钮▶即开始创建动画。

Step 5：创建点

利用菜单【Insert】>【Location】>【Point】创建坐标为[2.5,1.5,0]的点Point 1。

Step 6：创建瞬态曲线

显示某点位置变量随时间变化规律。

单击工具栏按钮创建图表。在General标签页中选择图表类型为XY-Transient or Sequence，如图19-129所示。

在Data Series标签页中设置Location为上一步创建的点Point 1，如图19-130所示。

图19-127 动画创建

图19-128 创建关键帧动画

图19-129 创建图表

图19-130 Data Series标签页

保持X Axis标签页中变量为Time。

设置Y Axis标签页中变量为Water Liquid. Volume Fraction

其他参数保持默认。生成的图表如图19-131所示。

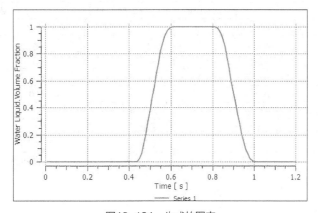

图19-131 生成的图表

第20章 CFD-POST高级功能

CEL是CFX表达式语言（CFX Expression Language，CEL）的简称。其主要用于CFX前后处理过程中表达式的定义。在CFD-POST中，通过CEL可以实现以下一些功能。

（1）创建新的表达式。

（2）基于表达式设置数值参数。

（3）创建自定义变量。

（4）在表达式中直接使用后处理函数。

（5）创建自定义坐标系。

合理利用CEL能够实现对CFD-POST功能的扩充。

CCL是CFX命令语言（CFX Command Language，CCL）的简称，其主要用于ANSYS CFX的内部通信，它是一种能够在后处理器中创建对象的简单语言。所有的CCL命令可以归结为以下三类。

（1）对象或参数定义。

（2）CCL行为，其为一系列命令以实现特殊的任务（如读写session文件）。

（3）power syntax编程。其使用perl编程语言，允许循环、逻辑判断以及自定义宏。

CFD-POST保存的状态文件（后缀名为cst）实际上就是CCL文件，可以用记事本打开进行编辑。

本章主要讲述CEL及CCL的基础知识，在实际使用过程中可以查阅CFX用户文档。

20.1 CEL基础

20.1.1 运算符

CEL中的运算符主要包括算术运算符与逻辑运算符，其运算规则及参数规定见表20-1。

表20-1 CEL中的运算符

操 作	第一操作数单位	第二操作数单位	结果数值[1]	结果单位
$-x$	Any		Any	[x]
$x+y$	Any	[x]	Any	[x]
$x-y$	Any	[x]	Any	[x]
$x*y$	Any	Ayny	Any	[x]*[y]
x/y	Any	Any	y!=0	[x]/[y]
x^y（y为简单、常量、整数表达式）	Any	无量纲	Any[2]	[x]^y
x^y（y为简单、常量、表达式）	Any	无量纲	x>0	[x]^y
x^y（y不为简单、常量）	无量纲	无量纲	x>0	无量纲
$!x$	无量纲		False或true	无量纲

---

[1] 逻辑常数true与false在数值计算中常显示为"1"与"0"。

[2] 当y<0时，x必须为非0值。

操　　作	第一操作数单位	第二操作数单位	结果数值[1]	结果单位
$x<=y$	Any	[x]	False或true	无量纲
$x<y$	Any	[x]	False或true	无量纲
$x>y$	Any	[x]	False或true	无量纲
$x>=y$	Any	[x]	False或true	无量纲
$x==y$	Any	[x]	False或true	无量纲
$x!=y$	Any	[x]	False或true	无量纲
$x\&\&y$	无量纲	无量纲	False或true	无量纲
$x||y$	无量纲	无量纲	False或true	无量纲

简单表达式：仅仅使用运算符号与数字组成的表达式。

常数表达式：由数字组成的表达式。

整数表达式：所有变量均为整数，每个函数及运算后的结果也均为整数的表达式。

CEL中除了算术运算外，还包括条件表达式，其语法结构如下。

if (cond_expr, true_expr, false_expr)

表达式中的参数含义如下。

Cond_expr：逻辑表达式，返回值为true或flase。

True_expr：当逻辑表达式返回值为真时，条件表达式取值为true_expr。

False_expr：当逻辑表达式返回值为假时，条件表达式取值为false_expr。

注意

不管逻辑表达式取值为true还是false，其后的true_expr及false_expr均会进行计算。

20.1.2 常量

CEL中集成了一系列CFD计算中常见的常量，见表20-2。

表20-2　常量

常　　量	单　　位	描　　述
R	JK^-1mol^-1	普适气体常数8.314472
avogadro	mol^-1	阿伏伽德罗常数6.02214199E+23
boltzmann	J K^-1	玻尔兹曼常数1.3806503E-23
clight	m s^-1	光速值2.99792458E+08
e	Dimensionless	常数2.7182817
echarge	A s	1.60217653E-19
epspermo	—	1./(clight*clight*mupermo)
g	Ms^-2	重力加速度9.8066502
mupermo	N A^-2	4*pi*1.E-07
pi	Dimensionless	3.141592654
planck	J s	普朗克常数6.62606876E-34
stefan	W m^-2 K^-4	斯蒂芬常数5.670400E-08

20.1.3 标准函数

CEL中提供了一系列标准函数，用户可以直接进行调用，见表20-3。

表20-3　标准函数

函　　数	操作数的值	结果单位
abs([a])	Any	[a]
acos([ ])	$-1<=x<=1$	Radians
asin([ ])	$-1<=x<=1$	Radians
atan([ ])	Any	Radians
atan2([a], [a])	Any	Radians
besselJ([ ], [ ])	$n>=0$	Dimensionless
besselY([ ], [ ])	$n>=0$	Dimensionless
cos([radians])	Any	Dimensionless
cosh([ ])	Any	Dimensionless
exp([ ])	Any	Dimensionless
int([ ])	Dimensionless	Dimensionless
loge([ ])	$x>0$	Dimensionless
log10([ ])	$x>0$	Dimensionless
min([a], [a])	Any	[a]
max([a], [a])	Any	[a]
mod([a], [a])	Any	[a]
nint([ ])	Dimensionless	Dimensionless
sin([radians])	Any	Dimensionless
sinh([ ])	Any	Dimensionless
sqrt([])	$x>=0$	[a]^0.5
step([ ])	Any	Dimensionless
tan([radians])	Any	Dimensionless
tanh([ ])	Any	Dimensionless

对于Step()函数，其值如下。

$$step(x) = \begin{cases} 0 & , \quad x < 0 \\ 0.5 & , \quad x = 0 \\ 1 & , \quad x > 0 \end{cases} \tag{20-1}$$

式中，x为无量纲数。

20.1.4 基本变量

CFD-POST提供了大量的变量可以在表达式中直接使用而无需定义，若新生成的表达式与预定义的变量名重复时，系统会报错。CFD-POST中可以直接使用的变量较多，这里只列举一些最常用的变量，见表20-4。详细变量说明可参阅CFX用户文档。

表20-4　CEL变量列表

变　量　名	缩　　写	单　　位	含　　义
Density	density	kg m^-3	密度
Dynamic viscosity	viscosity	kg m^-1 s^-1	动力黏度
Velocity	vel	m s^-1	速度向量
Velocity u	u		
Velocity v	v	m s^-1	速度分量
Velocity w	w		
Pressure	p	kg m^-1 s^-2	压力[1]

1　Pressure与Total Pressure都是相对于参考压力而言的相对压力。另外，Pressure指的是总的正应力，这意味着在k-e湍流模型中，Pressure为热力学压力与湍流法向应力的和。而static Pressure则为热力学压力。在大多数情况下，Pressure与static Pressure是相等的。

续表

变 量 名	缩 写	单 位	含 义
Static pressure	pstat	kg m^-1 s^-2	静压力
Total Pressure	ptot	kg m^-1 s^-2	总压
Wall Shear	wall shear	Pa	壁面剪切力
Volume of finite volume			有限控制体的体积
X coordinate	x	m	X方向坐标
Y coordinate	y	y	Y方向坐标
Z coordinate	z	z	Z方向坐标
Kinemate Diffusivity	visckin		动力扩散
Shear Strain Rete	sstrnr	s^-1	剪切应变率
Specific Heat Capacity at Constant Pressure	Cp	m^2 s^-2 k^-1	常压下比热容
Specific Heat Capacity at Constant Volume	Cv	m^2 s^-2 k^-1	常体积下比热容
Thermal Conductivity	cond	kg m s^-1 k^-1	热导率
Temperature	T	K	温度
Total Temperature	Ttot	K	总温
Wall Heat Flux	Qwall	W m^-2	壁面热通量
Wall Heat Transfer Coefficient	htc	W m^-2 K^-1	壁面换热系数
Total Enthalpy	htot	m^2 s^-2	总焓
Static Enthalpy	enthalpy	m^2 s^-2	静态焓

20.1.5 CFD-POST函数

CFD-POST提供了一些专用函数帮助进行后处理操作。

表20-5　CFD-POST函数

函数名及语法	功　能	使用的位置
area ( )	计算面积	任意二维区域
area_x[_<CoordFrame>]() area_y[_<CoordFrame>]( ) area_z[_<CoordFrame>]( )	计算沿指定轴的投影面积	任意二维区域
areaAve(<Expression>)	加权面积平均值	任意二维区域
areaAve_x[_<Coord Frame>]( ) areaAve_y[_<Coord Frame>]( ) areaAve_z[_<Coord Frame>]( )	沿某一方向的加权面积平均值	任意二维区域
areaInt(<Expression>)	加权面积积分	任意二维区域
areaInt_x[_<Coord Frame>]( ) areaInt_y[_<Coord Frame>]( ) areaInt_z[_<Coord Frame>]( )	沿某一方向的加权面积积分	任意二维区域
ave(<Expression>)	算术平均	任意一维、二维、三维区域
Count()	计算点的个数	任意一维、二维、三维区域
ContTrue(<Expression>)	计算逻辑表达式为true的点的个数	任意区域
force()	边界上的力矢量	二维区域
forceNorm[_<Axis> [_<CoordFrame>]]()	计算曲线在指定方向上的法向力的长度	二维区域
force_x[_<Coord Frame>]( ) force_y[_<Coord Frame>]( ) force_z[_<Coord Frame>]( )	三方向的力	二维区域

函数名及语法	功能	使用的位置
inside()	与变量subdomain相同，但是允许指定2D或3D位置	任意二维、三维区域
length()	计算曲线的长度	一维区域
lengthAve(<Expression>)	加权长度平均值	任意一维、二维区域
lengthInt(<Expression>)	长度加权积分	任意一维区域
Mass()	区域或子域的总质量	二维区域
massAve(<Expression>)	质量加权平均	二维区域
massFlow()	穿越边界的质量流量	二维区域
massFlowAve(<var>)	质量流量加权平均	二维区域
massFlowAveAbs(<var>)	加权质量流量平均绝对值	二维区域
massFlowInt(<var>)	质量流量加权积分	二维区域
massInt(<Expression>)	质量加权积分	二维区域
maxVal(<Expression>)	最大值	任意区域
minVal(<Expression>)	最小值	任意区域
probe(<Expression>)	点位置上的值	仅用于点
rbstate(<rbvar>[<axis>])	返回刚体部件的状态值	用于刚体
rmsAve(<Expression>)	RMS平均值	二维区域
sum(<Expression>)	计算点上值的综合	任意区域
torque( )	计算力矩向量	二维区域
torque_x[_<Coord Frame>]() torque_y[_<Coord Frame>]() torque_z[_<Coord Frame>]()	三方向力矩	二维区域
volume( )	三维位置的体积	三维区域
volumeAve(<Expression>)	加权体积平均值	三维区域
volumeInt(<Expression>)	加权体积综合	三维区域

20.2　CCL基础

本节所述CCL主要为应用于CFD-POST中的Command Actions。其中CCL用于前处理或求解参数定义内容，本节不涉及该方面内容。

20.2.1　CCL基本结构

如下为利用CCL定义Isosurface对象的语句。

```
ISOSURFACE: ISO1
    Variable = Prussure
    Value = 15000 [Pa]
    Color = 1,0,0
    Transparency = 0.5
END
```

语句中的参数

（1）ISOSURFACE为对象类型。

（2）Iso1为对象名称。

（3）Varable=Pressure为参数。

（4）variable为参数名称。

（5）Pressure为参数值。

（6）若对象名称为空，则该对象为单件（singleton）。

CCL中的数据成树形结构，其典型结构如下。

```
OBJECT1 : object name
    Name1 = value
    Name2 = value
END
```

注意 --

CCL中的对象不允许嵌套。

20.2.2 CCL语法细节

1．大小写敏感

CCL文件中的内容是大小写敏感。在输入长参数时，大小写敏感也许会比较麻烦，但是在将CEL引入到CCL的过程中，大小写敏感可以提高效率。这是由于一些用于定义CCL对象的名称常常是有相应的CEL构成。

为保持一致性，实行以下一些规则。

（1）单件及对象类型使用大写字母。

（2）参数名、预定义对象名采用混合形式。CEL遵循以下惯例：主要词开始字母用大写，次要词用小写（如Mass Flow in）；常见的名称被保留（如变量k或r）。

（3）用户对象名称可以随便选择。

2．CCL名称定义

单件名称、对象类型、对象名称以及参数名称遵循相同的约定。

（1）名称最少为1个字符，第一个字符必须为字母，可以允许使用字母、数字、空格以及制表符。

（2）CCL名称中的空格影响：名称之前和之后的空格不会被当做名称的一部分；名称内部的单独空格是有效的；名称内部的多个空格或制表符会被当做一个空格。

3．缩进

文件中的缩进并不会影响内容，只是方便阅读。

4．注释行

可以利用#注释某行。该字符之后的整行内容会被当做注释。

5．连接字符

可以利用反斜杠字符\进行行连接。对连接的行数没有限制。

6．命名对象

命名对象以对象类型开始，在"："之后输入对象名称，在其后输入对象参数定义，并以END结束。对象名称必须唯一。

7．单件对象

单件对象在行开始输入对象类型，紧接着输入冒号"："，其后输入对象参数，并以END结束。单件对象不需要名称。

8. 参数

参数由一行开始的参数名以及紧随其后的等号=，再加上其后的参数值组成。

9. 列表

列表由一系列由逗号分隔的参数值组成。

10. 参数值

参数值分为以下几种类型。

（1）string（字符串）。对于字符串参数值来说，具有以下一些特点：

①任何字符均可用于字符串参数值。

②字符串值或其他参数类型值通常不加引号。若存在任何引号，它们会被当做值的一部分。前面或后面的空格都建刚被忽略，参数值内部空格被作为给定值保留。

③字符$及#有特殊的含义。一个以$开头的字符串被作为power syntax变量进行计算。而#之后的内容则会被当做注释处理。

④字符[、]，{、}只是在联合使用$时才会特殊对待。

⑤参数值可以包含逗号，但是如果参数值作为列表时，逗号将会被解释为分隔符。

（2）字符串列表。由逗号分隔的字符串项。如下所示。字串列表项中不能包含有逗号，除非存在圆括号。Names = one , two , three , four。

（3）整数。不包括空格或逗号的数字序列。若在需要整数的位置指定了实数，则该实数会被圆整为距其最近的整数。

（4）整数序列。由逗号分隔的整数列表。

（5）实数。单精度实数可能由整数、浮点数或科学计数法格式表示，后面可能带有单位。单位使用的语法与CEL相同。如：

```
a=12.24
a=12.244442
a=12.24 [m s^-1]
```

实数也可以被指定为表达式，如：

```
a= myval ^ 2 + b
a= max(b ,2.0)
```

（6）实数列表。由逗号分隔的一系列实数。列表中的量纲必须相同。如：

```
a = 1.0 [m/s], 2.0 [m/s], 3.0 [m/s], 2.0*myvel, 4.0[cm/s]
```

（7）逻辑数。有很多种可接受的逻辑数形式：YES、TRUE、1或者ON是等效的、NO、FALSE、0、OFF为等效的。开头字母Y、T、N、F也可以接受（O不能作为ON或OFF的缩写）。大小写格式不敏感。

（8）逻辑数序列。由逗号分隔的逻辑数列表。

（9）转义字符。反斜杠\被用作转义符。如允许在字符串中使用$或#字符。

20.3 CFD-POST自动化

利用CCL及CEL可以实现CFD-POST自动化处理。在针对某一类相同的问题进行相同处理时，利用自动化功能可以极大地提供工作效率。

不过要使用CFD-POST自动化处理功能，还必须对计算模型进行一些限制。

（1）模型边界名称必须保持一致。

（2）需要定义处理模板及报告模板。

20.3.1 报告模板定义

在进行自动化报告生成之前，需要对报告形式及报告所包含的内容进行定义。展开CFD-POST模型操作树Report节点，如图20-1所示。主要包括以下几部分内容。

1. Title Page（标题页）

双击图3-1中的Title Page节点，出现如图20-2所示的标题页设置面板。在该面板中，用户可以设置标题页的格式与内容。

Custom Logo：自定义Logo，激活此新选项可以选择自定义的Logo图片。

ANSYS Logo：选择是否使用ANSYS的Logo，取消选择则不显示ANSYS Logo。

Title：输入报告的标题，默认为空。

Author：可以输入报告作者，默认为空。

Author下方包括一些可选项，如Current Data、Table of Contents等，用户可以根据需要取舍。

图20-1 报告节点

图20-2 设置面板

2. File Report（文件报告）

在导入结果文件之前，该项没有需要设置的内容。

3. Mesh Report（网格报告）

双击Mesh Report可以打开网格报告输出设置，如图20-3所示。在该面板中可以选择输出网格的统计信息，如节点和单元信息、网格类型信息、网格质量统计信息等。通过取消或选择复选框控制这些选项在报告中是否显示。

4. Physics Report

在导入计算数据之前，该报告类型不存在需要设置的内容。

5. Solution Report

双击该节点，其设置面板如图20-4所示。在该设置面板中，可以设置是否计算力与力矩。通过激活选项前方的复选框实现。

6. User data

在报告中插入用户数据，需要首先生成图表、表格或对象，然后选择需要插入的内容，单击工具栏图形按钮 📷 插入对象。

图20-3　网格报告项　　　　　　　　　　　　　　　图20-4　求解报告项

20.3.2　模板操作

模板定义完毕后，可以通过菜单【File】>【save state】保存后处理模板文件。

单击菜单【File】>【Report】>【Report Template】，弹出模板设置对话框，如图20-6所示。

在图20-6所示的报告模板设置对话框中，用户可以创建新的模板，也可以对已有的模板进行修改或删除操作。

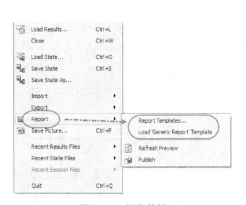

图20-5　报告菜单

图20-6　报告模板对话框

单击图20-6所示的打开模板按钮，出现如图20-7所示的模板属性对话框。在该对话框中可以选择已有的cst或cse文件创建新的模板，也可以利用当前的cst文件创建新的模板。

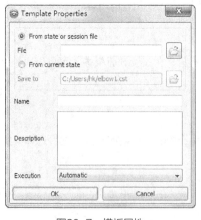

图20-7　模板属性

设置完毕模板属性后，单击OK按钮即可将模板添加至模板对话框中。

20.3.3 【实例20-1】定义后处理模板

本例利用实例20-1中生成的cst文件进行。

Step 1：数据准备

启动CFD-POST，利用菜单【File】>【Load Result】导入数据文件elbow1.cas.gz。利用菜单【File】>【Load State…】加载文件elbow1.cst。软件会自动进行后处理操作，生成CST文件中规定的位置以及图表。所有数据读入完毕后模型操作树节点如图20-8所示。

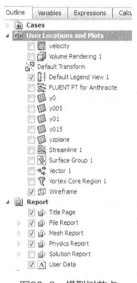

图20-8　模型树节点

图20-9　图形选项

Step 2：定义模板样式

（1）双击图20-8中Report节点，在弹出的属性设置面板中设置图形图表的大小，如图20-9所示。本例设置图形图表的大小均为500×325，用户可以根据自己需要进行调整。

（2）双击图20-8中Title Report节点，在弹出的设置面板中进行如图20-9所示设置。激活custom Logo，选择实例文件夹下的logo.png文件，取消ANSYS Logo选项，设置Title内容为弯管混合温度仿真，其他参数保持默认。单击Apply按钮确认操作，如图20-10所示。

（3）设置Mesh Report选项，如图20-11所示。勾选Statistics下的所有项以在报告中显示网格信息。

其他参数采用默认设置。

图20-10　定义标签样式

图20-11　定义报告格式

Step 3：添加图形图表信息至报告中

（1）显示对称面上温度，并添加至报告中。插入对称面温度云图。利用菜单【Insert】>【Contour】，弹出的命名对话框中输入Temperature，如图20-12所示。显示视图为XY平面显示。

图20-12　定义云图

单击工具栏按钮🔲，在如图20-13所示对话框中输入Name为temperature on symmetry，其他参数保持默认。单击OK按钮确认操作。CFD-POST会在模型操作树添加相应节点。

如图20-14所示，双击Report节点下temperature on symmetry节点，在设置面板中设置Caption为对称面上的温度。

图20-13　定义图形

图20-14　定义图形名称

（2）添加其他图形到报告中。用相同的步骤，添加streamline1、vector 1、surface Group 1、vortex Core Region 1到报告中，定义完毕后模型树中Region节点如图20-15所示。可以在图形上右击，选择Move Up或Move Down来调整图形在报告中的位置。

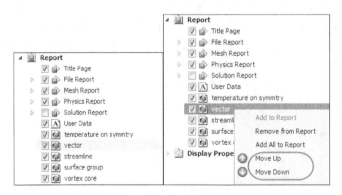

图20-15　报告节点

（3）添加图表至报告中。创建三条Line。

Line005（point1(0.1,0.05,0.000143893),point2(0.1,0.05,0.000143893)）

Line01（point1(0.1,0.1,0.000143893),point2(0.1,0.1,0.000143893)）

Line015（point1(0.1,0.15,0.000143893),point2(0.1,0.15,0.000143893)）

样本点数量均为80，如图20-16所示。

插入图表📈，以默认名称创建图表。

在General标签页中，设置Title与Caption，如图20-17所示。

图20-16 定义线条

图20-17 定义图表

在Data Series标签页中，进行如下操作。

（1）设置Name为line005，选择Location为Line 005，激活选项Custom Data Selection，选择X Axis变量为X，选择Y Axis变量为Temperature，如图20-18所示。

（2）单击新建数据序列按钮□，此时选择Location为Line 01，设置Name为Line01，其他设置与上步相同。

（3）同样的步骤新建数据序列line015，选择Location为Line 015，其他参数保持一致。

选择Line Display标签页，设置每条曲线的样式。

单击Apply按钮，生成曲线图表。

图形曲线会自动添加至报告中。

🌐 **注意** --

> 图表对中文支持不完善，在创建图表过程中，尽量使用英文。

（4）添加表格至报告中。利用工具栏按钮▦插入表格，输出出口位置最小温度与最大温度，如图20-19所示。

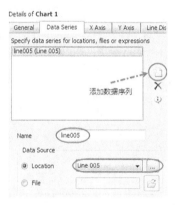

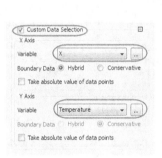

图20-18 定义图表

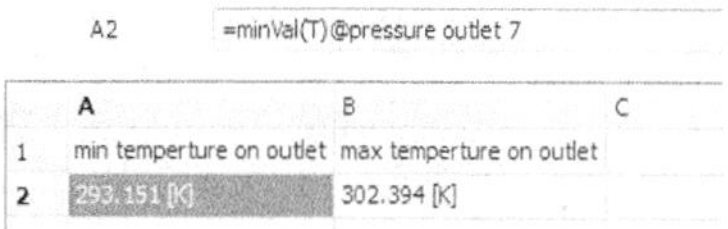

图20-19 表格数据

表格也是自动添加进报告中。

Step 4：保存CST文件

利用菜单【File】>【Save State as…】另存为elbowTemplate.cst。关闭结果文件。

Step 5：生成模板文件

单击菜单【File】>【Report】>【Report Template】打开模板设置对话框，如图20-20所示。单击打开模板文件按钮，选择From state or session file，选择前面保存的文件elbowTemplate.cst，输入模板名称Name为elbowTemplate，选择Execution为state，单击OK按钮将模板添加至模板对话框中。

图20-21即为添加模板后的模板对话框。模板elbowTemplate位于最上一行中。

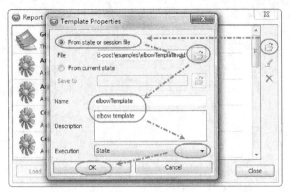

图20-20　增加模板　　　　　　　　　　　　　　　　图20-21　添加后的模板

Step 6：加载数据文件并生成报告

前面关闭了数据文件，这里重新加载数据文件elbow1.cas.gz。文件加载完毕后加载模板elbowTemplate，利用菜单【File】>【Report】>【Report Template】打开模板对话框，选择模板elbowTemplate，单击Load按钮。程序会自动进行后处理。打开图形显示窗口中的Report View标签页，单击左上角按钮 ⟳ Refresh ，即可生成报告。

Step 7：对其他结果文件生成报告

模板的功能是用于重复操作，因此只要类似的数据结果文件都可以利用模板进行自动后处理操作。注意：边界名称必须相同，否则可能会出现找不到locator而报错。

选择菜单【File】>【Close】关闭当前数据文件。利用菜单【File】>【Load Result】加载数据文件elbow3.cas.gz，利用step 6步骤采用模板进行后处理操作。

Step 8：删除模板

模板可以通过Report Templates对话框中的模板删除按钮×删除。

选择待删除的模板行，单击该按钮即可将模板删除，如图20-22所示。

图20-22　删除模板

第21章 Design Xplorer优化设计

21.1 数值优化概述

> 在这里举一个例子来简要说明何为优化。

如图21-1所示的混合系统，包含两个入口及一个出口。入口1流入温度T_1及流入速度v_1，入口2流入温度T_2及流入速度v_2，系统出口流出温度T_3及流出速度v_3。在实际工程应用中可能存在如下几种情况。

（1）混合系统几何及入口物理量已知，计算出口物理量分布。

（2）混合系统已知，入口情况未知，为满足出口条件而去设计入口物理量配比。

（3）已知入口情况，混合系统几何不确定，为满足出口条件而去设计几何。

（4）入口及几何均不确定，为满足出口某一情况而去设计入口物理量配比及几何。

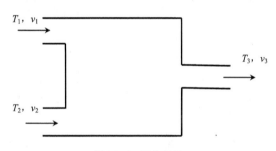

图21-1 混合系统

在CFD的工程应用中，问题（1）较为简单且较为常见。问题（2）~（4）具有相同的特点：都是为了满足某一条件而去设计参数搭配。对于此类问题即为优化问题。

可以以一种更通俗的方式来描述何为优化：A为条件，B为结果，那么由A获取B的过程可以称之为预测，而若要得到B而去获取A的过程则为优化。

21.2 Design Xplorer概述

Design Xplorer（后面简称DX）是ANSYS Workbench中的一个模块，主要用于参数化设计及数值优化过程。DX使用实验设计（Design of Experiments，DOE）及响应面方法（Reponse Surface Method，RSM）获取变量与性能之间的联系，从而在众多参数中选择最优化的参数组合。如图21-2所示，ANSYS DX中包含5个主要模块。

（1）Direct Optimization：一种多目标优化技术，从给出的一组样本中获取最佳设计点。

（2）Parameters Correlation：相关参数法。输入参数敏感性分析，分析某一输入参数对响应面的影响程度。

（3）Reponse Surface：利用响应面方法获取输入与输出参数间的关系。

（4）Response Surface Optimization：响应面优化。利用响应面方法进行优化设计。

（5）six sigma Analysis：6西格玛设计，用于评估产品的可靠性。

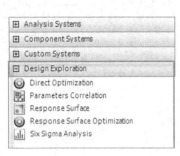

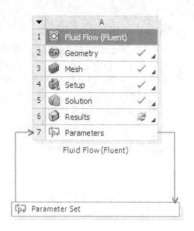

图21-2　ANSYS Design Exploration　　　　　　图21-3　参数化设计模块

DX只能用于进行了参数化设计后的模块中。如图21-3所示。在模块中的任何子步进行了参数化设置后，均会在工程面板中增加Parameter Set模块。双击图21-3中的Parameter Set单元格，可弹出如图21-4所示的参数清单面板。该面板包含了模块中设置的所有输入及输出参数。如图中的几何高度（Height）、宽度（Width）、长度（Length）、网格尺寸（Body Sizing Element Size）、入口速度（inlet_velocity）以及入口温度（inlet_temperature），参数情况中还包括了出口参数，如出口流量（output_massflow）及出口面平均温度（output_Temperature）。

优化模块均添加至Parameter Set上，如图21-5中所示，响应面优化及直接优化模块均是添加到参数集合上。在ANSYS Workbench中可以通过拖曳操作来实现。

	A	B	C	D
1	ID	Parameter Name	Value	Unit
2	⊟ Input Parameters			
3	⊟ Fluid Flow (Fluent) (A1)			
4	P1	Height	10	
5	P2	Width	20	
6	P3	Length	50	
7	P4	Body Sizing Element Size	1000	mm
8	P5	inlet_velocity	2	m s^-1
9	P6	inlet_temperature	300	K
*	New input parameter	New name	New expression	
11	⊟ Output Parameters -			
12	⊟ Fluid Flow (Fluent) (A1)			
13	P7	output_massflow	-490	kg s^-1
14	P8	output_Temperature	300	K
*	New output parameter		New expression	
16	⊟ Charts			

图21-4　参数清单

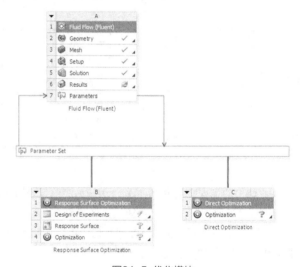

图21-5　优化模块

21.3　Design Xplorer优化基础

21.3.1　基本概念

1．设计变量

设计变量是优化设计理论中的专有名词，反应在DX优化中即为用户设定的可变化的输入参数。在利用DX进行CFD优化过程中，可作为设计变量的参数包括：模型几何尺寸、网格尺寸及控制参数、模型边界条件及求解控制参数等。对于设计变量的选择，需要根据实际情况及计算资源进行综合考虑。另外，Parameters Correlation模块也可帮助用户进行参数选择。并非所有的参数均为设计变量，在进行优化设计过程中，可以将一些参数设置为常数，此时相应的参数则不为设计变量。

2. 响应

响应为通过设计变量组合计算出的结果，通常为输出参数。响应一般为产品性能的度量指标。如CFD计算中的速度、压力、流量、压力降等，对于固体计算，响应一般为体积、质量、频率、应力、临界屈曲值等。

在利用DX进行优化时，可以选择多个响应参数进行多目标优化。

3. 试实验设计

DOE（Design of Experiment）试验设计，一种安排试验和分析试验数据的数理统计方法；试验设计主要对试验进行合理安排，以较小的试验规模(试验次数)、较短的试验周期和较低的试验成本，获得理想的试验结果以及得出科学的结论。

ANSYS DX中的实验设计方法包括中心复合设计（Central Composite Design，CCD）、最佳空间填充设计（Optimal Space-Filling Design，OSF）、Box-Behnken Design、拉丁超立方设计（Latin Hypercube Sampling Design，LHS）、Sparse Grid Initialization及自定义试验设计等。对于各种方法的使用范围及优缺点，读者可以参阅试验设计类的专业书籍。

4. 响应面方法

响应面方法是一种试验设计及数据处理方法，其目的在于通过合理的试验设计解决建立目标、约束与设计变量之间的近似函数，即将输出参数表示为输入参数的函数表达式。利用响应面方法可以在输入参数发生改变时快速预测输出参数。

响应面方法的精度取决于众多因素：变量的复杂程度、初始试验点数量以及选择的响应面类型。一旦响应面被构建，用户可以创建并管理响应点及图表，这些后处理工具允许用户理解每一输出数据是如何受输入参数驱动的，也能很方便地对产品性能进行改进。

21.3.2 ANSYS Design Xplorer基本设置

若要利用ANSYS Design Xplorer进行优化设计，需要在建立模型过程中进行参数化，这些过程包括：几何模型构建过程中的参数化设计（DM中进行操作）、物理现象建模中参数化（FLUENT中进行操作）、优化设计（DX中操作）。

1. DM中的参数化设置

DM中参数化设置主要是对几何尺寸进行参数化。需要注意的是，在进行尺寸参数化的过程中，要做好约束工作，否则在后期的优化设计过程中，由于不正确的尺寸约束可能导致几何建立失败。

建立参数化过程如图21-6所示，在尺寸前的空白方框上单击，软件会弹出参数化对话框，用户可以在Parameter Name中输入参数名称，单击OK按钮完成参数创建。

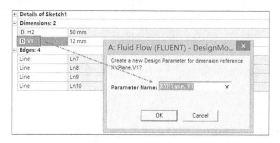

图21-6 几何尺寸参数化

单击菜单【Tool】>【Parameters】或工具栏按钮 Parameters，即可在Parameter Manager面板中查看定义的参数。用

户可以在该面板中修改参数值，然后单击Generate按钮重新生成几何。

2. Mesh中参数化设置

可以在Mesh中定义网格控制参数，主要为网格尺寸大小。

右击Mesh节点，添加网格控制（如网格尺寸、接触尺寸、加密尺寸等），即可在属性设置窗口中对参数进行参数化操作。

如图21-7所示为对网格全局尺寸及增长率进行参数化。需要注意的是，在Mesh模块中进行参数化后无法更改参数名称，也无法在Mesh模块内查看已定义的参数。对于Mesh中的参数，可以在工程窗口中的Parameter Set中进行查看和修改。

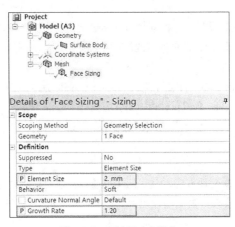

图21-7　网格尺寸参数化

3. FLUENT中参数化设置

在FLUENT模型构建过程中，可以进行参数化操作的地方包括材料参数、计算域参数、边界条件参数等。其中用得最多的是边界条件参数。

如图21-8所示，为对速度入口边界速度值进行参数化过程。在constant下拉框中选择New Input Parameter…，弹出如图21-9所示的参数设置对话框。使用者可以在该对话框中设置参数名称及参数值。

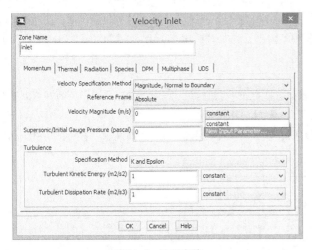

图21-8　边界参数

图21-9　参数设置

单击OK按钮确认参数设置。

在计算完毕后，可以设置输出参数。较多的是使用Reports进行输出参数设置。

如图21-10所示为出口面outlet上平均压力统计，可以将其进行参数化处理。单击设置面板中的Save Output Parameter…即可弹出参数化设置对话框。如图21-11所示，可以利用该对话框设置输出参数的名称。

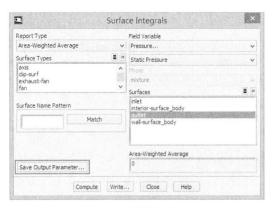

图21-10 输出参数设置

图21-11 参数设置

FLUENT使用者还可以将自定义场函数（User Field Function）作为输出参数。

4. CFD-POST中的参数化设置

在CFD-POST中定义输出参数需要利用CEL定义表达式。

如图21-12所示，定义出口平均速度表达式output velocity为ave(Velocity)@outlet。定义完毕后在表达式树形菜单上鼠标右击节点output velocity，选择上下文菜单Use as Workbench Output Parameter，即可将该表达式作为输出参数，如图21-13所示。

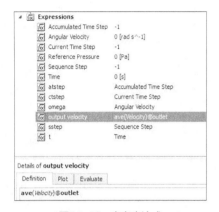

图21-12 定义表达式

图21-13 定义输出参数

5. Design Xplorer参数集合

定义完所有参数之后，工程面板如图21-14所示。程序自动添加了参数集（Parameter Set），双击此单元格可进入参数管理面板，前面定义的所有参数均可在参数管理面板中查看及修改。如图21-15所示。在面板中对所有的输入、输出参数进行了分类处理，操作者可以很容易地对参数进行修改操作。

图21-14 参数集合

	A	B	C	D
1	ID	Parameter Name	Value	Unit
2	⊟ Input Parameters			
3	⊟ Fluid Flow (FLUENT) (A1)			
4	P1	width	300	
5	P2	XYPlane.V1	12	
6	P3	Face Sizing Element Size	2	mm
7	P4	Face Sizing Growth Rate	1.2	
8	P5	velocity	2	m s^-1
*	New input parameter	New name	New expression	
10	⊟ Output Parameters			
11	⊟ Fluid Flow (FLUENT) (A1)			
12	P6	output_Pressure	0	Pa
13	P7	output velocity	2	m s^-1
*	New output parameter		New expression	
15	Charts			

图21-15 参数集合列表

21.3.3 目标驱动优化设计

目标驱动优化模块将实验设计、响应面方法及优化设计综合在一起。一般步骤如下。

（1）进行试验设计，形成实验数据表。

（2）更新工程，对所有的设计点进行计算。这一步操作非常耗时。

（3）进行响应面分析。

（4）优化过程设置。主要是设置约束条件及目标函数。采用目标驱动优化模块，需要添加Goal Driven Optimization模块到工程面板中，如图21-16所示。

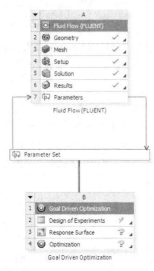

图21-16 目标驱动